JN199013

溝井裕一

増補新版

水族館の文化史

幻蒼世界の過去と未来

中公選書

はじめに――ガラスのむこうの「海」

1867年、米国軍艦「エイブラハム・リンカーン」は、人びとが見守るなかニューヨークを出港した。同艦に課せられた任務は、いささか風変わりなものであった。当時世間を騒がせていた「大海獣」を討伐せよというのだ。

奇妙なことに、前年から、太平洋や大西洋をゆく船乗りたちが、謎の巨大生物を目撃するようになっていた。そのうえ、一部の船はこの生物とぶつかって損害を受けさえしたが、それには有名なイギリスのキュナード社のものも含まれていた。

この生きものの正体をめぐって議論は沸騰したが、とにかく海運をおびやかす怪物なぞ即刻退治すべし、ということになって、「エイブラハム・リンカーン」に出撃命令がくだったのだ。

「エイブラハム・リンカーン」は、長い探索のあげく日本近海でとうとうくだんの「大海獣」を発見し、追跡にかかった。だが体当たりを受けて損傷し、乗船していたフランスの博物学者アロナックスとその従者、そして捕鯨船員が海に投げだされた。

アロナックスたちは、漂流の末この「怪物」にたどりつく。そして、驚きの事実を発見した。正体不明の生きものと思われていたのは、じつは最新鋭の潜水艦だったのだ。「ネモ」と名のる謎めいた艦長は、やがて彼らを艦内のサロンに案内する。

そこで目にしたのは、異様な光景だった。大きな窓の向こうに、広漠たる海の景色が広がってい

水中風景に見入るアロナックス教授たち

たのだ。アロナックスは書きのこしている。それはまるで、巨大水族館のガラスをのぞくような感覚であったと——。

ここまで読めば、ぴんと来た方もいたはずだ。そう、これはジュール・ヴェルヌのSF小説『海底2万海里』の冒頭部分である。この小説では、博物学者たちはネモ艦長とともに、世界の海を旅し、珍しい生きものたちを心ゆくまで眺め、また彼らを相手にハラハラする冒険をくりひろげる。

潜水艦と水族館。両者の違いはいうまでもないが、似たところもある。それは、安全な空間に居ながらにして、好きな角度から魚たちを見ることができる、という点だ。じつは、ヴェルヌはこの小説を書くあいだ、19世紀に流行した水族館をいくつかたずねて、そこからインスピレーションを得ていた。だからガラス越しに水族（水の生きもの）をながめる主人公たちの様子が、水族館の訪問者そっくりなのはとうぜんのことだったのだ。

古来、人間は動物を飼育し、ぞんぶんに「見る」ことにこだわりをもってきた。だが、陸生動物とちがって、水生動物の観察はそうかんたんにいかない。

水族の多くは水面下に身を隠し、なかなかその全貌を明らかにしない。その意味では、彼らを集めて池で飼うだけでは不十分だ。快適な環境から彼らをじっくり観察するには、私たちが容器ごと沈むか、あるいは水の世界（水界）をまるごと「浮上させて」、ガラスケースに入れるしかない。前者を可能とするのが潜水艦であり、後者を可能とするのが水族館である。

水族館はその性質上、生きものだけでなく水界そのものを展示する。だから、ヨーロッパ、アメリカ、日本の設計者たちは、ただ生きものを展示するだけでなく、非日常の世界を演出することにもこだわってきた。そのさい、パノラマ、テーマ・パーク、小説、映画といったほかの施設やメディアを参考としてきたし、現在ではヴァーチャル・リアリティ技術の応用すらはかられている。ガラスの向こうに浮かびあがる人工の海——あるいは、海以上の何か——とは、いかなる性格のものなのか。これは、水族館文化について思いをめぐらすうえで重要な問いだ。

なおこの本では、水界の生態系を再現し、観賞できるようにしたシステムのことを「アクアリウム」、その公開型バージョン（パブリック・アクアリウム）を「水族館」と呼ぶ。これらが生まれる以前の飼育施設、とくに繁殖・観賞用の池は「養魚池」（フィッシュポンド）と呼ぶことにしたい。

今回メインとなる時代は、水族館が誕生した19世紀半ばから現代にかけてである。ただし、水族を観賞したい、あるいは彼らのことをもっと知りたいという衝動は、古代文明にまでさかのぼる。さらに近代以前の人びとは、とてもユニークなかたちで水族を飼育していたから、はじめのところでこれをクローズアップすることにした。

私たちは見ることになるであろう。はじめ水族を神々と結びつけ、畏怖していた人間が、しだいに彼らにたいする好奇心を芽生えさせ、やがて池で、のちにはガラスケースで飼育し、神秘のヴェールをはぎとっていくさまを。さらに、そうして生まれた水族館が、帝国主義、メディアの発達、動物保護運動の隆盛、さらには「虚」と「実」の境目があいまいになっていく時流を背景としながら、展示のありかたを変化させていくさまを——。

ちなみに、本書は5章構成となっている。第1章では、「水族館前史」をあつかう。すなわち、水族館が誕生する前の、古代〜近代までのひとと水族のかかわりを概観する。メソポタミア、エジプト、中国などの話もするが、メインとなるのは、やはり水族館発祥の地となったヨーロッパである。かの地における水族飼育はもちろん、水族にたいする好奇心が芽生えていったプロセスや、ヴンダーカンマー（驚異の部屋）でのユニークな水族展示などを紹介したい。

第2章では、19世紀のヨーロッパで水族館が誕生したいきさつや、それにかかわった人物を紹介する。いまの目から見てもユニークな展示法や、水族館と帝国主義の結びつき、さらには水族研究に熱中したモナコやポルトガルの王侯たちにまつわるエピソードを見ていくことにしよう。

第3章は、アメリカと日本に渡った水族館が、どのように発展していったかに注目する。フィニアス・テイラー・バーナムという奇抜なショーマンをめぐる逸話にはじまり、日米の水族館が試みた展示の数々や、映画技術がもたらした影響などをとりあげていく。さらに第2次世界大戦時に一部の水族館が経験した災難や、戦後、兵器のなかに誕生した風変わりな水族館にも触れておきたい。

そして第4章では、その後の日米欧の水族館の歩みを、ジャック＝イヴ・クストーの海中映像や、水族館の「テーマ化」の問題とからめながら追っていく。1960年代以降、展示に「物語」をもたせること、すなわち「テーマ化」が流行するようになるが、それは水族館展示のありかたに大きな変化をもたらすこととなった。またこれと関連して、水族館の「ディズニー化」についても触れ、水族館が展示する「リアルな世界」とは何かを問いかける。

第5章は、水族館にたいする批判の高まりと、それに対応する動きをとりあげる。価値観が多様化し、娯楽目的で生きものを飼うことに拒否感をおぼえる人びとがじわじわと増えているが、そうした状況に応ずるものとして、デジタル技術やロボット技術をとり入れたハイブリッド型展示の可能性をさぐる。また、それとは異なる方法で、海藻を含む多様な生きものを、非日常体験とたくみに組みあわせ、さらに、研究・保全にとりくむ「未来型水族館」についても日米欧の例を挙げながら考えてみたい。

この本では、すべての話題をわかりやすく解説するとともに、興味深いエピソードをできるだけ多く紹介することにつとめた。ロマンチックでワクワクする話、奇妙な話があるかと思えば、ときに残酷で、しばしば考えさせられる。そんな世界へ旅立つことにしよう。

目次

増補新版

水族館の文化史

幻蒼世界の過去と未来

第1章

水族館前史

ポンペイから出土したモザイク画には、ローマ人が食した魚が描かれている
(ナポリ国立考古学博物館所蔵)

1　古代人の水族「観」

神秘的な水の生きものたち

水族は、神秘のヴェールに包まれている。

それは何よりも、水が彼らの観察を難しくしているからだ。水面は光を反射し、像を歪める膜となって彼らをとらえにくくしてしまう。また周囲の色に同化していれば、かろうじて見えたところで、ただの黒いシルエットだったり、はっきりしない輪郭だったりする。たとえ水中に潜ったところで、呼吸、濁り、水温、水圧といった問題のせいで、彼らをじっくり観察するのは容易ではない。また、水のなかには異なる世界（異界）があるという観念が、彼らの神秘性をさらに高めることになった。博物学者の荒俣宏はつぎのように述べている。

> 水界は人間にとって異界にほかならず、異界にすむ存在は幽霊妖怪のたぐいと同様に、元来〈目に見えない存在〉なのだった。たとえば釣糸が異界の何ものかを引っ掛けて、恐怖するかのように緊張したとき、釣師の心を襲う名づけようのない感覚は、古代人が抱いた魚類の原イメージを想起させる。魚とは得体の知れぬものだったのである。[1]

水族が異界にすむのなら、とうぜん、そこを支配する力、あるいは神々と関係していると思われてもふしぎはなかったし、じっさいそのとおりであった。さらに、古代人がいだく水族のイメージは、水それじたいがもつ性質とリンクしていた。水は、恵みをもたらしてくれるかと思えば、ひとが営々と築いてきたものを一気に無に帰せしめたり、呑みこんだりするが、そこにすむ生きものや怪物は、そうした二面性を表象するものでもあったのだ。

その典型的な例は、古代メソポタミア神話に登場する海水の女神ティアマトであろう。ニネベ出土の粘土板（前7世紀）に記された叙事詩『エヌマ・エリシュ』によると、ティアマトは淡水の神アプスーと交わり最初の神々を生んだ。ところがこれら神々は昼も夜も大騒ぎして、彼らを悩ますようになる。アプスーは神々を殺す計画をたてるが、返り討ちにあったので、今度はティアマトが怪物たちを率いて神々に戦いをいどむ。半獣人、半魚人、ドラゴンなどがそのメンバーだが、もっとも恐ろしい怪物は彼女自身であった。これに立ち向かったのはマルドゥクという神で、ティアマトがあんぐり開けた口のなかへ突風を送りこみ、口が閉まらなくなったところで致命傷を与え、殺害する。その後マルドゥクは、彼女の体を切りわけて、天空、大地、山、川をつくったとされる。[2] つまりティアマトは、混沌や危険をもたらすいっぽうで、あらゆる生命の母であり、さらに世界の礎となったのである。

またメソポタミア文明は、海にすむ神秘的な生きもののおかげで成立したともいわれる。ベロッソス（バビロニアの著述家、前3世紀）によれば、かの地に文明をもたらしたのは、オアンネスという、魚の体に人間の頭と足をもつ奇妙な生きものであった。オアンネスは海から上陸してきて、獣同然に暮らしていた人間たちに文字、法律、農耕、科学、さらに都市や神殿のつくりかたなど、要は文明に欠かせないものすべてを伝授したという。オアンネスは、日没になると、海に帰ってそこで夜をすごした。[3] 象徴研究者のジャン＝ポール・クレベールがいうように、オアンネスはまさに

図1-1　カルフ（ニムルド）の神殿の戸口を飾っていた、魚の皮を着た人物像（前9世紀）

「水面に出て、人間にその存在を知られながらも、その根本は深海や地底に潜ませているあらゆる生きもののシンボル」[4]だった。

つまりメソポタミアでは、神々、世界、人間そして文明は、海とそこにすむ生きものに由来すると信じられていたわけだ。

さらにかの地では、魚の皮をまとった人物像も制作された（図1－1）。一部はオアンネスを表象したはずだが、悪魔祓いする神官の姿をかたどったといわれる。[5]なぜ悪魔祓いをするために、魚の皮をまとうのか。それは魚が地下水系をおさめる神、エンキと結びつけられていたからだ。エンキは、知恵や呪術をつかさどると同時に、創造の神でもあった。ほかには、半身がヤギで半身が魚という奇妙な生きものや、われわれの良く知る人魚（図1－2）の彫刻が見つかっているが、これらもエンキと関連し、魔除けとして神殿や王宮に飾られていたという。[6]さらに魚は、地下世界との結びつきから、生命ないし再生のシンボルでもあった。[7]

生命や再生のシンボルとしての水族

魚を再生と結びつける発想は、古代エジプトにもあった。たとえばナイル川にいるティラピアの仲間は、まさにその象徴とみなされていた。ティラピアは、しばしばロータスの花（これも再生のシンボル）を口に含む姿で描かれたが、これは冥界へ降りてゆくあいだに、死者がいったん魚の姿になるという信仰と結びついていたのだろうと、ダグラス・ブルワー（考古学者）らは指摘する。[8]

ちなみに、ナイルのティラピアを代表するのは、学名でティラピア・ニロティカ（*Tilapia nilotica*）、ティラピア・ガリラエア（*T. galilaea*）、ティラピア・ジリイ（*T. zilli*）と呼ばれる3種だが、このうちはじめの2種は、卵を口のなかでかえすという習性をもつ。[9] だが、まるで幼魚をいきなり吐きだすように見えるので、これが再生のイメージと結びつけられたともいわれる。[10]

ほかには、農耕神オシリスの神話と結びついた魚もいる。プルタルコス（ギリシアの著述家、46ごろ～120ごろ）が伝えるところによると、オシリスは、弟のセトによって殺害され、バラバラにされてしまうが、妻のイシスが体の各部分を集めてよみがえらせようとした。ところが、「オキシリンクス」、「レピドトゥス」、「ファグルス」という魚がオシリスの生殖器を食べてしまったので、彼は完全に復活することがかなわず、冥界に君臨することとなる。

図1-2　アッシリアの王宮にあった人魚のレリーフ（前8世紀）

「オキシリンクス」は、モルミルス科に分類される、口先のとがった魚たちで、オシリスとのつながりから神聖視され、ミイラにされたり、ブロンズ像がつくられたりした。またその名を冠する都市（オキシリンコス）の漁師は、彼らを捕まえることを忌避していたという。「レピドトゥス」は、おそらくバルブス属のコイに似た魚で、やはりおなじようなあつかいを受けていた。「ファグルス」は、ナマズの仲間とも、タイガーフィッシュの仲間ともいわれるが、はっきりしない[11]。

魚を魂や再生と関連させたのは、ヨーロッパ人も同様であった。たとえば古代ギリシアでは、死んだ人間の魂は魚になり、のちにそれを食べた女性の胎内で再生するといわれた[12]。また古代ローマの文法学者ケンソリヌス（3世紀）は、人類の誕生にかんして、まず魚あるいは魚に似た生きものが生まれ、その体内で最初の人間がはぐくまれて、大きくなってのちそれを破って出てきたという説を紹介している[13]。

さらに魚と不死性の結びつきは、埋葬美術においても確認される。その例として考古学者ジョスリン・トインビーが紹介しているのは、トリポリタニア（北アフリカ沿岸の地域）のギルザの霊廟（れいびょう）にあるレリーフである。そこでは、8尾の大きな魚が、死後の生をあらわす中央のバラ飾りのまわりを泳いだり、かじりついたりする様子が再現されている（ちなみに「8」は、永遠や再生を象徴する数字である）。さらに、魚が不死のシンボルだったことは、初期キリスト教会において、ギリシア語の「イエス・キリスト、神の子、救済者」の頭文字を組みあわせたἰχθύς（魚）の語が流行したこととも関係があったのではないかとトインビーは指摘する[14]。

また、貝の仲間が豊穣のシンボルとみなされてきたのは有名な話だ。水界と結びついていることもその理由のひとつだが、女性器を連想させる形状をしているためでもあった（いっぽうで魚は男性器をイメージさせた）。古代地中海では、海から生まれたとされる女神たちが貝と結びつけられたが、古代ギリシアのアフロディテ（ヴィーナス）はその代表格であろう（図1-3）。アジアやオセアニアでも、とくにコヤスガイが女性器そっくりな見た目をしていることから、豊穣や安産に結びつけられている。

さらに、貝のなかではぐくまれる真珠は性的欲望をかきたてるとされ、エジプトの女王クレオパトラが、のちに夫となるマルクス・アントニウスの前でワイン（あるいは酢）に真珠を入れて飲んだという有名なエピソードも、これに関係がある。[15]

プリニウスが描いた水族

ただし地中海の人びとも、水界は生命の源であるだけでなく、危険をもたらすともみなしていた。たとえば古代ギリシアでは、海には12本の足と6本の首をもった恐るべきスキュラ（スキュレ）や、大変な力で海水を呑みこむカリュブディスがいると信じられた。ホメロス（前8～7世紀末）の『オデュッセイア』によれば、それらは「不死の怖るべき怪物」であり、「防ぐ手立てはなく、あのようなものからは逃げるに如くはない」[16]とあるように、人間の支配のおよばない、自然の力の象徴でもあった。

図1-3　石棺に彫刻された、貝に座るヴィーナス（前200ごろ）

神秘的で不可解な水族のイメージは、プリニウス（23～79）の『博物誌』のなかにも、容易に見てとることができる。

たとえば彼は、大いなる海には想像を絶する巨大生物がすんでいると論じた。インド洋には、1万平方メートル（4ユゲラ）の大きさを誇る「ブラエナエ」（邦訳ではクジラ）や、全長100メートル（200キュービット）におよぶ「プリスティス」（邦訳ではフカ）がいる。またその数も大変なもので、かつてアレキサンダー大王が航海したとき、軍艦をそれらにぶつけることによってのみ前進することができたという。いまなら空想動物に分類される、トリトン（半人半魚の海神）やネレイス（海の精）の目撃談も紹介している。さらに、あらゆる形状が人間そっくりの「海人」も存在していて、これが船にはいあがってくると、その重みで船が沈没してしまうという[17]。

タコは、プリニウスにとっては、ありふれていると同時に不気味であった。「水中で人の死をひき起こすことでこの動物くらい残忍なものはない。というのは、人が難破したときとか、水をくぐっているとき、それがからだに巻きついて彼と格闘し、吸盤で吸いつき、何重もの吸引によって彼をずたずたに引き裂くというのだ[18]」。

水族がもたらす魔術的な作用についても言及があって、たとえばアザラシの右側のヒレは催眠効果があるので、頭の下に置くとよく寝ることができると信じられていたという。またコバンザメ（吸盤を使って船や大型魚に付着する魚）は、媚薬（びやく）の原料になるかと思えば、裁判を妨害する魔術的道具にもなり、さらには妊娠時の下りものを止めたり、早産を防いだりする効果があるとみなされていた。

さらに、魚には予知能力があると信じられ、その動きを見て将来を占うこともおこなわれていたという。シチリア戦争中、アウグストゥス（初代ローマ皇帝、前63～後14）の足元へ魚が飛びこんできたとき、神官たちは彼の成功を予言した。というのは、このころ彼の敵であったセクストゥス・ポンペイウスは、海神ネプチューンをみずからの保護者とあおいでいたからだ。その「使い」である魚がアウグストゥスの足元へ身を投げたように、ポンペイウスもおなじ運命をたどると思われたのである[19]。

観察・利用の対象としての水族

もっとも、ギリシアやローマの人びとがひたすら自然界に畏怖の念をおぼえていたのかというと、それもまた誤りであった。歴史家ヴィッキー・サーボは、たしかに彼らは自然のさまざまな要素を神々と結びつけ、敬うこともあったが、そのくせ自然の利用にかんしてはとめどがなかったと指摘する。「ローマの技術は、道路、水道、橋、鉱山をつくることで古代ヨーロッパの地表を変えてしまった。ギリシア人は古典期初期に、中央ならびに南ギリシアの広大な地域で森林伐採をした。動物たちは、グロテスクなスケールにおいて、娯楽のために捕らえられ繁殖させられた[20]〔……〕」。

じっさい、古代人の自然にたいする態度は一様ではなかった。たとえば古代ギリシアの哲学者アリストテレス（前384〜322）は、自然界のすべての事物は人間のためにあると考えていた[21]。さらに彼は、漁師たちの話やみずからの観察をふまえて[22]、海洋哺乳類、魚類、頭足類、甲殻類などの体の構造、感覚、食性、生殖などについて客観的な記述をおこなったことでも知られる。たとえば、イルカやクジラは人間とおなじ胎生で、母乳で子どもを育てることを記している[23]。またサメ・エイの一部は、一見胎生であるが、「前もって自体内に卵生してから〔体外へ〕胎生する[24]」（〔 〕は訳者島崎三郎による。以下同様）と述べ、それらがいわゆる「卵胎生」であることも把握していた。

また、水の生きものの睡眠にかんする記述も、みずからの観察や経験豊かな人びとの証言にもとづいたものであることがうかがえる。

魚類が眠るということは、次のようなことから推論できる。すなわち、しばしば魚に気づかれずに襲うことができるからで、手で捕えたり、気づかれずにたたいたりできるくらいであって、こうしている間じゅう非常に静かで、尾鰭（おびれ）を静かに動かすだけで、どこも動かさない。［……］イルカやマッコウクジラやそういった噴水孔〔噴気孔〕のあるものは、噴水孔を海面から上に出して眠り、噴水孔で呼吸しているが、鰭を静かに動かしている[25]（読みがなは引用者。以下、必要と思われる箇所には読みがなをつけた）。

このほか、タコが体色を変えて魚の不意をつくとか、魚をわずかな水のなかで飼っておくと窒息死するといった記述も、実体験にもとづくものであろう[26]。

プリニウスも、当時、水族がさまざまなかたちで利用されていたことを記している。彼は食用とされる魚を列挙し、なかでもレッドマレット（ヒメジの仲間。邦訳では「赤ボラ」）は食道楽のあいだでとくに人気で、つけ汁のなかで殺して食べることを勧める者もいたという。また、一部の魚はかなりの値段で取引されたそうだ。

このほか、カメの甲、海綿、真珠、一部の貝からとられる赤や紫の染料（大変高額だったので権力者のみが使用できた）などが、採取され使用されていた。またプリニウスは、イルカを手なずけて魚をとらせる漁師、イルカと仲良くなった少年、調教したアザラシの見世物などについて触れている[27]。港に迷いこんだシャチをクラウディウス帝が殺すパフォーマンスをおこなったことも記しており、その様子はつぎのようなものだったという。

カエサル［クラウディウス帝］は港の両方の入口に網の防壁を張らせておいて、みずから近衛兵たちと一緒にでかけてゆき、シャチが舟と平行して躍り上るとき、いかにも軍人らしく舟からそれに向って槍を投げて、ローマの公衆に一つの見せ物を披露した。そしてわれわれは舟の一隻が獣の息吹きで水がいっぱいになって沈むのを見た。[28]

先述のサーボがいうように、このパフォーマンスは、ローマ人の自然を征服することへのこだわりを演出するものであった。[29]自然の征服、それは、つぎに紹介する養魚池の建設においても重要な動機となっている。

古代文明の養魚池文化

プリニウスは、古代ローマの養魚池について貴重な報告をしている。当地でとくに好んで飼育されたのは、「ムレナ」（murena）という魚であった。ムレナは、細長い魚すなわちウナギ、アナゴ、ウツボ、ヤツメウナギの仲間を幅広く指す名称であったらしい。[30]

プリニウスによると、ヒリウスという人物は、ユリウス・カエサルの宴のためにこの種の魚を6千尾も貸与したことがある。また演説家ホルテンシウスは養魚池にいたムレナを溺愛するあまり、それが死ぬと泣いたというし、アントニアという女性はイヤリングをつけてかわいがったという。さらに、アウグストゥスのもとにいたウェディウス・ポリオなる男は、奴隷をムレナでいっぱいの池に投げ入れて八つ裂きにさせるという、趣味の悪いことをやっていた。[31]

もちろん、養魚池はローマ・オリジナルだったわけではない。もともと養魚池は、古代人が狩猟中心の生活をやめて、動植物を手なずけコントロールする、つまり農耕牧畜をはじめるプロセスと結びついている。だからメソポタミアやエジプトをはじめ、世界中に存在したことは驚くにあたらない。

メソポタミアのばあい、ティグリス川やユーフラテス川にダムを設けてつくった池で魚を飼育していた。また前２５００年ごろには、神殿のまわりに、聖なる魚を飼う池や、商業用の池が存在したという（後者の池では、金を払えば魚を捕まえることが許された）。また平民が所有する小さな池も無数にあったといわれている。

エジプトでも、やはり神殿のそばに池があり、聖なる生きものとして魚、爬虫類、両生類などが飼われていたが、そのふるまいは何らかの予兆を示すものと信じられていた。とくに大きなウナギ、ヌマガメ、ワニなどは、黄金や宝石で飾られて大切にされたという[32]。このほか、前２０００年ごろから新王国時代（前１５６７〜１０８５ごろ）にかけてつくられた墓には、高貴な人物が人工池でティラピア釣りをする様子がしばしば彫刻された。前述のとおりティラピアは再生のシンボルだったから、これは遊びというよりは何らかの宗教的な儀式だったと推測されている[33]。

図１－４は、テーベ近郊にあった「ナバムンの墓」を飾っていた養魚池の絵で、いまは大英博物館に所蔵されている。池は長方形をしていて、なかにはティラピアや水鳥がすみ、ロータスが咲き、花や木が周囲を縁どる。博物館の解説では、ナバムン（前１３５０年ごろ）はアメン神殿の主計官で、この絵は彼が理想とした豊かな生活をあらわすということだが、ここでも不死への願いがこめられていたのであろう。

さらに中国も、長い養魚池の歴史を誇る。周王朝（前１０５０ごろ〜２５６）の文献に、魚の養殖

図1-4　古代エジプトの墓に描かれた養魚池。ティラピアが飼育されている（大英博物館所蔵）

にかんする詳細な記録が残されているものの、その伝統じたいはそれよりはるか以前にさかのぼるとみられる。[34] 中国では、一度に多くの卵を産む魚は豊穣のシンボルだった。なかでもコイは、発音（リー）が「利」とおなじであり、また立身出世をあらわすとされ、古くから人気があった。[35] それゆえ裕福な地主や商人は、庭園の池でコイを飼って観賞用あるいは権力の象徴とした。[36]

さらに、養殖ガイドブックともいうべき『養魚経』が范蠡（前5世紀に活躍した越の政治家）によって書かれている。彼もまたコイの飼育をすすめ、9つの小島と8つのくぼみがある約4000平方メートルの池が理想的とし、その繁殖、エサやり、維持などの方法を記した。

ただし唐の時代（618～907）になると状況が変わってくる。コイの発音が皇帝の姓（李）と重なったためで、コイを殺したり食べたりすることは不敬にあたるとみなされたのだ。

かわって飼育されるようになったのがハクレン、コクレン、ケンヒー、ソウギョであり、また観賞用として金魚（コラム3）が重宝された。

　最終的に、中国人は前記4種の魚を、ほかの動植物の飼育と組みあわせる方法を編みだすにいたる。家畜の排せつ物を魚の養殖にもちい、池の水でクワを栽培し、その葉でカイコを飼って絹を産出するのだ。しかも池を排水すれば、その泥は作物の肥料となる。[37] なお日本人も、前1世紀ごろには灌漑（かんがい）用につくられた池や溝で魚を飼育していたそうだが、本格的な養殖の記述があらわれるのは17世紀以降のことである。[38]

　ほかに興味深いのは、南米の養魚池であろう。近年、ボリビアのアマゾン盆地に、水路と土の池からなる迷宮のような構造物があるのが発見された。ここに住んでいた人びとは、洗練された技術をもちいて作物豊かな土地をつくり、ジグザグにつくられた堰（せき）や池を利用して魚を捕え、飼育していたらしい。構造物じたいは少なくとも16世紀にさかのぼるとみられるが、これを築いた社会は数百年どころか数千年の歴史があると考える人類学者もいる。[39]

　このほか、古代〜中世にかけて、洗練された養魚池の文化がインド、ジャワ、ハワイなどにも成立した。[40] ただしこれらについて詳述していけばきりがないので、ふたたびヨーロッパに話をもどそう。

豪華だった古代ローマの養魚池

古代ギリシアにも養魚池は存在した。とくにギリシア東部では、神殿のそばに人工池をつくり、魚を売って収入の足しにしたり、聖なる魚を飼ったりしていたという。[41]

　またディオドロス（歴史家、前1世紀）によると、シチリアのアクラガス（アグリジェント）に、深さ20キュービット（約9メートル）、全周7スタディオン（約1キロ260メートル）の巨大な池が築かれた。「そのなかに川や泉の水が引きいれられて養魚池となり、食用の、料理を豊かにするための魚を大量にもたらした。大変な数の白鳥もそこに棲んでいたので、池を見るのは楽しいものだった[42]」。

だが古代の養魚池のなかで、もっとも強烈なインパクトを与えるのは、ローマのものである。考古学者ジェームズ・ヒギンボサムは、とくにイタリア半島の養魚池について、文献と遺跡調査にもとづいた興味深い研究をおこなっているので、それを踏まえながらくわしく見てみよう。

ローマ人は、近隣のギリシア人やエトルリア人から養魚池をつくる技術を学んだとみられている。はじめは池や川で魚を育てていたのが、しだいに本格的な飼育施設をつくるようになり、紀元前1世紀から紀元後1世紀にかけて隆盛をきわめた[43]。養魚池には海水版も淡水版も存在したが、ともに自然に近い環境を模倣し、魚の飼育・繁殖がしやすいようになっていた。

海のそばに養魚池をつくるばあい、ローマ人は景色がよく、かつ海水と淡水の両方が手に入るロケーションをさがした。なぜ淡水が必要だったかというと、水温や塩分濃度を調整するのに便利だったし、また海水と混ぜて人工的な汽水域をつくることもできたからである（汽水は一部の魚にとっては魅力的で、彼らを誘引できることが経験上知られていた）。

海辺の養魚池は、多くのばあい、天然の岩礁を適当なかたちに削って基礎とし、木製の枠型を置いて、そこに水硬性コンクリートを流しこんでつくられた。水硬性コンクリートは、ポゾラン（火山灰）、石灰、砕石を混ぜあわせたもので、水に触れると固くなる性質をもっている。池の周囲には防波堤がつくられたが、潮が満ちてくると新鮮な海水がとりこめる水路も設けられた。水の循環が、魚の健康を保つのに欠かせないからだ。しかも、水のみが出入りして、魚は逃げないように、水路には小さな穴をいくつもうがった青銅製のフィルターを設置するなどの工夫がなされていた。[44]

　養魚池の深さは、1メートル以下から3メートル以上とさまざまであった。多くは、いくつかの区画に分割されていたが、これは異なる種や年齢の魚をわけ、ケンカや共食いを避けるためであった。また各区画は、食用、繁殖用、観賞用というふうに、さまざまな目的にあわせて使うこともできる。魚が隠れたり、日光を避けたりするためのくぼみや穴が設けられることもあった。おそらくは、各種の生態にあわせて、底を泥状や砂地にしたり、岩を置いたりしたと推定されているが、時代を経たいまとなっては確認するのが難しいとヒギンボサムはいう。[45]好んで飼育されたのは、ウナギ、ウツボ、ボラ、スズキ、タイ、ヒラメの仲間やレッドマレットなどであった。[46]

　海水版の養魚池は、イタリアの沿岸や島々（流刑地として有名なヴェントテーネ島も含まれる）に多数存在したが、[47]ここではその代表例として、トレ・アストゥーラとスペルロンガに現存する養魚池を紹介しておこう。

　トレ・アストゥーラの養魚池（前1世紀ごろ、図1－5）では、かつては海辺の邸宅から橋をわたり、海上のテラスにアクセスできるようになっていた。このテラスの三方をとり囲むかたちで、172×125メートルの四角い養魚池が広がっていた。その内側には、四角、三角、ひし形などの形状をした小区画がたくさんあり、目的に応じて魚をわけて飼育したのだろう。

　今日、中世の城館が立っているところは、養魚池の南端にあたるが、かつてここには灯台があったのではないかと推測されている。養魚池全体をとり囲む防波堤には水路が設けられ、海水をとり入れて循環させたり、出入りする魚を捕えたりするのに使われたらしい。淡水も、橋のなかに組みこまれた水道管から、各区画に分配された。

また養魚池のテラスには、景観を楽しむための建物があったとみられている。ということは、訪問者は橋をわたって海の領域に達し、テラスで潮騒を聞きながら魚に舌鼓をうつことができたわけだ。[48] その非日常体験たるや、いかばかりのことであっただろう。

なおトレ・アストゥーラ周辺は、いまはイタリア軍基地となっており、決して接近してはいけない。

図1-5　トレ・アストゥーラ。海面下に沈んでいるが、塔の左右から海岸にかけて養魚池の遺構が存在する

もし古代ローマの養魚池をじっくり見たいなら、スペルロンガのものがおすすめだ。一般にここは「ティベリウス帝（在位14〜37）の洞窟」と呼ばれているが、ヒギンボサムは、壁に初歩的な網目積み工法（quasi-reticulatum）がもちいられていることから、前1世紀半ばのものとしている。洞窟のなかに設けられた円形の池と、その入口にある長方形の池をメインとし、そこに小さな池がもうひとつくっついている。

図1-6は洞窟内部から写したものだが、長方形の池の中央には島が設けられているのが見える。かつてここにはダイニングルームがあって、所有者は

図1-6　スペルロンガの養魚池。四角い池の中央に浮かぶ島が、宴会用に使用された

洞窟や海のスペクタクルを見ながら食事をすることができた。また一部の壁沿いには、ウナギが隠れるための穴が設けられている。円形の池には、泉から淡水をとりこむための水路が、長方形の池には、海水を入れるための水路がつながっていて、人工的な汽水域を形成するようになっていた[49]。

洞窟内部からは、ギリシアの英雄オデュッセウスの冒険をテーマにした彫刻がいくつも発掘されており、すぐそばの博物館で見ることができる。彫刻は4グループに分かれるが、とくに「スキュラの襲撃」と「巨人ポリュフェモスとの闘い」を再現したものが代表的だ。

ポリュフェモスは1つ目の巨人で、オデュッセウスとその仲間を洞穴に閉じこめて食べてしまおうとしたが、目に杭を打ちこまれて盲目となる。スキュラは、ここでは女性の胴体に犬や魚の特徴が加わった奇怪な姿をしていて、まさにオデュッセウスの部下を捕らえ食わんとする

さまが再現されていた。スキュラの彫刻があったのは、丸い池のちょうど真ん中である。

つぎに、淡水の養魚池を見てみよう。こちらは海水版にくらべて1ランク劣ると見られていたらしいが、つくる（地面を掘ってコンクリートなどで補強する）のもメンテナンスも容易であったし、ローマで水道が整備されてからは、水をふんだんに使うことができた。水は、水路や鉛管を伝って、まずゴミを分離するための貯水槽に入る。つぎに、飼育槽をとおって排水溝にいたるしくみだった。また多くの池は、見た目を鮮やかにすべく、内側が青く塗られていたという（いまの水族館でもよくおこなわれる処理である）[50]。

図1-7　ポンペイの養魚池。左右に魚が隠れるための凹みがある

淡水版の養魚池は、ヴェスヴィオ火山の噴火で滅んだポンペイの遺跡で見ることができる。図1－7は、イウリア（ユリア）・フェリクスという女性の所有だった「プラエディア・ディ・イウリア・フェリクス」と呼ばれる邸宅のもので、やはりダイニングルームに隣接している。ポンペイを襲った62年の地震から、同市が火山噴火で滅んだ79年のあいだに建設されたという。長方形のシンプルなかたちをしているが、半円形の凹みが設けられているのがわかる。これは、魚が日を避けたり隠れたりするための場所である[51]。

先ほども触れたように、こうした養魚池の多くは、紀元前1世紀から紀元後1世紀にかけてつくられた。そして、はじめは大規模な海水版が愛好され、しだいに小規模な淡水版が好まれるようになっていったという。これは、いかなる理由によるものか。

イタリア半島の養魚池は、ほかの地域と同様、宗教目的でつくられることもあった（サンタ・ヴェネラの聖域など）。そこでは魚は聖なるシンボル、あるいは神々の意志の伝達者として飼育されていた可能性がある。しかしそれ以外は食用、観賞用であり、とどのつまり「趣味」の領域に属するものだった。

飼育する魚は、売ればたしかに収入にはなりえたが、池の建設、魚の補充、維持すべてにコストがかかり、とくに海水版のものをつくるのは財産の浪費とみなされていた。[52] しかも、このころローマ人は、イタリア沿岸の水族をとりつくしてしまい、すでに一部の漁法が禁じられるようになっていたから、[53] 魚をストックするコストはかかるいっぽうだった。

とはいえ、このような養魚池をもつことにははっきりとした理由があった。

養魚池が多くつくられた時期は、古代ローマが共和政から帝政へ移行した時期にあたる。共和政の末期には、富裕層のあいだで権力争いが過熱するようになっていた。彼らはみずからの富をライバルに印象づけて優位に立つために、大規模な養魚池（とくに海水版）を建設した。しかも、その所有者が生きもの、水の利用、建築について洗練された知識をもつことをアピールできた。

もちろん、養魚池が愛好された理由はそればかりではない。ローマの富裕層は、首都の陰謀渦巻く生活から逃れ、しばし海辺の邸宅にこもって、宴会や釣りなどをして、安楽なひとときを過ごすことができたのだ。[54]

さらに養魚池は、ローマ人の支配欲とも強く結びついていた。ヒギンボサムは、「人工の養魚池では、境界をなす防波堤が沖へ達し、海景の大きなエリアをとり囲む。それは自然を支配したい、植物、動物そして魚を邸宅の敷地にとりこみたいという欲求を反映したものだった」[55]と指摘する。当時の邸宅は、あらゆる自然のエレメントを建築と融合させ、支配対象としたが、養魚池はこれを補うものだった。[56]それればかりか、養魚池は、「海岸のみならず、海そのもの」[57]を手中におさめたいという野心すらあらわしていたという。

ここで思いだしてほしいのが、スペルロンガのスキュラ彫刻である。スキュラが本来、自然の猛威を表象する存在だったことはすでに見たとおりである。しかしこの空間では、魚だけでなくスキュラまでもが、人工的な囲いのなかに入れられて、コントロールと娯楽の対象に成りさがってしまっているのだ。

だが、エリートたちの競争は、結局ローマの内乱へとつながってしまい、それをおさめたアウグストゥスのもとで帝政期（前27～）に移行すると、転機が訪れる。皇帝たちは、みずからに権力を集中させるため、エリートたちから富の源泉となる外交、戦争、財政をつかさどる権利をとりあげてしまい、過度の贅沢にふけることを不可能にしてしまった。海辺の養魚池も、帝国の所有物となっていく。

その過程で、海水版の養魚池の流行はしだいに過去のものとなり、人びとはもっとつつましやかな淡水魚用の池をつくり、そこで華美を競うことになった。とはいえ、そこでも自然を支配したいという欲求が消えることはなく、富裕層は魚を観賞したり、宴会に供することを喜びとしていた。[58]先ほど紹介したポンペイの養魚池も、そんな時代の産物である。なおローマ人は、帝国が併合した地域にも養魚池を建設し、それが中世ヨーロッパの養魚池文化の原点となる。

ところで、養魚池では魚を上から見下ろすことがほとんどだったようだが、囲われた空間では波が穏やかなので、観賞はかなり容易だったと思われる。スペルロンガの養魚池には、いまもスズキやボラの仲間がたくさん泳いでいるが、斜め上からでもディティールが驚くほどはっきり見てとれる。

もっとも古代ローマでは、ガラスのついた水槽をもつこともおこなわれていたらしい。「紀元五〇年頃、ローマ、ヘラクラネウム、ポンペイにガラス板がもたらされ、大理石の水槽の一面に用いられるようになった。おかげで、魚が群がりせわしなく泳ぐ動きを上から眺めて推測するのではなく、横からじっくり見られるようになった」[59]とベアント・ブルンナーは『水族館の歴史』のなかで書いている。プリニウスも、レッドマレットをガラス鉢に入れて観察すると、その色がかわっていくのがわかる、という記述を残している。[60]

2　中世ヨーロッパにおける水族「観」

キリスト教と海の怪物

ローマ帝国のテオドシウス帝（347～395）は、392年にキリスト教を国教とした（本書では、そのあとにくる時代、すなわち5～15世紀を「中世」と呼ぶ）。

周知のように、キリスト教はただひとりの神を信仰する「一神教」であり、ユダヤ教の聖典である『旧約聖書』と、イエス・キリストの生涯やその教えを伝える『新約聖書』を柱に、確固とした世界観を形成する。キリスト教はイスラエルに起源するが、各地の「異教」と衝突しながらも地中海に広がり、最終的にローマ人に受け入れられるにいたったのだ。

その後ローマ帝国は東西に分裂し、西ローマ帝国は476年にゲルマン人によって滅ぼされる（東ローマ帝国＝ビザンツ帝国は1453年まで存続）。しかしキリスト教はこれをものともせず、ヨーロッパの諸部族に受け入れられていった。やがてイングランド王国（イギリス）、フランス王国、神聖ローマ帝国（いまのドイツ、オーストリア、イタリアなどにまたがる帝国）、カスティーリャ王国（スペイン）、ポルトガル王国などが誕生する。

それでは、中世における水族「観」とは、いかなるものだったのか。古代人の自然界や水族にたいする態度が一様でなかったように、中世ヨーロッパ人の態度も、畏怖と征服欲のはざまで揺れうごいていた。

さらに、中世になって新たに定着した考えかたもある。それは、水族を含む自然界のあらゆるものが、善悪どちらかのシンボルとして解釈されるというものだ。つまり彼らは、唯一絶対の神がもたらす恩恵を象徴することもあれば、悪魔（神と敵対する勢力）のシンボルとしてもみなされうる。[3] 水族は、キリスト教の二元論的な世界観に組みこまれていったのだ。

また『旧約聖書』には、中世の水族「観」に影響を与えた海の怪物が登場する。そのひとつは、メソポタミアのティアマトと同一視されることもあるレビヤタンである。レビヤタンは、神以外の何者にも支配されえない、圧倒的な力の代名詞であった。「ヨブ記」にはこうある。

お前はレビヤタンを鉤にかけて引き上げ／その舌を縄で捕えて／屈服させることができるか。

お前はその鼻に綱をつけ／顎を貫いてくつわをかけることができるか。［……］彼がお前と契約を結び／永久にお前の僕となったりするだろうか。［……］お前はもりで彼の皮を／やすで頭を傷だらけにすることができるか。彼の上に手を置いてみよ。戦うなどとは二度と言わぬがよい。[62]

レビヤタンは周囲を恐怖におとしいれる。「彼が立ち上がれば神々もおののき／取り乱して、逃げ惑う。［……］彼は深い淵を煮えたぎる鍋のように沸き上がらせ／海をるつぼにする」[63]。レビヤタンは、神によって罰される反抗的な生きものとしても表象されることがあり、[64]これはあとで紹介する、悪魔的な怪物のイメージと結びつくことになった。ただそのいっぽうで、神によって殺され、人びとの食料になったという記述もあって、[65]古代の怪物と同様、レビヤタンも生命の源となりうることが示唆されている。

また「ヨナ書」にも、海の巨大生物が登場する。神から、ニネベにいって人びとに警告を発するよう命じられたヨナは、この任務を嫌って船で逃げようとするが、海上で嵐に遭遇する。船乗りたちは、ヨナが神の命に背いたせいで災難が訪れたことを知り、彼を海へ投げこむ。すると「巨大な魚」[66]があらわれ、ヨナを呑みこんでしまうが、彼がその体内で悔いあらためると、神は魚に命じて地上に吐きださせる。ここでは大魚は、神の意志に応じて行動している。また魚の腹におさまったあと、そこから出てくるプロセスは、「死と再生」を想起させるものである。

聖書とならんで、中世において水族のイメージに大きな影響を与えたキリスト教文学に、『フュシオロゴス』（2～4世紀成立）が挙げられる。『フュシオロゴス』は、さまざまな生きものの「ふ

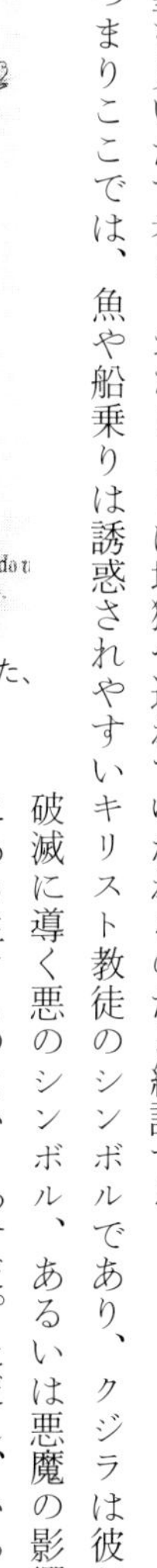

るまい」から道徳や教訓を読みとるという、動物寓意譚の走りとなるものであった。アレクサンドリアにて、未詳のキリスト教徒によって書かれ、ラテン語版のほか、ゲルマン語、ロマンス語に翻訳され幅広く読まれた。[67]

水族にかんしては、たとえばクジラは大きな口をあけてまず良い匂いをだし、これにつられてやってきた魚を呑みこんでしまうとする。そのうえで、同様にして悪魔も、偽りの言葉でもって愚か者をおびきよせるのだという。また、クジラはしばしばあまりに大きいので、船乗りが島と勘違いして船をもやうことがあるが、そうするとクジラは船もろとも海に沈んでしまう。そして、悪魔に希望を見いだす者も、おなじように地獄へ連れてゆかれるのだと結論する。[68]

つまりここでは、魚や船乗りは誘惑されやすいキリスト教徒のシンボルであり、クジラは彼らを破滅に導く悪のシンボル、あるいは悪魔の影響下にある生きものというわけだ。ただし、いちおう「クジラ」となっているが、絵画においてはクジラとも巨大魚ともつかない姿で描かれることもしばしばであった(図1−8)。

図1−8　動物寓意譚(13世紀)に描かれた、島と誤解されたクジラ

なお島と見まちがえられたり、人間を呑みこんだりするクジラの描写は、『聖ブレンダンの航海』(9～10世紀成立)をはじめ、さまざまな中世文学に登場したほか、[69] 近世の海洋図に登場することもある。

いっぽうで中世ヨーロッパ人は、アリストテレスがしたような動物の研究については、少なくともはじめのうちは、乗り気でなかった。博物学史にくわしい西村三郎は、西ローマ帝国の崩壊と、そのあとに続いた混乱が、古典文明の衰退と書物の散逸をもたらしたところにくわえ[70]、キリスト教会が科学的探究を奨励しなかったことも原因だとする。「キリスト教はひたむきな信仰によって来たるべき世における復活を願うものであるから、現世的で理性によるギリシア的世界了解とはもともとあい入れない[71]」からだった。

ただし、中世人は決して水族を謎めいた存在として畏怖していたばかりではない。彼らは古代人同様、水族の利用に熱心であり、しかもその規模は、現代の生態系破壊や乱獲問題の走りとみなされるほどのものであった。

じつは聖書にも、そうした態度を認めるような記述がある。『旧約聖書』の「創世記」によれば、この世のすべての生きものは神がつくった。神は混沌のなかからまず天、地、海を創造し、大地に植物を芽生えさせた。ついで水の生きもの、天の生きもの（鳥）、陸の生きものをつくったうえで、神はこういう。「我々にかたどり、我々に似せて、人を造ろう。そして海の魚、空の鳥、家畜、地の獣、地を這うものすべてを支配させよう[72]」。つまり、人間は神の似姿であり、神に代わってあらゆる生きものを支配することが肯定されているというわけだ。

神はその後、人間が堕落したのを見て、いったん大洪水で滅ぼすことを決意するが、このときノアとその家族だけは、箱舟をつくって難を逃れることを許す。大洪水のあと、神はあらためてノアたちにいう。「産めよ、増えよ、地に満ちよ。地のすべての獣と空のすべての鳥は、地を這うすべてのものと海のすべての魚と共に、あなたたちの前に恐れおののき、あなたたちの手にゆだねられる[73]」。

もちろん、自然の支配を是とする態度は、ユダヤ・キリスト教に限られたものではない。古代において、とくにローマ人が自然の征服に熱心だったのはすでに見たとおりである。しかしながら、ヨーロッパ文化の基盤をなす宗教において、「動植物のコントロール」が神の御心にかなうとされたことは、結局、自然の利用をうながすことになり、それが最終的には水族館の誕生へとつながってゆくのである。

中世における環境破壊

中世ヨーロッパ人にとっても、魚は重要な栄養源であり、大量に消費された。人間の活動の影響を早くから受けたのが、遡河性の魚（産卵のため海から川へやってくるタイプ）である。たとえばバルト海南岸の発掘調査から、同地方のチョウザメは、7～9世紀のあいだは消費される魚の70パーセントを占めていたのが、12～13世紀には10パーセントにまで落ちこんでしまったことがわかっている。ノルマンディーでは、小川をさかのぼってくるサケの遡上群が15世紀半ばにほぼ壊滅した。こうした種にかわって消費されるようになったのが、ウナギやコイの仲間（コイ、ブリーム、テンチ、バーベル）、カワカマスの仲間（ノーザンパイク）である。

一部の魚が減少した背景には、乱獲だけでなく、ヨーロッパ人による環境破壊があった。サケやチョウザメの産卵には、底が砂利で、清くて流れのある水域や河口が必要である。ところが農地や都市が拡大し産業化が進むと――11世紀以降、ヨーロッパが「大開墾時代」を迎え、人口が増えたことは有名である――ダムや水車が多くつくられるようになり、こうした水域が減少したり、遡上が困難になったりした。いっぽうで、ウナギやコイの仲間は止水に強かった（なおウナギはサケと異なり川から海へ入って産卵する）[74]。

魚の数が限られていることが明らかになるにつれて、漁業の制限も試みられるようになった。まず君主たちは、漁業権を独占し、農民の魚へのアクセスを著しく制限した。そのうえで彼らは、漁業権を一部の人びとにレンタルし、かわりに税や収穫の分け前を要求するようになる。こうした人びと、すなわち漁師や魚商人はギルドを結成し、魚の捕獲と販売をコントロールした。アルプス以北では、１１０６年、ヴォルムスの司教が23人の漁師に魚販売の独占権を与えたのがそのもっとも古い例とされる。このようにして漁業は、商業化の道を歩みはじめた。当時、魚は高値で取引され、15世紀には、中欧の都市において牛肉の3～5倍もの値がついたという。

以上の流れと並行して、魚の乱獲を防止すべく、禁漁期や、捕獲可能な魚のサイズ、あまりに多くの魚や小さな魚を捕獲してしまう道具の使用禁止などが法令で定められていった。１２８９年のフランスの法令では、9種類の網や罠の使用が禁止され、川魚が産卵する4～5月にはさらに2種類の道具が禁止されている[75]。

いっぽう、海水魚も人びとの食卓にのぼりはじめた。たとえば考古学者ジェームズ・バレットらが、イギリスに残る１２７の魚骨集積所を調査したところ、7～10世紀のあいだは、淡水ならびに遡河性の魚が主に消費されているのにたいし、10世紀後半～12世紀にかけて海水魚（ニシンやタラ）の消費が増加していることを発見した[76]。その原因はいくつか考えられるものの、やはり大きかったのは淡水魚の減少であろうとバレットらは指摘する。さらに、このときの海洋漁業の急拡大こそが、「ヨーロッパの海洋資源にたいする、人間による集中利用の起源[77]」であるという。

さらに北欧では、捕鯨も盛んとなっていた。その歴史は先史時代（前３４００～１５００）にまでさかのぼると推測されるが、[78]中世の北欧人にとってもクジラやイルカは重要な資源であり、ヨーロッパのほかの地域の人びとと比較して、海洋哺乳類に関する知識も豊富であった。その証拠としてサーボが挙げているのが、未詳のノルウェー人によって書かれた『王の鏡』（13世紀半ば）である。『王の鏡』の著者は、クジラの外見、生態、利用法などについて詳述しており、しかもただ「クジラ」とひとくくりにせずに、21のカテゴリーに分類している。彼がとくに利用価値があるとしているのは、マッコウクジラやヒゲクジラの仲間などだが、ナガスクジラは保護の対象となっていた。というのは、ナガスクジラは魚たちを陸へ追いやることで漁を手伝ってくれるため、「神の使い」とみなされていたからである。

もっとも、有名な怪物「クラーケン」にかんする記述もある。ほとんど目撃例がないとしながらも、しばしば島と見まちがえられること、ある種の寄せ餌をばらまいて魚たちをおびき寄せ呑みこむことなどが紹介されている。サーボは、このクラーケンは『フュシオロゴス』のクジラそっくりだが、北欧神話に出てくるミズガルズ蛇（ヨルムンガンド）も連想させるとしている。[79]ミズガルズ蛇とは、世界をとり囲むことができるとされるほど巨大な海のモンスターのことである。[80]

中世の養魚池文化

古代人と同様、中世人はただ水族を捕まえて利用していただけではない。養魚池も盛んにつくられた。中世ヨーロッパの養魚池は、ローマの伝統を受け継ぐものと考えられており、やはりステータスシンボルとして機能した。養魚池は、宴会や賓客の接待のさいに魚を供給するためにも、鑑賞して楽しむためにも重要であった。[81]養魚池の建設が活発化したのは11世紀以降のことで、王や司教など聖俗の権力者ならびに修道院が保有した。[82]

考古学者のクリストファー・カリーによれば、中世の養魚池には2種類あった。ひとつは、いまの冷蔵庫のように、魚の保管を目的とする池（servatorium）である。邸宅のそばにあり、ふつうは四角いシンプルなかたちをしており、観賞用、装飾用の役目も担った。[83]

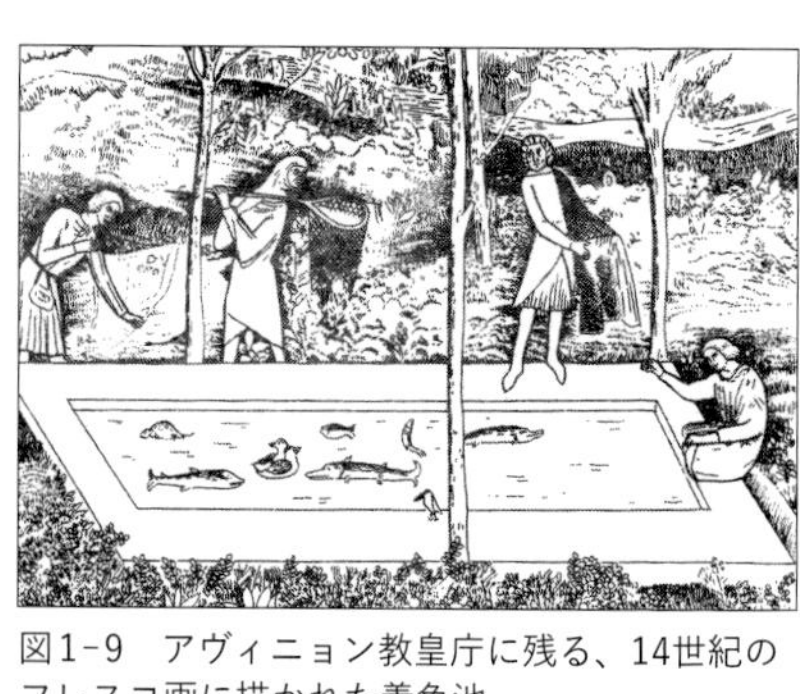

図1-9　アヴィニョン教皇庁に残る、14世紀のフレスコ画に描かれた養魚池

アヴィニョン教皇庁の新宮殿にあるクレメンス6世（1291〜1352）の寝室には、このタイプの養魚池（図1-9）が描かれている。池の内部や周辺には、ノーザンパイク（カワカマスの仲間）やテンチ（コイの仲間）とおぼしき魚のほかに、ミズハタネズミ、カモ、ペリカンみたいな生きものがいる。また4人の男たちがさまざまなポーズをとっており、いちばん左側の男は魚に矢を射かけようとし（ただし弓はほとんど消えてしまっている）、中央の2人は網をもち、いちばん右側の男はエサをやっているようにも、竿のない糸で釣りをしているようにも見える。[84]

これとは別に、繁殖を目的とする池（vivarium）もあった。[85] その多くは、川から水を引きいれ、大小複数の池をつないだものだった。それぞれの池には、繁殖用、稚魚の保護用というように異なる機能が与えられた。水を確保するためのダムや水路にくわえて、土手道、橋、水車などさまざまな設備を備えていることがあり、密猟者の侵入を防ぐための垣根も不可欠とされた。ボーデスリー修道院（イギリス）のように、トイレの下水が養魚池に流れるようにしていたところもある。不潔に聞こえるかもしれないが、池を栄養豊かにしてプランクトンの繁殖をうながす効果があった。[86]
養魚池を構成する素材は、主に土であったが、水が染みだすのを防ぐため、池の内側はしばしば粘土で固められ、さらに木材が補強用に用いられた。魚は、別の養魚池から運ぶか買いとるかして調達する。種類によっては、濡れた草にくるむことで生かしておくことができたし、そうでなければ水で満たした樽に入れて輸送する。8～12時間かけて運ぶことも珍しくなかったという。[87]

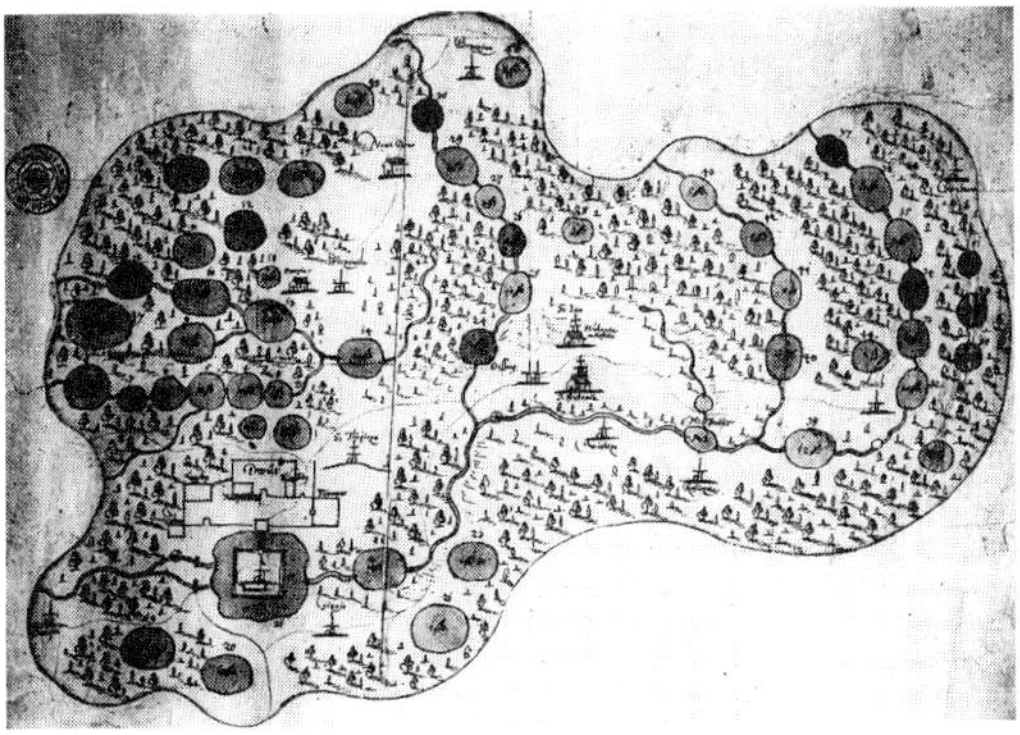

図1-10　チェルヴェナー・ルホタ城の養魚池（1657）

ちなみに中欧や東欧では、特権階級のみならず、共同体が養魚池をもつこともあった。とくに神聖ローマ帝国皇帝にしてボヘミア王だったカール4世（1316～78）は、教養があり、文化・経済振興策をとったことで知られるが、地主や都市に命じて、数多くの養魚池をつくらせた。その多くは500ヘクタールを超えるほどの規模を誇り、ボヘミアとモラヴィア両地域のものをあわせて7万5000ヘクタール以上になったという。とうぜん、多くの水が必要なので水路を引くことになるが、その長さも50キロメートルに達することがあった。

図1-10を見てもわかるように、ボヘミアの養魚池は複数の小さな池から成りたつ複雑なものだった。市民たちは、貴族や修道院たちと競いながらその構造を洗練させていったという。ボヘミアの技術者たちは、やがてヨーロッパ諸国をめ

ぐって、養魚池のつくりかたを伝授するまでになっていった。[88]

ヨーロッパの養魚池で飼育されたのは、主に止水でも生きていける種で、コイの仲間（ブリーム、テンチ、ローチ、ディス）、ヨーロピアンパーチ、ノーザンパイクなどである。コイ（*Cyprinus carpio*）は、もともとドナウ川の中流から下流にかけて分布していたにすぎなかったのが、11世紀以降、ひとの手で西欧や中欧の各水域へ移されていった。多産で、しかも大型に成長するからである。しかしながら、底の植物を引きぬいて地中の栄養素をまき散らす性質ゆえに、清流を好む土着の魚を圧迫することにもなった。[89] いまでいう「外来種問題」が発生したのである。

ローマ人と異なり、中世人とくにイギリス人は、内陸部でも手に入るようになった海水魚よりも、淡水魚のほうをぜいたく品とみなす傾向があったという。[90] だが、海の生きものが養殖されなかったわけではない。たとえばノルマンディー公ウィリアム（1027～87）がイギリスを征服したとき、かの地の土地や財産を調査させて『ドゥームズデイ・ブック』という台帳をつくらせたが、そこに沿岸の養殖場がでてくる。それは、堰で囲って豊かな漁場をつくり、サケ、ウナギ、ボラなどを飼育するものだったらしい。

またイタリアのアドリア海沿岸でも、潟（かた）、池、水路を柵で囲んだ養殖場があり、とくにポー川が流入する地域にあるものが有名であった。そこに働く漁師たちは13世紀以降、軍隊のような組織をつくり、首領の命令でインフラの建設、維持、水のコントロールなどをおこなったという。彼らは教皇に金を払うことで、漁業権を確保していた。おなじころ、フランス西岸でも、杭に細枝製の網をつけ、海に設置してカキを育てる技術が広まっている。[91]

ちなみに先述のカリーは、イギリスの養魚池、とくに魚を飼うだけのシンプルなタイプが、16～

18世紀のあいだ、どう受容されていったかを調べている。それによると、養魚池とその魚はステータスシンボルとしての価値をしだいに減じ、人工滝や噴水などといっしょに、ルネサンス式やフランス式の大規模庭園をかざる装飾の一部となっていった。そのかわりに、庭園そのものがステータスシンボルとなった。

これら庭園においては、池はシンメトリカルなデザインとなり（図1-11）、円形、長円形、八角形をしていることもあれば、フランスの影響で運河型のものもつくられた。だが、こうした庭園の維持に費用がかかりすぎることが問題になると、よりナチュラルな外観の、つまりは金をかけなくてすむデザインが採用されるようになる。このプロセスにおいて、池には魚の供給源としての役割は期待されなくなっていくが、所有者が釣りをして楽しむことはあったという。[92]

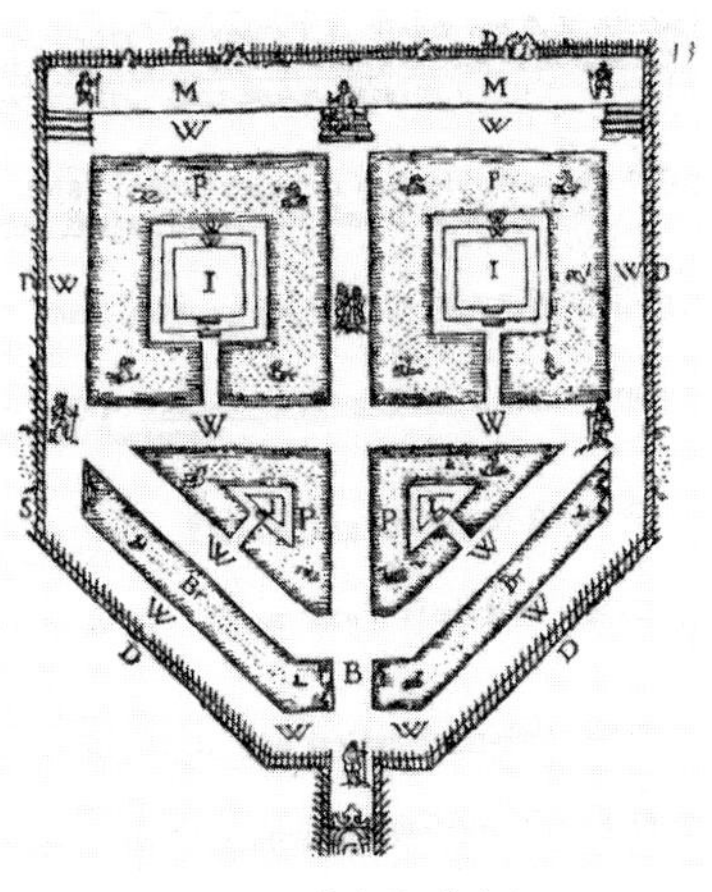

図1-11　17世紀の養魚池デザイン

怪物のうごめく海で——ある学者の水族研究

さらに中世盛期には、水族の研究をおこなう者もあらわれる。アルベルトゥス・マグヌス（1200ごろ～1280、図1-12）はそのひとりだ。

アルベルトゥスは、南ドイツ出身で、イタリアのパドヴァで勉学に励んだが、1223年にドミニコ修道会へ入り、聖職者としての道を歩むようになった。

そして、知識も豊富で教師としてすぐれていることが認められると、1241年にパリ大学へ送られる。

図1-12　アルベルトゥス・マグヌス（フレスコ画、1352）

このときアルベルトゥスは、アリストテレスの著作に触れる機会があったらしい。彼はアリストテレスの理性を重んじる姿勢にたいそう感銘を受け、彼の著作の紹介につとめるようになる。

先述したように、中世のあいだ、ヨーロッパでは博物学的関心がなかなか高まらなかった。だが、アルベルトゥスの時代には、アラブ世界に保存されていたギリシアの古い文献が紹介され、これを再評価する機運が高まっていた。ギリシア語からいったんアラビア語に訳されていたアリストテレスの著作も、ラテン語に訳されてふたたび西欧に紹介されたが、これに彼は出会ったのである。

アルベルトゥスはやがて、ケルンのドミニコ会学校の校長、ドイツ管区長、レーゲンスブルク司教をつとめるが、フランス、ドイツ、リヴォニア、イタリアの各都市をまわる過程で、もともと愛好していた動植物や鉱物にかんする知識を蓄積していった。実家のホーエンシュタウフェン家（神聖ローマ帝国皇帝を輩出した家系）とのつながりから、フリードリヒ2世（１１９４～１２５０）のメナジェリー（私設動物園）の飼育員とも接触できたと見られている。[93]その集大成が、全26巻からなる『動物について』（１２６２ごろ）である。

この著作のうち、19巻はアリストテレスの『動物誌』にかんする注釈で、20～21巻はアリストテレスの論を発展させるかたちで、動物の体の本質や、動物と人間の差異などをあつかっている。彼自身の考察が光るのは、22～26巻であり、そこでは「歩く生きもの」、「飛ぶ生きもの」、「泳ぐ生きもの」、「はう生きもの」そして虫の仲間の5つのカテゴリーに含まれる動物にかんして、外見、体液、生息域、ふるまい、繁殖、病気、利用法を細かく記している。

アルベルトゥスは、みずから見たこと、あるいは動物とふだんからよく接する人びと（鷹匠や漁師）から聞いたことを重んじたが、それだけでわからないことは、プリニウスを中心に、セビリアのイシドルス（560ごろ～636）、アウィケンナ（イブン・スィーナー、980～1037）などの著作を参照した。おなじ時代に生きたトマ・ド・カンタンプレ（1201～72）の著作にも頼ったといわれている。ただし、たしかに文章に重複するところもあるが、どちらが先に本を書き終わったのか、あるいはたんにソースが一緒だったのかは議論のあるところだという。[94]

いずれにせよ、先人たちの資料を参照した結果、彼らが書きのこした怪物や空想的な話を一部継承することになった。じっさいに、水族をあつかった24巻を見てみると、アルベルトゥスはプリニウスに依拠しながら、「東方の海」にいるという巨大な海の怪物やネレイスのことを紹介している。[95]

ほかには、船乗りを誘惑して食べてしまうセイレーン（ひと、鳥、魚の特徴が混合した怪物）や、スキュラのこともとりあげている。後者については、「詩人たちがイタリア周辺の海にしばしば出現すると断言している」とし、「彼らのいうところでは、この創造物は女性の姿をしているが、あんぐりとあいた巨大な口と、異常なまでに鋭い歯をもっている。［……］それは獣じみた子どもを生む子宮と、イルカのような尾をもち、肉を食べることを熱望している［……］」と記す。[96]

しかしアルベルトゥスは、こうした不可思議な生きものたちについては、淡々と記述するにとどめている。むしろ彼は、アリストテレス流の観察にきわめて忠実で、自分の観察にもとづいて、あるいは水族とじかに接する機会の多い漁師たちの意見をとり入れながら執筆することに心を砕いている。

たとえば、ワニに関する項目では（アルベルトゥスは、魚類のほかに、クジラやカバを含む水にかかわる哺乳類、爬虫類、無脊椎動物などをすべて「泳ぐ生きもの」のカテゴリーにおさめている）、彼はつぎのように書いている。

> 私は2匹のワニを検分する機会を得た。1匹は体長16フィート、もう1匹は18フィートである。ワニはしわのある皮をもつが、その頑丈さは装甲板といってもよいほどだ。ふつう夜は水のなかですごすが、昼は獲物を求めて陸にあがってくる。足が短いために、比較的動作が遅い生きものである。ぱっくり開いた口は、本来耳がつきだしていると想定されるところまで広がっている。耳があればの話だが。[97]

もっとも彼は、ワニが人を食べてしまうと涙を流す、という伝承も「いく人かのいうところでは」と断りつつ付記している。

彼の客観的な態度がもっともきわだっているのは「クジラ」（セイウチを含む）の項目であろう。そこには誤りもあって、ヒゲクジラの口を15～20人も入ることができるほど大きな眼窩に、ヒゲを、まつ毛になぞらえてしまっている。いっぽうでつぎのような記述もある。

> いく人かのいうところでは、メスと一度交尾したあと、［オスの］クジラはさらに交尾することができなくなってしまい、海底へ潜っていって、島ほどの大きさになるまで成長し太る。私はそれが事実だと信じないし、クジラについて直接の知識をもつ者たちもそうである。[98]

つまり、古くから伝わる「島ほどもあるクジラ」の話を否定しているのである。また彼はフリースラントやオランダの沿岸で捕獲されたり、浅瀬に座礁したクジラが解体されるさまをじかに観察して、その様子を記している。

私は槍で両目のあいだを貫かれた1頭のクジラを見たが、どろどろした脂肪が流れでていて、11本の大型瓶を満たした。それらひとつひとつは、ひとりでは持ちあげられないほどの重さであった。私はこれら大型瓶の脂肪を調べてみて、精製すると驚くほど透明かつ純粋な油ができることを発見した。[99]

しかもアルベルトゥスは、現地でおこなわれる捕鯨法についても紙面を割いている。漁師たちは、3人ずつ小型ボートに分乗し、うちひとりは銛(もり)打ちの役割を果たす。銛の先にはアゴがあって、刺さっても容易に抜けなくなっており、銛の柄にゆわえられたロープは、銛が放たれるとするする出ていくように、ボートの底に束ねられていた。傷ついたクジラが、沖に逃げずに底へ潜るとしめたもので、傷口から海水が入ってくるのに苦しんで、海底に体をこすりつける。するとますます深く食いこむことになり、海面には血が浮いてくる。やがて男たちは、クジラの浮上を待ってとどめをさすのである。[100]

もちろん、魚にかんする記述もすぐれたものが多い。たとえばノーザンパイクの項目では、外見、体内構造、産卵にともなう移動にくわえ、捕食活動についても紙面を割いている。そして、これは自分が観察したことだと断りつつ、「パイクはまず魚を斜めにくわえ、鋭い歯で獲物の体を貫く。そして魚が死ぬと、全部を呑みこむ」[101]と記している。

コイの項目は、養魚池との関連でも興味深い。アルベルトゥスは、その分布、味、外見、知能、産卵について触れたあと、「コイは人工的につくられた、粘土質の底をもつ池でいちばんよく成長する。池の粘土には、まず小麦の粒をまき、小麦が成長するまで散水し、そのうえで水をはる」[102]と書いた。

とはいえ、現代の博物誌と比較すれば、彼の著作は問題をかかえていた。たとえば、アリストテレスの挙げている生きものじたい、具体的にどの種なのかを特定するのが難しい。それにもってきて、アルベルトゥスは、もとのギリシア語をアラビア語発音になおし、そのうえさらにラテン語発音になおしたテクストを使っているので、彼が紹介する名称は、とうぜんオリジナルとはかけはなれたものとなる。[103]世界中の学者が共有できる、二名法にもとづいた学名（後述）が生まれるのは、もっとあとのことなのだ。

しかも、くりかえすように、彼の著作から怪物は排除されていない。怪物は、たんなる古代人の受け売りではなく、たしかに中世人の心象風景を彩るものでもあっただろう。それに、彼が尊重する漁師たちの話にしても、すべてが科学的根拠をもつわけではない。たとえば漁師たちは、イトヨは自然発生し、それがほかの魚の発育を助けるのだと主張していたという（じっさいにそう見えたのだろうが）。[104]

いっぽうで、アリストテレスに感化され、正確な描写につとめたアルベルトゥスの著作が、近世に数多くあらわれる博物誌の先駆けであったのはまちがいない。

3 「紙の水族館」あらわる――近世〜近代ヨーロッパの博物学

博物学の発展

中世において、自然の事物について調べ記述する「博物学」の発展は、はじめは遅々としたものであったが、アルベルトゥス・マグヌスのように、これに熱心にとりくむ人びとがあらわれた。そして中世後期から近世にかけて、この流れは一気に加速していく。

そのきっかけのひとつが、15世紀に、東ローマ帝国がオスマン・トルコに滅ぼされたとき、ギリシア語の古い文献をたずさえた学者たちがイタリアへ逃れてきたことである。

そのうちのひとり、テオドルス・ガーザは、アリストテレスの『動物誌』をラテン語に直訳した。しかも重要なのは、ガーザの訳が1476年に印刷されたことだ。ヨーロッパでは、1400年代半ばにヨハネス・グーテンベルク（1400ごろ〜68）が活字印刷術を発明したが、これによって書物が多数出まわるようになり、文字さえわかれば誰でもアクセスできるようになっていた。そしてガーザの本が印刷された結果、アリストテレスの著作が、一部のサークルをこえて、ヨーロッパ中に知れわたるようになったのである[105]。

博物学が発達したもうひとつのきっかけは、アンドレアス・ヴェサリウス（1514〜64）の解剖学書『人体の構造』（1543）が出版されたことだ。これには精密な解剖図が掲載されていたが、学者たちは、動物についてもおなじタイプの本を出せる可能性に気がついたのである（ヴェサリウスは、コペルニクスとならんで「科学革命」を引きおこした人物とされる[106]）。

こうした背景のもと、1500年代には、水族をあつかった著作が立てつづけに出版された。とりわけ重要なのは、フランスのギヨーム・ロンドレ（1507～66）ならびにピエール・ブロン（1517～64）、イタリアのイポリート・サルヴィアーニ（1514～72）そしてスイスのコンラート・ゲスナー（1516～55）である。

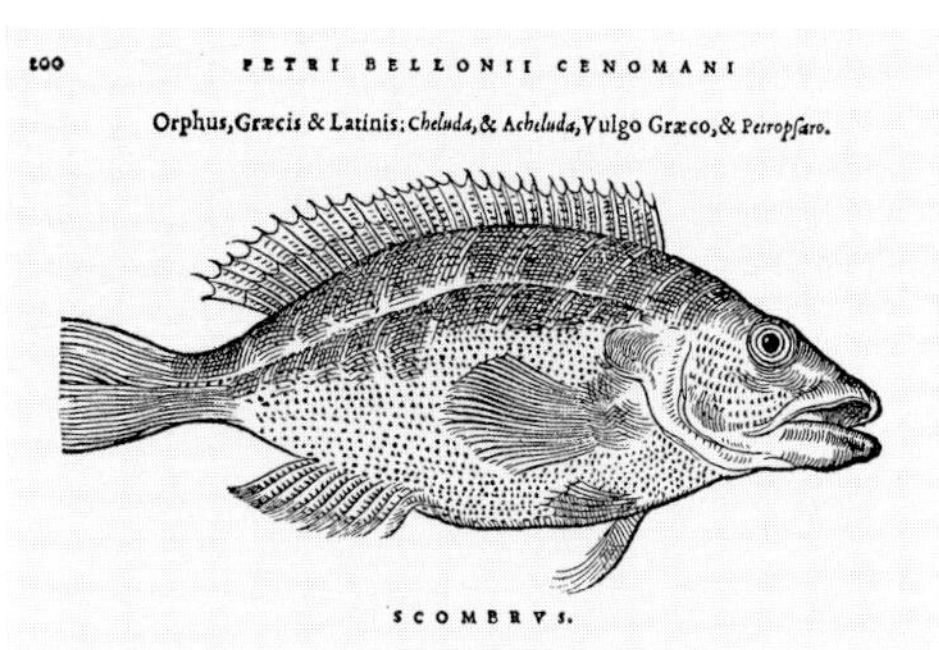

図1-13　ブロン『水生動物図解』（1553）の挿絵

ロンドレ、ブロン、サルヴィアーニはいずれも地中海の水族を研究し、その成果を図版つきで出版している。[107] たとえばブロンの『水生動物図解』（1553、図1－13）は、魚類、爬虫類、哺乳類、甲殻類、貝類などの図版や解剖図を載せている。[108]

医学者のロンドレも、人体にかんする知識を活用しながら、水族の形態や体内構造について著した。たとえば『海洋魚類の書』（1554、図1－14）では244種の水族を紹介しているが、イラストもきわめて正確と高く評価されている。[109]

サルヴィアーニは、3人の教皇の内科医をつとめたこともある人物である。彼の『水生動物誌』（1554～58、図1－15）は、水族の一般情報、利用価値、生息圏について記したものだが、[110] 木版画ではなく銅版画を載せており、「科学的というより芸術的」と評価されることもある。[111] もしこういう本を1冊部屋に飾っておきたいと思うなら、文句なしにサルヴィアーニのものだろう。

そしてゲスナーは、生きものを幅広くあつかった『動物誌』（全5巻、1551～87）を出版した。

彼は、古代ギリシア、ローマ、中世の著述家が書きのこしたことにくわえ、自分が観察したこと、仲間から教えてもらったことも貪欲にとりこんでいった。イラストは、みずから描いたものもあるが、知り合いから送ってもらったり、ほかの本から拝借したものも含まれている。

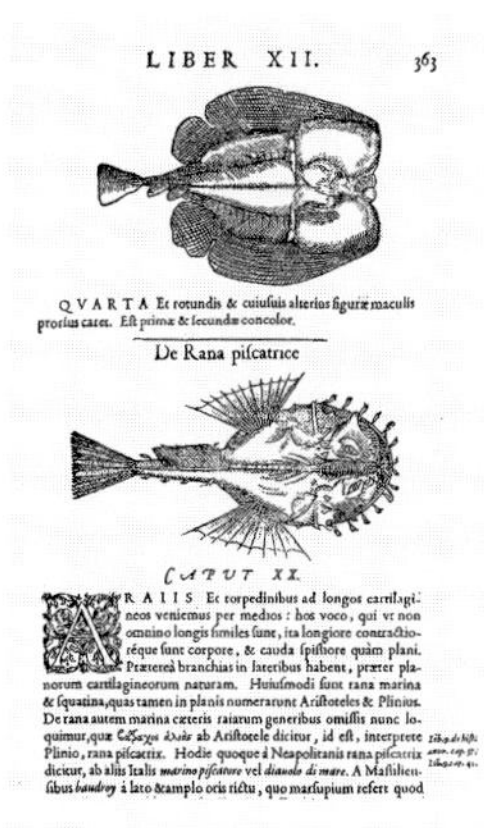

LIBER XII. 363

QVARTA Et rotundis & cuiusuis alterius figuræ maculis prorsus caret. Est primæ & secundæ concolor.

De Rana piscatrice

CAPUT XX.

A RAIIS Et torpedinibus ad longos cartilagineos veniemus per medios: hos voco, qui vt non omnino longis similes sunt, ita longiore contractioréque sunt corpore, & cauda spissiore quàm plani. Prætereà branchias in lateribus habent, præter planorum cartilagineorum naturam. Huiusmodi sunt rana marina & squatina, quas tamen in planis numerarunt Aristoteles & Plinius. De rana autem marina cæteris raiarum generibus omissis nunc loquimur, quæ Βάτραχος ἁλιεὺς ab Aristotele dicitur, id est, interprete Plinio, rana piscatrix. Hodie quoque à Neapolitanis rana piscatrix dicitur, ab aliis Italis marino piscatore vel diauolo di mare. A Massiliensibus baudroy à lato &lo oris rictu, quo marsupium refert quod

図1-14　ロンドレ『海洋魚類の書』（1554）の挿絵

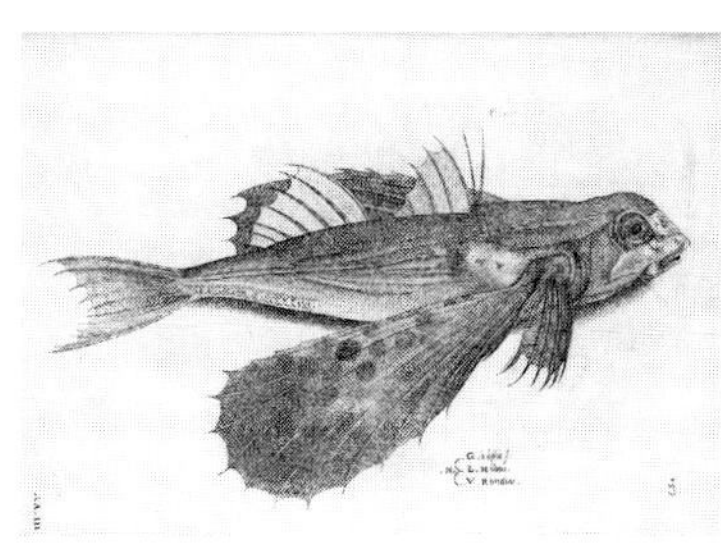
図1-15　サルヴィアーニ『水生動物誌』（1554）の挿絵

ゲスナーは、モンペリエで医学を学んでいたころ、ブロンやロンドレと知り合いになっている。また『動物誌』の水族版（1558）を執筆するさいは、上記2人に加えサルヴィアーニの著作も参照しているが、その規模はかなりのもので、900以上にのぼる木版画が掲載されていた。またゲスナーを師とあおぎ、ロンドレからも影響を受けたウリッセ・アルドロヴァンディ（1522〜1605）も、水族を含むさまざまな生きものの記述を残している[112]。

こうした博物誌は、魚だけでなく、水に暮らす生きものや、水と関係の深い生きもの、つまり無脊椎動物、哺乳類、爬虫類などを幅広くあつかう傾向にある。さらにいえば、「海坊主」（図1-16）や「海司教」のような空想的な生きものが、実在の生物といっしょに収録されることもあった。

とはいえ、こうした図版がついたおかげで、著者が論じているのがどんな生物なのかひと目で理解できるようになった。しかも水族たちは、もっとも観察しやすい角度から描かれて、その詳細がわかるようになっている。静止したままとはいえ、彼らをじっくり眺めることのできるこれら書物は、さながら「紙の水族館」といったところであった。

図1-16　海坊主（ブロン『水生動物図解』より）

奇妙奇天烈な水族展示

こうした流れと並行して、水族の標本も展示されるようになった。とりわけ重要なのが、ドイツ語で「ヴンダーカンマー」（驚異の部屋）とか「クンストカンマー」（芸術の部屋）と呼ばれた陳列室である。15世紀末に「新大陸」が「発見」され、インド航路もひらかれると、珍しい自然物や人工物がヨーロッパにつぎつぎと流入するようになってきた。そこで王侯貴族たちはこれらを収集し、古代ヨーロッパの珍品や機械などといっしょに陳列しはじめたのである。西村はつぎのように解説する。

ルネサンス期の王侯たちが珍奇（貴）物収集に熱中し、コレクションの充実に力を注いだのには、人間界・自然界における高貴なる物および珍奇なる物に対する驚きや好奇の念がはたらいていたことはもちろんだが、それとともに、みずからの権力と財力を誇示するステータス・シンボルとして、さらには、人工・自然を問わず地上に存在する物すべてを一堂に集めて並べ、もっておのれの普遍的支配のあかしとしたいという、いささかならず魔術的で神話的な意識をも伴っていたようである。[113]

つまり養魚池とおなじく、ヴンダーカンマーも権威や支配の象徴だったわけだが、下々の者が上流階級をまねするのはよくあることで、医師、教師、商人なども珍品収集に熱中するようになった。[114]先述のゲスナーやアルドロヴァンディも、大規模なコレクションをもっていたことで知られる。[115]後世の博物館と異なり、ヴンダーカンマーでは、魔術的な力があるとされるものや、自然物にひとの手が加わったものが雑然と展示される傾向があった。自然物が加工されたのは、そうすることで価値がいっそう高まると当時みなされていたからである。[116]

図1-17　サンゴと貝殻で洞窟を再現する（16世紀後半、アンブラス城所蔵）

水族の関係では、たとえばサンゴ細工が人気であった。サンゴは、オウィディウス（ローマ詩人、前43～後18）の『変身物語』において、退治されたメドゥーサの生首が海草と触れたときに生じたと語られている。[117]メドゥーサは髪がヘビと化した怪物で、見たものを石に変える力をもっていた。そこから、サンゴは保持者を邪視（相手に害を与える視線）から守り、しかもその生命力を付与することができると考えられたのだ。[118]図1－17は、ヴンダーカンマーで有名なアンブラス城（インスブルック）にある、サンゴならびに貝殻でできた「グロッタ」（洞穴）をおさめた容器（16世紀後半）である。

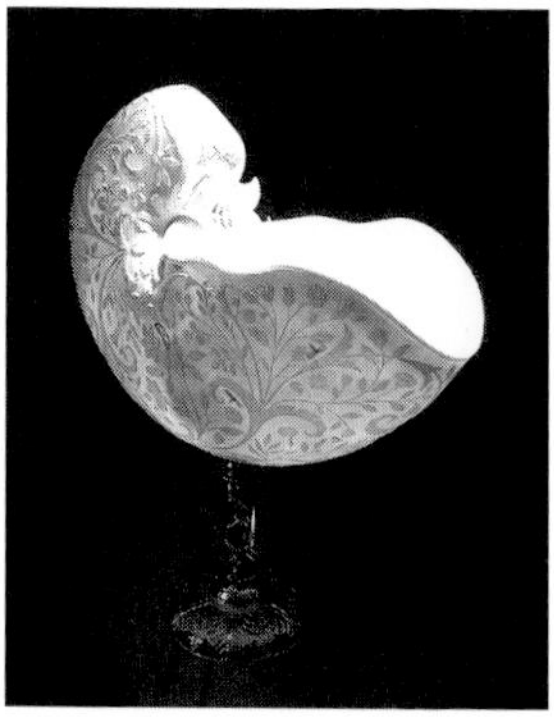

このほか、オウムガイの貝殻も好んで収集された。西南太平洋に産し、ポルトガルやオランダの船ではるばる運ばれてくる貴重品だったからである。これらもまた、模様を刻んだうえで展示されたが、壊れやすいため保管は容易でなかった。[119]図1-18に示したのは、ドイツのゴータ城にあるオウムガイコレクションのひとつ（17世紀後半）で、ち密な彫刻がなされているのがわかる。

ウィーンのクンストカンマーには、サメの歯の化石をあしらった奇妙なアイテムも貯蔵されている（15世紀半ば、図1-19）。じつは、その製作者や所有者が、この三角形の代物をサメの歯と認識していたかどうかは怪しい。というのは、サメの歯の化石はかつて「ドラゴンの舌」だと信じられていたからである。てっぺんには黄水晶がついているが、これはトパーズだと思われていた。中世～近世のヨーロッパ人は、「ドラゴンの舌」やトパーズは毒に反応すると信じていたので、この奇妙なアイテムは、食事のさい毒の有無を確かめるために使われたという。[120]

もちろん、魚の標本も人気だった。いくつかの例を紹介しておこう。まずフェランテ・インペラ

図1-18　美しく彫刻されたオウムガイ（17世紀後半、ゴータ城博物館所蔵）

図1-19　サメの歯の化石をあしらった毒見の道具（15世紀半ば、ウィーン美術史博物館所蔵）

ート（イタリアの薬剤師、1550〜1625）の『自然誌』（1599）に掲載されたヴンダーカンマーの図版（図1－20）では、魚たちは鳥の上、窓の上部から天井にかけて飾られているのがわかる。フランチェスコ・カルチェオラーリ（イタリアの薬剤師、1521〜1600）のヴンダーカンマーでも、天井を覆いつくすのは魚たちであり（図1－21）、同様のことはオーレ・ヴォルム（デンマークの医師、1588〜1654）の部屋（図1－22）にも当てはまる。筆者自身、アンブラス城のヴンダーカンマーを訪ねたとき、サメのはく製が吊り下げられているのを見たことがある（ただしそれは老朽化したオリジナルにかわって、19世紀に展示されたもの）。

図1－20　インペラート『自然誌』（1599）のヴンダーカンマー

近世の人びとは、なぜ魚たちを天井から吊るすのにこだわったのだろう。たんに彼らが飛翔動物のような姿をしていたからかもしれないが、ふだんは上から見るしかない魚を下から眺めることによって、彼らを征服したという満足感をおぼえるとともに、海底から彼らを見あげているような気分に浸っていたのではないだろうか。

ヨーロッパの世界進出と水族研究

また、西洋人が世界に勢力を広げていくなかで、地中海以外の水族の調査もおこなわれるようになった。そのもっとも早い例が『ブラジル自然誌』（1648）で、

図1-21　『カルチェオラーリ陳列館誌』（1622）のヴンダーカンマー

図1-22　オーレ・ヴォルムのヴンダーカンマー

オランダ領ブラジルをたずねたゲオルク・マルクグラーフ（1610～44）とウイレム・ピソ（1611～78）によって書かれたものだ。そこには、水族を含むさまざまな動植物のカラー図版が掲載されていた[121]（図1－23）。

ほかにはゲオルク・ルンプフ（1627～1702）が、オランダの東インド会社に雇われてアンボン（アンボイナ）島におもむき、動植物や鉱物にかんするフィールドワークをおこなった。彼は『アンボイナ珍品展示室』（1705）において、エビ、カニ、ヒトデ、貝などの無脊椎動物について正確な報告を残しており、この分野のパイオニアのひとりとみなされている[122]。

時代が進むにつれ、アジア、中東、北アメリカ東岸、カリブ海など、さまざまな地域に生息する水族が紹介されるようになっていった。大英博物館の礎となるコレクションを築いたハンス・スローン（医師、１６６０〜１７５３）も、『ジャマイカの魚類』という本を出版している[123]。彼はまた、医師仲間であったマーティン・リスター（１６３９〜１７１２）に頼まれて、ジャマイカで陸生、水生の貝の標本を収集しているが、このリスターは、貝にかんする著作をいくつも書き、先述のルンプフやイタリアのフィリッポ・ボナンニ（１６３８〜１７２３）とともに、貝類研究に多大な影響を与えた人物とされる[124]。

しかし、記載される水族の種類が際限なく増えていくにつれ、それぞれの研究者がバラバラに生きものにネーミングしたりカテゴリー化したりする方法では、うまくいかないことが明らかになってくる。国が違えば、そのつど呼称も変わってしまうし、既知の種に似ているようで異なる種が見つかれば、どんな名前をつけたものか頭を悩ますことになる。特徴をすべて名前に入れれば、ややこしくなるいっぽうだ。だから言語の違いに縛られず、かつ、他種とかんたんに区別できる命名法をつくって、水族を分類する方法が、なんとしても必要であった。

これを本格的に試みたのは、ペーター・アルテディ（１７０５〜35）である。

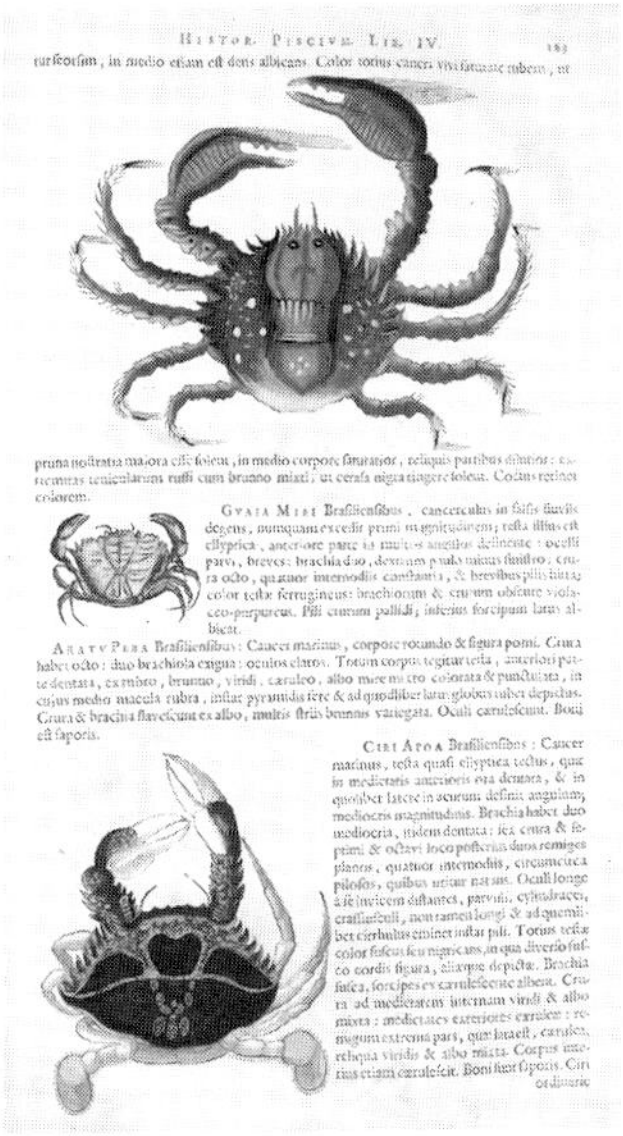

図1-23 『ブラジル自然誌』(1648) の挿絵

彼は「分類学の父」といわれるカール・フォン・リンネ（1707〜78）と親交があった。2人ともスウェーデン人で、それぞれ魚類学、植物学と関心は異なったが、よきライバルとしてしのぎを削った。

のちにアルテディはイギリスに滞在し、そこでスローンと会ったあと、薬剤師でコレクターのアルベルトゥス・ゼバに招かれてオランダへいく。ゼバは当時、みずからの魚のコレクションをあつかった本の出版にたずさわる人物を探していたのである。[125]

このあいだ、アルテディは『魚類学』を書き、魚（クジラの仲間を含む）の分類を試みた。まず、彼ら全体を「綱（こう）」とし、ついで「群」（maniples, いまの「科」に近いとされる）のグループにわけ、さらにそれを「属」のグループに分割する。そのうえで、「属」を「種」にわける。そして種の名前を、属名と細かい特徴をあらわす文章の組みあわせで呼ぶ方法を考えたのである。[126]

分類にあたって、彼は鰓条骨（さいじょうこつ）（鰓蓋（えらぶた）の下にある骨）の数、歯の位置、ヒレの構造、内臓のかたちなどを基準にした。

リンネは、1735年にアルテディと会ったとき、この内容を聞かされたという。しかしリンネにとって、これが彼を見た最後の機会となった。ある夜、アルテディはゼバと晩餐をともにし、遅くなって帰途についたが、翌朝、溺死体となって発見されたのである。なんらかの理由から運河に落ちたものらしい。[127]

結局リンネが彼の遺志を受けついで、水族の分類と命名法を発展させることになった。アルテディの命名法は、属名を頭にもってくるのはいいとしても、そのあとにくる説明文が長くなる傾向にあったので、リンネはみずから考案した「二名法」（二語式命名法）にもとづく学名を水族にもあて

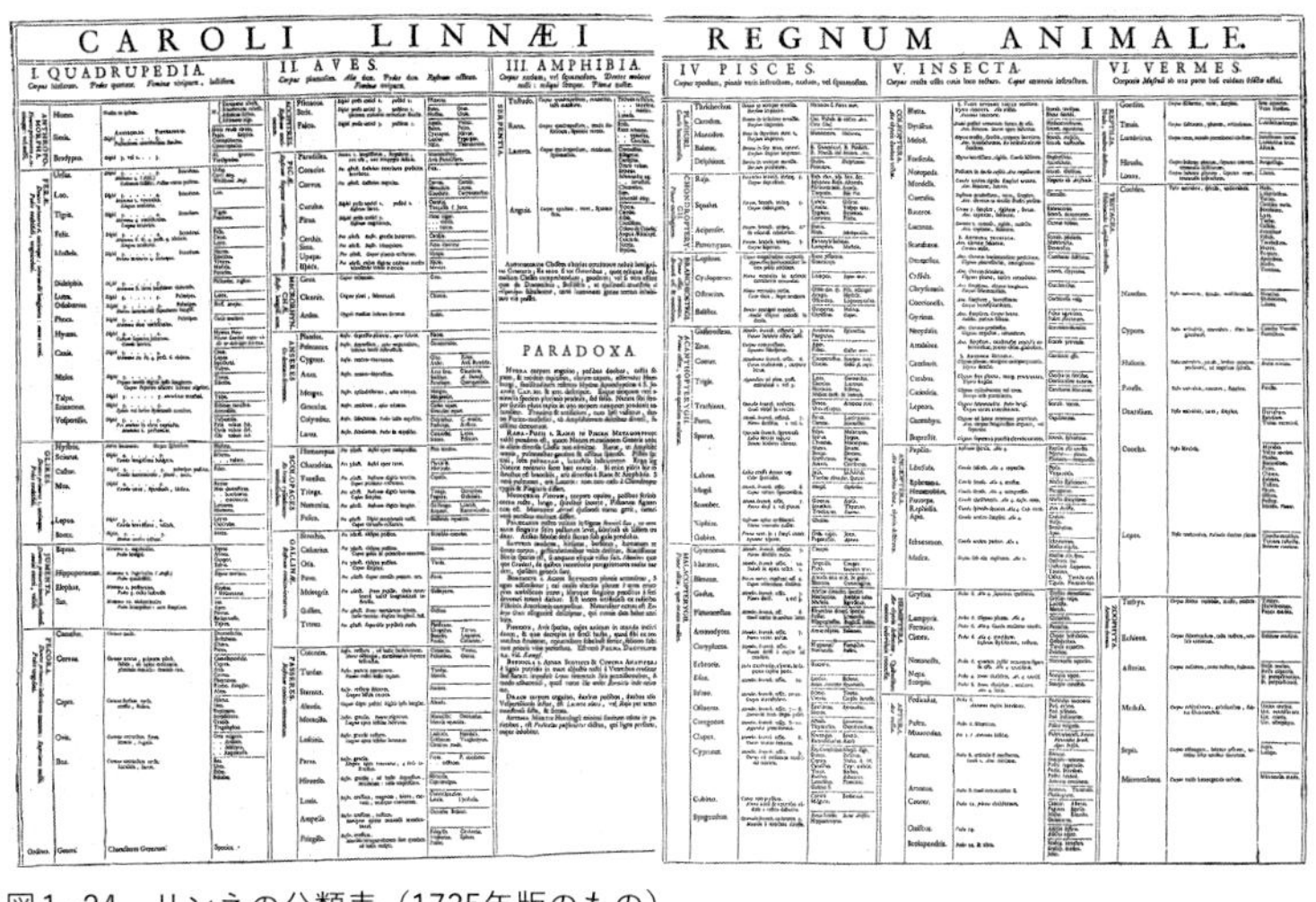
CAROLI LINNÆI REGNUM ANIMALE.

I. QUADRUPEDIA. | II. AVES. | III. AMPHIBIA. | IV. PISCES. | V. INSECTA. | VI. VERMES.

PARADOXA

図1－24　リンネの分類表（1735年版のもの）

はめた。すなわちマトウダイであれば、属名をあらわす《Zeus》と、種小名をあらわす《faber》を組みあわせて《Zeus faber》と表記する。しかもこうした命名法は、当時ヨーロッパの共通語だったラテン語を採用しているから、各国の研究者がならうことができた。ちなみに、リンネの二名法がすべての動物にあてはめられるようになったのは、彼の『自然の体系』第10版が出版された1758年のことである。[128]

またリンネは、動物のみならず植物、鉱物をすべて「綱、目、属、種」に分類する試みをおこなったことで知られている（当時、「門」と「科」の概念はまだ根づいていなかった）。彼の方法は「階層分類」といい、綱から種へ、高いランクから低いランクへ移るたびにグループを細分化していく。これを徹底させることにより、自然のあらゆるものが、みごとな一覧表におさまることになるのだ。

こうしてできた表は、ある種の美しさを備えていた（図1－24）。「動物・植物・鉱物の三界を通じて、自然物のそれぞれのランクのすべてにきちんと命名し、かつそれらを整然と配置して、ピラミッドのように秩序だったヒエラルキーに体系づけること」[129]。これがリンネの目標であり、達成されたあかつきには、かつて混沌として見えた自然物のすべてが、学名つきで秩序に組みこまれることになる。

そういう試みが可能になったのは、先人が世界の生きものにかんする情報をじゅうぶん蓄積していたからである。ピーター・ダンス（博物史家）のいうように、彼の資料の少なからぬ部分が、「オランダ人やイギリス人の、海外への拡張、植民地化、貿易、帝国主義の恩恵をこうむるところがあった」[130]のだ。

もちろん、彼の分類がはじめから完璧だったわけではない。彼は第10版においてクジラを「哺乳綱」に、魚を「魚綱」に、イカ、クラゲ、貝の仲間を「蠕虫綱（ぜんちゅう）」に分類しているが、最後の「蠕虫綱」は、「認識の乏しかった当時としてはお手上げするしかなかった、正体のよくわからぬ無脊椎動物のもろもろのグループを一緒くたにほうり込んだ、いわば〝ゴミ溜め〟のような性格の区分だった」[131]。しかも、リンネ自身がまちがえて、異なる種にひとつの名前をつけていたり、ひとつの種に異なる名前をつけていたりすることもあった[132]。

とはいえ、彼の二名法と分類法そのものは有効で、これによってヨーロッパ各国の研究者が協力して、水族の情報を分類・整理することができるようになった。彼以降、博物学者たちの一部は紅海、アラスカ、シベリア、日本へとおもむき、あるいは航海者ジェームズ・クック（1728～79）やルイ・アントワーヌ・ド・ブーガンヴィル（1729～1811）の世界周航に参加して、新種をつぎつぎと記載していった。もちろんヨーロッパや新興国アメリカにすむ水族の研究も充実していく。[133]

これまでに見つかった種を網羅しようという、野心的な著作も出版される。とりわけ有名なのは——以下は魚にかんするものをメインに解説していくが——ドイツの医師マルクス・ブロッホ（1723～99）が1782年から95年にかけて出した『ドイツ魚類にかんする経済自然誌』ならびに『外国魚類の自然誌』で、美しいカラー図版（図1-25）が、二名法にもとづく名前とともに記載されている。

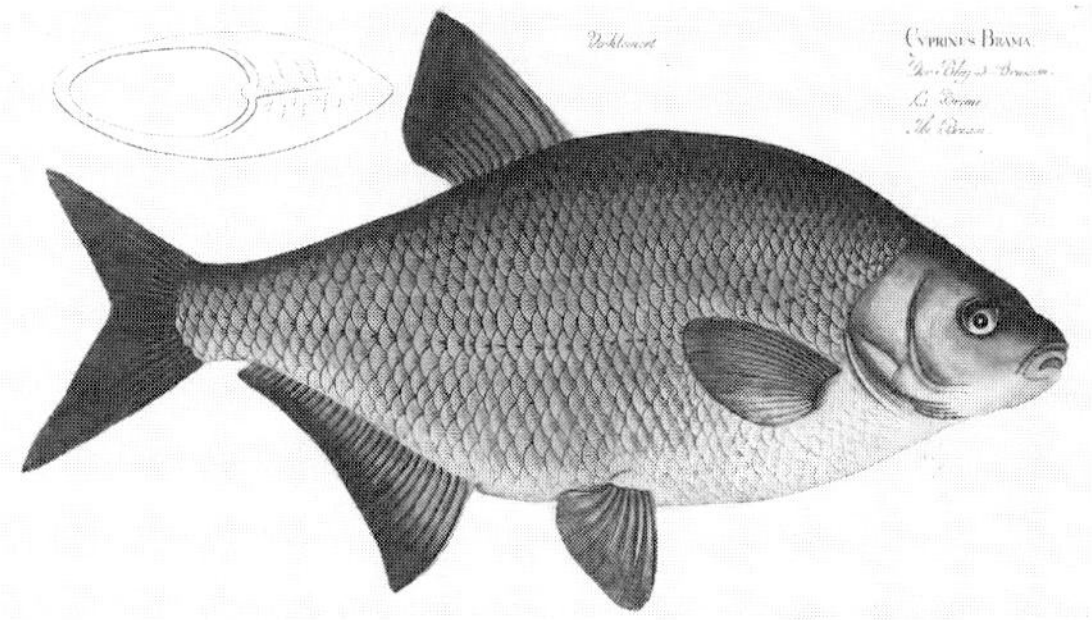

図1-25　ブロッホ『ドイツ魚類にかんする経済自然誌』（1782）の挿絵

ブロッホは、56歳になって魚類学に専心することを思いたち、標本を集めたり、ほかの著作にあたったりした。彼の本のばあい、ドイツの魚の研究が精密なのにたいし、海外の魚にかんしては記述があいまいになるという特徴があるが、これはまあ仕方がないだろう。さらに彼の死後、1519種にのぼる魚を記載したカタログ、『魚類体系』が出版されている。[134]

またリンネとならんで、動物研究に大きな一歩を残したとされるのが、王立植物園（のちに動物園も併設した研究施設「ジャルダン・デ・プラント」となる）のジョルジュ・ビュフォン（1707～88）である。彼が主張したのは、分類に没頭するのではなく、生きもの各種の形態、大きさ、重さ、色、運動、内部構造、生殖、妊娠期間、生息地、食性などを詳細かつ正確に記述し、さらにそこから高度な理論を導きだすべし、というものであった。そしてこの手法を魚類やクジラ類にまで広げたのが、ベルナール・ド・ラセペード（1756〜1825）である。[135]

ラセペードの『魚の自然誌』は、1798〜1803年という、フランス革命とナポレオン・ボナパルトの台頭、対外戦争がつぎつぎと起こった時期に執筆された。当時の国情が災いしたためであろう、のちに彼の著作は「他人を安易に信じすぎ」、「資料その他が欠乏していたこともあり、比較するのに怠慢で」、「概して不注意」なせいで信頼性に欠けるという評価をもらうことになる。それでもラセペードは後世の、とくにフランスの研究者たちに影響をおよぼすことになった。[136]

ところで先述のリンネとビュフォンは、自然にたいする姿勢が大きく異なっていたことで知られる。リンネは敬虔（けいけん）なキリスト教徒であり、みずからの使命は、分類をとおして自然物のなかに秩序を見いだし、それらすべてをおつくりになった神の英知を明らかにすることだと思っていた。これにたいしてビュフォンは、カテゴリーをつくって自然物を区別する作業など、恣意的で根拠のないものとして嫌った。かわりに、彼が自然物について考えるさい尺度にしたのは、人間の感覚と経験であった。

またリンネが、神が万物をつくったという「創造説」を受け入れていたのにたいし、ビュフォンは動物どころか地球の誕生と変遷にいたるまで、神の関与に触れないまま説明しようとした。ビュフォンにとって、世界の中心にいるのは人間であり、神ではないのだ。こうした態度は、のちにチャールズ・ダーウィンも踏襲することになるが、彼については後述したい。[137]

とはいえ、リンネの分類法とビュフォンの記述法は、いまでは結局、対立するよりは補いあうようになっている。それは、水族館において魚の学名が生態（生息地や食性など）といっしょに紹介されている例からも明らかである。

やがて魚類学は、ジョルジュ・キュヴィエ（１７６９〜１８３２）の登場によってさらなる発展をとげる。キュヴィエは、ジャルダン・デ・プラントに豊かな魚のコレクションをもっていた。それは、世界にちらばる旅行者や博物学者の支援を得て充実させたもので、彼はそれらの外見ならびに内部を丹念に調べ、「門、綱、目、科、属、種」に分類した。さらに、各グループの相同関係（魚の胸ビレと人間の手のように、器官の形状が異なっていても、起源が同一であること）を示したり、絶滅種を現生種と関連づけたりしたことでも知られる。

彼がアシル・ヴァランシエンヌとともに出した『魚の自然史』（１８２２〜47）は、全22巻、４５１５もの種を記載している。しかし、博物学者アルベルト・ギュンターの『大英博物館の魚類カタログ』（１８５９〜70）は、その数を軽く超え、６８４３種を記載し、定かでないものも１６８２種言及した。

１８００〜１９００年代にかけて、世界各地の魚にかんする研究は爆発的に増えた。西洋（ヨーロッパ、アメリカ、ロシア）の海水・淡水域はとうぜんながら、北アフリカ、喜望峰、モザンビーク（南東アフリカ）、マダガスカル、ザンジバル（タンザニア東海岸沖の島）、インド、マレー半島、メキシコ、アルゼンチン、ペルー、オーストラリア、ニュージーランドなどに生息する魚がつぎつぎと記載されていった[138]。

忘れてはならないのは、植民地の水族がしょっちゅう研究対象とされたことだ。医師ピーター・ブリーカー（１８１９〜78）の著作のタイトルは、ずばり『東インドオランダ領の魚類図鑑』といった。また大英博物館のジョージ・ブーレンジャー（１８５８〜１９３７）は、ベルギー国王がア

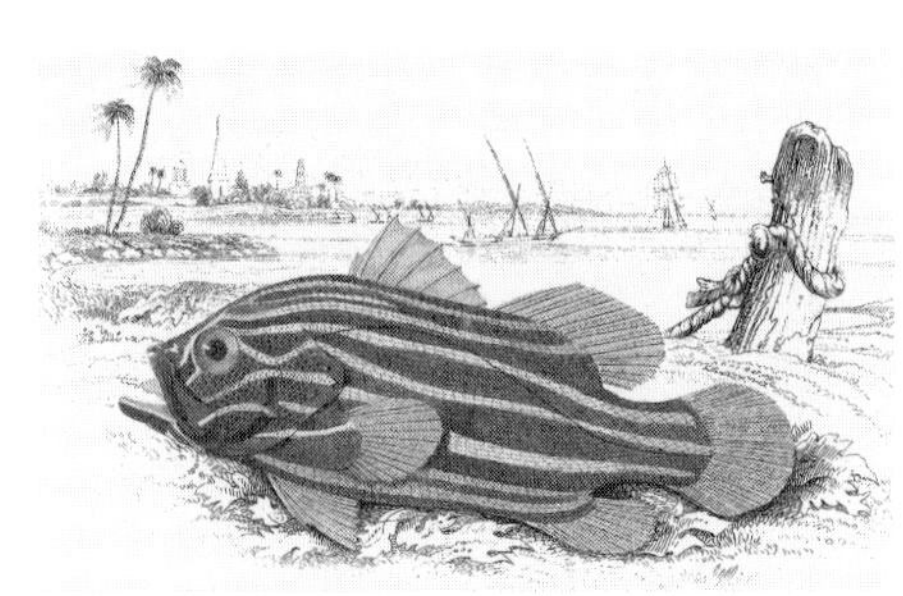

図1-26　ウィリアム・ジャーディン『スズキ類の博物誌』（1843）の挿絵

フリカに築いた悪名高い「コンゴ自由国」（原住民にたいして暴政をしいたことで知られる）の支援を受けて、同地域の魚を研究していた。なおアクアリウム（水族館）の父ともいうべきフィリップ・ゴス（1810～88、第2章－1）も、英領ジャマイカで魚の研究をしていたことがある。

北米にかんしていえば、魚の研究は両海岸ならびに五大湖周辺、カナダ、アラスカ、ハワイへと広がっていった。最後に日本との関係では、かのフィリップ・フォン・シーボルト（1796～1866）らが集めたコレクションをヘルマン・シュレーゲル（1804～84）が記載した、『日本動物誌・魚類編』（1844～50）が有名である。[139]

このように近世から近代にかけて、ヨーロッパ人は世界中を渡り歩き、水族にかんする情報をかき集めて本国にデータを送った。そしてそれらは精密な図入りで出版され、人びとに親しまれた。

もちろん、こうした描写は静的で、生き生きと泳ぐ魚たちの姿からはほど遠いものだった。だが、それでもなお、できるだけ彼らをその生活環境に近づけて描こうという試みもあった。図1－26のように、水中風景を描くのではなく、陸の背景と一緒に写生するのである。こうした工夫について、荒俣は以下のように述べている。

あるいは裏を返せば、この時代までヨーロッパでは海中の光景を自然のままに目撃した者がいなかったことにも通じるだろう。だれも海のなかを見ていないのだから、水中を泳ぐ魚を描きようがないわけだ。

しかし陸に上がった魚の絵は、それでもまだ標本になった魚の細密画よりは「自然」を感じさせた。いや、陸上の魚は、「水中の魚」の登場を呼び寄せる先駆者だったともいえる。つまりこれらの奇怪な絵は、見知らぬ水界に棲む魚に「自然の環境」を与えるための苦心の結果だったと見るべきなのだ[140]。

水中の魚をありのままに描くこと。それは、水界を生きた動植物ともども「切りとって」、好奇心に満ちたまなざしにさらすことのできる装置、すなわちアクアリウムの誕生によって、はじめて実現されることになる。

古代～近世の水族「観」

ここまで、ヨーロッパを中心に、古代～近代におけるひとと水族のかかわりを見てきた。その内容をまとめると、つぎのようになろう。

水の生きものは、もともと波の下に「隠れた」存在であり、しばしば水界をつかさどる神々の使いとして神聖視された。また彼らは生命力や再生のシンボルであり、魔術的な力を秘めているとされたが、水がもたらす破壊的な性質を体現することもあった。

だが古代において、狩猟採集から農耕牧畜に移行し、人口が増えて都市化する「文明化」が生じる。やがて、動植物は人間によるコントロールの対象となっていく。メソポタミア、エジプト、ヨーロッパ、中国などの養魚池も、このプロセスにおいて誕生したものである。もっとも古代においては、水族が神々の意思を媒介するというイメージもまだ強かったから、なんらかの前兆を読みとるために、聖域の池で彼らを飼育することもあった。

そのいっぽうで、養魚池はステータスシンボルでもあり、富裕層や権力者がこぞって所有した。その極端な例は古代ローマの養魚池である。裕福なローマ人は魚たちを観賞し、食することができたし、水硬性コンクリートを駆使して海岸を自在に加工し、海を支配しているのだという満足感に浸ることができた。またローマ人は、港に閉じこめられたシャチを殺したり、アザラシに芸をさせるなどして、動物にたいする優越感を味わっていた。

こうした「自然の支配」へのこだわりは、ヨーロッパがキリスト教化したあとも続いていくが、「神にかわってひとが動植物を管理すべし」と聖書にも書いてあるのだから、それは驚くべきことではない。

また古代ギリシアのアリストテレスは、水族を客観的に観察して、その形態や生態について細かく記した。ヨーロッパにキリスト教が浸透しはじめたころ、水族にたいする科学的関心はいったん衰え、かわって聖書の怪物譚や動物寓意譚が幅をきかせた。だがアリストテレスの著作が再評価されるようになると、アルベルトゥス・マグヌスのように、科学的探究に乗りだす者もあらわれる。

15世紀に印刷術が発明されると、ますます多くの人びとがアリストテレスの著作に接し、これに刺激されて水族関係の博物誌が大量に出まわるようになった。やがてヨーロッパ人の関心は全世界におよび、アメリカ、アフリカ、アジアの魚たちがつぎつぎと記載されていく。彼らを効率よく分類し、くわしく記述するテクニックも生まれる。こうしてヨーロッパ人は、世界の水族を冷静に眺める方法を身に着けていったのだが、それは逆にいえば、水族がしだいに神秘性を失っていったということである。

博物学的な関心の高まりと、かつて手の届かなかった地域や空間を切りひらき手中におさめてやろうという野望。この2つがヨーロッパ人をつき動かしていた。近世には、水族をさまざまなかたちで展示し、観賞することが試みられるようになる。まず書物は、最善の角度から描かれた魚の姿を観賞する機会を提供した。養魚池も人気を保っていたし、ヴンダーカンマーにおいても、世界中から輸入された珍しい水族の標本がところ狭しと陳列されていた。

とうぜんながら、水族を生きたまま飼育し、思うぞんぶんに眺めようという機運も生じる。金魚鉢（コラム3）は、それを一部実現していたが、ただガラスに入れて飼うのではなく、水中環境のシステムを再構築し、長期飼育を可能とする技術が模索されるようになっていく。

コラム1　日本神話における水界と水族のイメージ

海や水族について、神秘的・魔術的な言い伝えが存在するのは、日本においても同様であった。ここではとくに有名な「海幸山幸（うみさちやまさち）」をとりあげてみよう。

「海幸山幸」は、『古事記』や『日本書紀』（ともに8世紀）に出てくる物語である。話にはいくつかのバリエーションがあるが、『古事記』を中心に紹介すると、兄の海幸彦（ホデリノミコト）は海での漁を、弟の山幸彦（ホオリノミコト）は山での狩りを得意とした。あるとき山幸彦は、海幸彦に頼んで、それぞれの道具を交換してもらう。そして山幸彦は釣りにでかけるが、このとき借りた釣り針を失ってしまい、海幸彦から激しく非難される。

　彼が悲しみにくれて海岸に立っていたところ、塩椎神（しほつちのかみ）（潮流をつかさどる神）[141]がやってきてわけをたずねる。塩椎神は、山幸彦の悩みを聞くと、籠をつくってそのなかに彼を入れ、海に沈める。すると籠は、海神宮へ到着した。山幸彦は、海神の娘である豊玉姫と結婚して3年間むつまじく暮らすが、陸で起こったことを思いだし、ため息をつく。それがきっかけで、海神は釣り針の一件を知り、魚たちを集めて何か思いあたることはないかとたずねる。すると、タイがのどに針をひっかけて苦しんでいることがわかり、これをとりだして山幸彦に返すと同時に、潮満玉（しおみつたま）と潮干玉（しおふるたま）という呪具も与えた。

　山幸彦は、海神の命を受けた「ワニ」（サメ、あるいは神秘的な生物と解釈される）[142]に乗って陸へ帰ってくると、海幸彦に、貧しくなる呪いをかけて釣り針を返す。兄は困窮し、山幸彦のもとへ攻めてくるが、弟が潮満玉を使うと、潮が満ちてきて兄を溺れさせる。そして兄が助けを請うと、潮干玉を出して潮を引かせた。こうして、とうとう海幸彦は弟に降参する。

　その後、山幸彦のもとに豊玉姫がやってくる。聞けば、彼女は子どもを身ごもっており、出産するために上陸してきたのだ。豊玉姫は、子どもを産むさいは「本来の姿」にならなければならないが、その様子は見られたくないので、産屋に閉じこもる。しかし、山幸彦は好奇心にかられてついのぞいてしまう。するとそこには巨大な「ワニ」[143]がいて、のたうちまわっていた。豊玉姫はこの場面を見られたことをいたく恥じ、彼のもとを去る。

　この話には、見るべき点がたくさんある。ひとつは、海には異界があって、魚たちはそこの住人（海神）の影響下にあるということだ。海神はここでは、動物たちを統率し、狩猟の成否を定める

「野獣の主」（ロード・オブ・アニマルズ）の役目を果たしている。また彼は水をあやつる力をもっており、それが潮満玉、潮干玉をつうじて発揮されるのだ。しかも潮が満ちてくる様子は、たとえば『日本書紀』に「兄はこれを見て高山に逃げ登った。潮は山をも呑んだ。兄は高い木に登った。潮はまた木を没した」（宇治谷孟の現代語訳、以下同様）[144]とあるように、津波を連想させるすさまじいものであった。日本の海神もまた、恵みと破壊をもたらす二面性を有している。

また豊玉姫は、本来は「ワニ」の姿をしていたという。つまり、山幸彦と彼女は「異類婚」をしたわけだが、そこに人間と動物のあいだに垣根を設けない、原初的な動物観（水族観）を見てとることも可能だろう。だが豊玉姫は去っていくとき、「もし私を恥かしめることがなかったら、海と陸とは相通じて永久に隔絶することはなかったでしょう」（『日本書紀』）[145]と告げ、両者の関係が破たんしたことを明らかにする。この海中世界との隔絶は、これまた有名な「浦島伝説」（コラム6）でもテーマとなる。

なお「海幸山幸」によく似た話は、パラオやスラウェシ（セレベスとも。インドネシア）にも伝わっている。そこでも主人公は、なくした釣り針を探しに海底に降りていき、そこの住人（人間の姿をした魚）が針を呑んで苦しんでいるのを発見し、彼らを助けてその好意をえる。つまり「海幸山幸」は、日本からインドネシアにかけて広がる海洋伝承群のひとつでもあるのだ。[146]

コラム2　中国・日本における藻魚図と本草学

中国、日本においても、魚を見て楽しんだり、研究する文化は存在した。中国では、魚は古くから豊穣や出世のシンボルだったこともあり、2尾の魚をあしらった「双魚」や、「藻魚図（そうぎょず）」が描か

図1-27　劉節の『藻魚圖軸』

図1-28　渡辺崋山の『海錯図』

れた。その描写も、ただ魚を並べただけのものから、五代以降（９０７〜）、しだいに水中を泳ぐ魚を写生したものへと変化していったという。[147] 図１－27は、15〜16世紀に活躍した宮廷画家、劉節[148]の『藻魚圖軸』のものである。

藻魚図の伝統は日本にも及び、独自の発展をとげていった。たとえば円山応挙（１７３３〜95）は、自分の目で生きものを観察し、その正確な描写のなかに生命感を吹きこむことをめざした。また、近寄ると生きものの動きが不自然になるといって望遠鏡を使うことまで主張するほどだったという。そうした応挙の作品は、斜め上から見おろした魚をリアルに描いたものが多いとされる。

また江戸中後期には、海の魚を複数描いた「海産群魚図」が登場するが、とりわけ注目に値するのが渡辺崋山（１７９３〜１８４１）の『海錯図』[149]（図１－28）である。これは海中を描いたもので、波が逆巻くその下を多くの魚が泳いでいる。後述するように、19世紀半ばに水族館が出現するまで、ヨーロッパ人も海中風景を描くことがあまりなかったから、その意味でも斬新なデザインであった。

なお諏訪智美（美術史家）は、こうした写実的な魚の表現は、江戸中後期に盛んとなっていた本草学とも関連していると述べている。[150]

本草学も中国に由来し、もとは薬物に関連する植物、動物、鉱物を幅広く研究するものであった。日本では、徳川家康のもとにいた儒者の林羅山（1583〜1657）が、李時珍（明代の医師、1518〜93）の『本草綱目』に出てくる漢名の一部を和訳し出版してから、本草学が盛んとなった。この書は李時珍オリジナルの配列、分類、記載方法にしたがって書かれており、博物誌に近い性格をもつものだった。これが、人間界あるいは自然界をよく知ることによって、宇宙の真理に近づくことができるという朱子学の教えとあいまって、儒学者や武士のあいだで広く読まれるようになったのだ。[151]

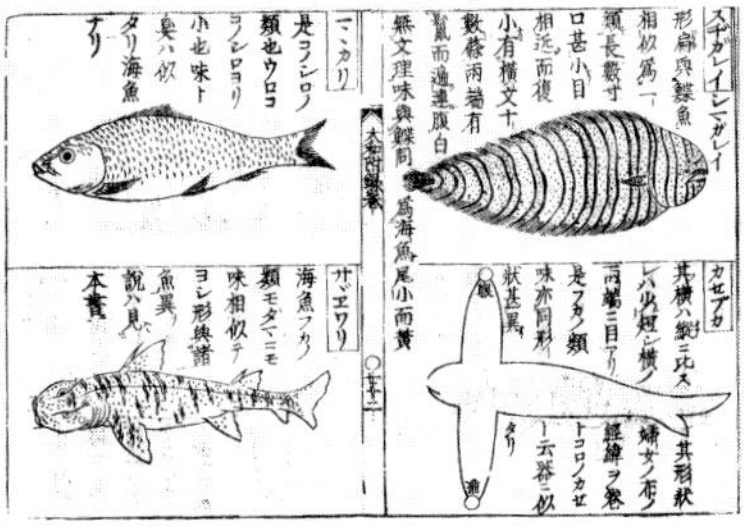

江戸中期には、日本の本草学は博物学の傾向をいっそう強め、また日本原産の生きものも研究対象とするようになった。貝原益軒（1630〜1714）の『大和本草』はそのひとつだ。貝原は、『本草綱目』でとりあげられている種に、日本、オランダ、南蛮由来のものをくわえ、生息地などを基準とした独自の分類法にもとづいて記載した。たとえば海水魚を淡水魚と区別し、図入りで紹介している。しかもそれらは、ヨーロッパのばあいとおなじく、プロフィールがもっともわかりやすい角度で描かれた[152]（図1－29）。

図1-29 『大和本草』に描かれた魚。右下の奇妙な魚はシュモクザメ

図1-30 『衆鱗図』の挿絵

こうした博物学的関心の高まり

ともに、エリートも庶民も、水族の美しい姿に魅了されるようになっていった。そんな彼らの制作した作品として、西村が挙げているものの一部をここで紹介しておくと、まず讃岐高松藩の藩主、松平頼恭（よりたか）（1711～71）がつくらせた原色博物図譜『衆鱗図（しゅうりんず）』がある。漆を塗って隆起をつけ、さらに鱗を丹念に描きこんでいくという手法によって描かれた傑作である（図1－30）。ほかに旗本の武蔵吉恵（よしとき）は、1千種もの貝類の図譜を描いたことで知られ、青物商だった奥倉辰行も、1千種にのぼる魚の写生画を描き、『水族四帖』や『水族写真』を残している。[153]

コラム3　金魚文化の隆盛

近世において、アジアでもヨーロッパでも流行した娯楽に、金魚飼育がある。鈴木克美（魚類学者、水族館史家）によると、金魚の飼育もまた中国に由来し、すでに晋（265～420）の桓沖（かんちゅう）が中国南部の廬山（ろざん）にて、「赤い鱗をした魚」を目撃したといわれる。そうした突然変異のフナを捕えて飼育しはじめたのが南朝梁代（502～57）のことであり、南宋（1127～1279）の時代には本格的な「家魚」として上流階級に浸透していった。明（1368～1644）のころになると、大衆間にも普及したという。[154]

金魚は、早くは室町中期（1502）に日本に到達していたようだが、本格的に浸透しはじめたのはおそらく江戸時代のはじめごろであり、長崎や堺を経由して江戸へと飼育文化が広がっていったとみられる。[155]

ちなみに、金魚鑑賞は、彼らを上から見おろす「上見」がもっとも適しているといわれる。じっさい金魚は、黒々とした池や、苔の生えた陶製の容器で飼育していても、その美しさを堪能することができた。さらに赤にくわえて、白や黒などを適度に混ぜれば、鑑賞の楽しみも広がる。「魚をぞんぶんに見たい」という願望をかなえるために、魚の品種を固定してきたのだから、これも立派な自然のコントロールであろう。

しかしやはり、魚を好きな角度から見たいという願望は残る。それを叶えたのがガラスの生産であった。ガラスは、戦国時代にヨーロッパ人が日本にもちこんだといわれるが、江戸時代になると日本人は自前でこれを生産するようになっていた。それにあわせて、金魚鉢も生産されるようになったのである[156]。

ガラスは、加工すればユニークな水槽をつくることができる。その極端な例が、大阪の豪商として有名な淀屋辰五郎がつくらせたという天井水槽である。すなわち四方にガラスの障子を配し、天井もガラスで覆って、その上に水をはって金魚を飼い、これを「夏座敷」と称したという。このような飼いかたをしたと伝えられるのは彼ひとりにとどまらないが、そうした話の信ぴょう性には疑問が残ると、みずからの経験にもとづいて鈴木はいう。「不粋な話だが、アクリルガラスが使われるようになるまで、ガラス水槽の水漏れに悩まされた現代の水族館技術屋の眼で見ると、ちと眉唾ものである」[157]。

しかしここで重要なのは、事実であろうとなかろうと、金魚を下から、しかも大水槽を寝そべって眺めることこそが、究極の楽しみであると当時の人びとが考えたということである。金魚を下から見ても美しくはない。しかしこれこそが、竜宮城（コラム６）に身を置いているかのような、究極の非日常体験であり、つまりは最大の贅沢だったのだ。

金魚は、17世紀のうちにヨーロッパにわたった。ブルンナーは、最初に上陸したのはおそらくポルトガルで、１６１１年のことだったとしている。とくにフランスの政治、芸術、学問に影響をおよぼしたポンパドゥール侯爵夫人（1721～64）がフランス東インド会社から金魚を贈られた話は有名である（彼女の姓「ポワソン」は魚を意味した）[158]。

金魚は、ヨーロッパの温暖な地域、とくにポルトガルで繁殖し[159]、それが1691年ごろにイギリスにもちこまれた。またリッチモンド公チャールズ・レノックス（1701～50）は、邸宅の池で金魚を飼うため、わざわざ中国に容器を送ったりもしているが、彼が世を去るころには珍しいものではなくなっていた[160]。さらにヨーロッパ人をつうじて、金魚がアメリカにもわたったが、じきに飼育槽から逃げだして、たちまちかの大陸に根づいてしまったという[161]。

金魚は酸素がなくなると死んでしまうので、金魚鉢の水を替えつづける必要があった。だが次章で見るように、化学者ロバート・ウォリントン（1807～67）が、金魚を使った実験でアクアリウムのシステムを開発することに成功し、それがやがて水族館時代をもたらす[162]。金魚も水族館の歴史と無縁ではないのだ。

注

1 荒俣宏『新装版　世界大博物図鑑』（第2巻　魚類）平凡社、2014年、9ページ。

2 Stephany, Timothy J. *Enuma Elish: The Babylonian Creation Epic: Also Includes 'Atrahasis', the First Great Flood Myth*. Createspace, 2014, pp. 3-33.

3 Burstein, Stanley Mayer. 'The Babyloniaca of Berossus.' *Sources and Monographs: Sources from the Ancient Near East*. 1.5. Malibu: Undena Publication, 1978, pp. 13–14.

4 クレベール、ジャン＝ポール（竹内信夫ほか訳）『動物シンボル事典』大修館書店、1999年、163ページ。

5 グリーン、アンソニー監修、MIHO MUSEUM編『メソポタミアの神々と空想動物』山川出版社、2012年、136～137ページ。

6 グリーン　2012年、16、62ページ。人魚と山羊魚にかんしては以下参照。86～87、93ページ。

7 Hooke, S.H. 'Fish Symbolism.' *Folklore*. 72.3 (1961): p. 536.

8 Brewer, Douglas J. and Renée F. Friedman. *Fish and Fishing in Ancient Egypt*. Warminster: Aris & Phillips, 1989, p. 15.

9 Brewer 1989, p. 79.

10 ウィルキンソン、リチャード・H（伊藤はるみ訳）『図解古代エジプトシンボル事典』原書房、２０００年、１４６〜１４７ページ。

11 Brewer 1989, pp. 17–19.

12 フリース、アト・ド（山下主一郎ほか訳）『イメージ・シンボル事典』大修館書店、２０１０年、２４６ページ。

13 クレベール　１９９９年、１６２ページ。

14 Toynbee, J.M.C. *Animals in Roman Life and Art*. New York: Cornell University Press, 1973, p. 212.

15 Cattaneo-Vietti, Riccardo. *Man and Shells: Molluscs in the History*. Sharjah: Bentham Science Publishers, 2016, pp. 38–41.

16 ホメロス（松平千秋訳）『オデュッセイア』（上）岩波書店、２００３年、３１６ページ。

17 プリニウス（中野定雄ほか訳）『プリニウスの博物誌』（縮刷版Ⅱ）雄山閣、２０１２年、３９４〜３９５ページ（９．１〜４）。ただし、内容ならびに名称確認のため、以下の英語訳も参照している。Pliny the Elder. *The Natural History*. John Bostock et al. ed. 26 November 2016 <http://www.perseus.tufts.edu/hopper/text?doc=Perseus:text:1999.02.0137>. 以下のプリニウスにかんする記述も同様である。

18 プリニウス　２０１２年、４１２ページ（９．48）。

19 プリニウス　２０１２年、４０１〜４０９ページ（９．15〜41）。

20 Szabo, Vicki Ellen. *Monstrous Fishes and the Mead-Dark Sea: Whaling in the Medieval North Atlantic*. Leiden: Brill, 2008, pp. 17–18.

21 Szabo 2008, p. 15.

22 西村三郎『文明のなかの博物学』（上）紀伊國屋書店、２０００年、２８０ページ。

23 アリストテレース（島崎三郎訳）『動物誌』（上）岩波書店、１９９８年、２９０〜２９１ページ。

24 アリストテレース（上）　１９９８年、２８４ページ。

25 アリストテレース（上）　１９９８年、１９３〜１９４ページ。

26 アリストテレース（下）　１９９９年、57、１６４ページ。

27 プリニウス　２０１２年、３９８〜４２４ページ（９．８〜69）。

28 プリニウス　２０１２年、３９６ページ（９．５）。

29 Szabo 2008, p. 39.

30 Higginbotham, James. *Piscinae: Artificial Fishponds in Roman Italy*. London: The University of North Carolina Press, 1997, pp. 43–44.

31 プリニウス　２０１２年、４０９、４２９ページ（９．39、81）。

32 Nash, Colin E. *The History of Aquaculture*. Ames: Wiley-Blackwell, 2011, pp. 15–16.

33 Costa-Pierce, Barry A. *Ecological Aquaculture: The Evolution of the Blue Revolution*. New Delhi, Wiley-Blackwell, pp. 8–9.

34 Nash 2011, p. 12.

35 王敏、梅本重一編『中国シンボル・イメージ図典』東京堂出版、２０１０年、12〜13、17ページ。

36 Nash 2011, p. 12.

37 Nash 2011, pp. 13–14.

38 福田穣「養殖の基本」水産総合研究センター編『水産大百科事典』朝倉書店、２００６年、２８３ページ。

39 Nash 2011, p. 36.

40 Nash 2011, pp. 15, 32–36.

41 Higginbotham 1997, pp. 3–4.

42 Diodorus Siculus. *The Library of History (Loeb Classical Library*

edition). Vol. 4. 11.25. 1946, 24 September 2017 <http://penelope.uchicago.edu/Thayer/E/Roman/Texts/Diodorus_Siculus/11B*.html>.

43 Higginbotham 1997, pp. 4-5, 66.

44 Higginbotham 1997, pp.10-19.

45 Higginbotham 1997, pp. 22-30.

46 Higginbotham 1997, pp. 43-53.

47 Higginbotham 1997, pp. 70-71.

48 Higginbotham 1997, pp. 31, 143-151.

49 Higginbotham 1997, pp. 159-163.

50 Higginbotham 1997, pp.14-30.

51 Higginbotham 1997, pp. 207-210.

52 Higginbotham 1997, pp. 56-57.

53 Lotze, Heike K. et al. 'Historical Changes in Marine Resources, Food-web Structure and Ecosystem Functioning in the Adriatic Sea, Mediterranean.' *Ecosystems* (2011): 25 November 2016 <http://www.fmap.ca/ramweb/papers-total/Lotze-etal_2011_Ecosystems.pdf>.

54 Higginbotham 1997, pp. 9, 40, 59-60.

55 Higginbotham 1997, p. 31.

56 Higginbotham 1997, pp. 59-60.

57 Higginbotham 1997, p. 32.

58 Higginbotham 1997, pp. 61-67.

59 ブルンナー、ベアント（山川純子訳）『水族館の歴史』白水社、２０１３年、28ページ。

60 プリニウス　２０１２年、４０６ページ（9・30）。

61 Szabo 2008, pp. 19-21.

62 新共同訳『聖書』日本聖書協会、２０００年、「旧約聖書」４１６ページ（「ヨブ記」40・25〜32）。

63 聖書　２０００年、「旧約聖書」４１６ページ（「ヨブ記」41・17〜23）。

64 聖書　２０００年、「旧約聖書」５５０ページ（「イザヤ書」27・1）。

65 聖書　２０００年、「旧約聖書」４５５ページ（「詩編」74・13〜14）。なおレビヤタンについては以下も参照した。松平俊久『図説ヨーロッパ怪物文化誌事典』原書房、２００５年、２６４〜２６６ページ。

66 聖書　２０００年、「旧約聖書」７２３ページ（「ヨナ書」2・1）。

67 Szabo 2008, p. 46.

68 *Physiologus*. Trans. Otto Schönberger. Stuttgart: Reclam, 2005, p. 33.

69 Szabo 2008, pp. 50-54.

70 西村（上）　２０００年、２５６ページ。

71 西村（上）　２０００年、２９０ページ。

72 聖書　２０００年、「旧約聖書」１ページ（「創世記」1・26）。

73 聖書　２０００年、「旧約聖書」６ページ（「創世記」9・1）。

74 Hoffmann, Richard C. 'Economic Development and Aquatic Ecosystems in Medieval Europe.' *The American Historical Review*. 101.3 (1996): pp. 649-652.

75 Hoffmann 1996, pp. 653-658.

76 Barrett, James H. et al. 'The origins of intensive marine fishing in medieval Europe: The English evidence.' *Proceedings of the Royal Society of London B*. 271 (2004): pp. 2417-2419.

77 Barrett 2004, p. 2420.

78 Szabo 2008, p. 178.

79 Szabo 2008, pp. 181-190.

80 松平　２００５年、１４０ページ。

81 Currie, Christopher K. 'Fishponds as Garden Features, c. 1550-

1750.' *Garden History*. 18.1 (1990): pp. 22–23.

82 Hoffmann 1996, pp. 659–660.

83 Currie 1990, pp. 22–23.

84 Bond, C. J. 'A Fourteenth-Century Fishpond Fresco in the Palais des Papes, Avignon.' Aston, Michael, ed. *Medieval Fish, Fisheries and Fishponds in England*. Part ii. Oxford: BAR, 1988, pp. 457–459.

85 Currie 1990, p. 22.

86 Steane, J. M. 'The Royal Fishponds of Medieval England.' Aston 1988 (Part i), pp. 40–44, Bond, C. J. 'Monastic Fisheries.' Aston 1988 (Part i), pp. 95–101.

87 Steane 1988, pp. 44–45, Bond 1988, p.95.

88 Nash 2011, pp. 28–40.

89 Hoffmann 1996, pp. 662–664.

90 Currie 1990, p. 23.

91 Nash 2011, pp. 26–28.

92 Currie 1990, pp. 27–42.

93 Scanlan, James J. 'Introduction.' Albert the Great. *Man and the Beasts: De Animalibus (Books 22–26)*. Trans. James J. Scanlan. Binghamton: MRTS (Medieval and Renaissance Texts and Studies), 1987, pp. 4–13.

94 Scanlan, 1987, pp. 2, 16–21.

95 Albert 1987, p. 334, 364.

96 Albert 1987, p. 373.

97 Albert 1987, p. 345.

98 Albert 1987, p. 337.

99 Albert 1987, p. 338.

100 Albert 1987, pp. 339–340.

101 Albert 1987, p. 359.

102 Albert 1987, p. 342.

103 Scanlan, 1987, pp. 13–14.

104 Albert 1987, p. 365.

105 西村（上）２０００年、２６１ページ。

106 Egerton, Frank N. 'A History of the Ecological Sciences, Part 11: Emergence of Vertebrate Zoology During the 1500s.' *The Bulletin of the Ecological Society of America*. 84.4 (2003): p. 206.

107 Egerton 2003, pp. 208–209.

108 Belon, Pierre: *De aquatilibus, libri duo cum*. Paris: 1553.

109 Egerton 2003, p. 209, Rondelet, Guillaume. *Libri de piscibus marinis*. Lyon: 1554.

110 Jordan, David Starr. 'The History of Ichthyology.' *Science, New Series*. 16.398 (1902): p. 242.

111 Egerton 2003, p. 209, Salviani, Ippolito. *Aquatilium animalium historiae*. Rome: 1554.

112 Egerton 2003, pp. 207–211, Dance, S. Peter. *A History of Shell Collecting*. Leiden. E. J. Brill, 1986, p. 15.

113 西村（上）２０００年、２６７ページ。

114 西村（上）２０００年、２６７〜２６９ページ。

115 Dance 1986, pp. 12–15.

116 Rauch, Margot. 'Kunstkammestücke aus exotischen Materialien.' Haag, Sabine, ed. *Fernsucht. Die Suche nach der Fremde vom 16. bis 19. Jahrhundert*. Wien: Kunsthistorisches Museum Wien, 2009, p. 9.

117 オウィディウス『変身物語』（上）岩波書店、２００７年、１７３〜１７４ページ（４．７４０）。

118 Rauch 2009, p. 21.

119 Rauch 2009, p. 17.

120 Kirchweger, Franz. 'Natternzungen-Kredenz.' Haag, Sabine, ed. *Meisterwerke der Kunstkammer Wien*. Wien: Kunsthistorisches Museum Wien, 2013, p. 36.

121 Jordan 1902, p. 242, Piso, Willem and George Marcgrave: *Historia Naturalis Brasiliae*. 1648.
122 Dance 1986, pp. 26–28, Rumpf, Georg Eberhard. *D'Amboinsche Rariteitkamer*. Amsterdam: 1705.
123 Jordan 1902, p. 243.
124 Dance 1986, pp. 20–25, 31.
125 Merriman, Daniel. 'Peter Artedi: Systematist and Ichthyologist.' *Copeia*. 1. 1938, pp. 34–35.
126 Wheeler, Alwyne. 'Peter Artedi, Founder of Modern Ichthyology.' *Proceedings of the Fifth Congress of European Ichthyologists*. Stockholm: Swedish Museum of Natural History, 1987, p. 9, Merriman 1938, p. 39, Jordan 1902, pp. 243–244.
127 Merriman 1938, pp. 35–39.
128 Jordan 1902, pp. 244–245.
129 西村（上）２０００年、29ページ。
130 Dance 1986, p. 47.
131 西村（上）２０００年、24ページ。
132 Jordan 1902, p. 245.
133 Jordan 1902, p. 246.
134 Jordan 1902, pp. 247–248.
135 西村（上）２０００年、40〜44ページ。
136 Jordan 1902, p. 248.
137 西村（上）２０００年、42〜54ページ。
138 Jordan 1902, pp. 248–255.
139 Jordan 1902, pp. 254–257.
140 荒俣宏『図鑑の博物誌』集英社、１９９４年、１７０〜１７１ページ。
141 次田真幸『古事記』（上）、講談社、２０１５年、１９９ページ。
142 松本信広『日本神話の研究』平凡社、１９７２年、52ページ。
143 次田　２０１５年、１９２〜２１０ページ。
144 宇治谷孟『日本書紀』（上）、講談社、２０１５年、81ページ。
145 宇治谷　２０１５年、76ページ。
146 松本　１９７２年、56〜61ページ。
147 宮崎法子「中国花鳥画の意味（上）——藻魚図・蓮池水禽図・草虫図の寓意と受容について」『美術研究』３６３、１９９６年、２７２〜２７４ページ。
148 戸田禎佑「劉節筆藻魚図について」『美術研究』２４０、１９６６年、21ページ。
149 諏訪智美「日本の絵画における遊魚表現——『大日本魚類画集』の解釈について」『芸術学研究』18、２０１３年、54〜55ページ。
150 諏訪　２０１３年、55ページ。
151 西村（上）２０００年、１００〜１１０ページ。
152 西村（上）２０００年、１２１〜１２８ページ。
153 西村（上）２０００年、１５０〜１６４ページ。
154 鈴木克美『金魚と日本人』三一書房、１９９７年、46〜58ページ。
155 鈴木　１９９７年、63〜82ページ。
156 鈴木　１９９７年、１５７〜１６２ページ。
157 鈴木　１９９７年、１１７ページ。
158 ブルンナー　２０１３年、29ページ。
159 Mulertt, Hugo. *The Goldfish and its Systematic Culture with a View to Profit*. New York, 1896, p. 7.
160 Jackson, Christine E. *Fish in Art*. Reaktion Books, London, 2012, p. 170.
161 Mulertt 1896, p. 7.
162 Jackson 2012, pp. 170–171.

第2章

モダンでレトロな近代水族館の世界

パリ万博付属水族館（1900）内部に再現された海底世界

1 「アクアリウム」の誕生

「バランスド・アクアリウム」の発明

前章まで見てきたように、近代以前も、魚の飼育じたいは決して珍しいものではなかった。しかしながら、養魚池や金魚鉢は「アクアリウム」と表現されることはない。なぜなら、アクアリウムは2つの条件を満たす必要があるからである。ひとつは、透明なガラスをとおしてさまざまな角度から観察できること。もうひとつは、自己完結した「水族の安定したコミュニティ」をディスプレイすることである。つまり、さまざまな生きものが互いに補完しあいながら生きていける「小宇宙」を再現する必要があるのだ。

もちろん、ひとの手で完璧な生態系をつくることは難しい。だが少なくとも、水生の動物と植物を一緒にすれば、前者が二酸化炭素を、後者が酸素を供給するため、餌をやる以外何もしなくても長く飼いつづけることができる。さらに、排せつ物や濁りの発生といった問題を解決すれば、それはただの「金魚鉢」ではなく、「アクアリウム」あるいは「バランスド・アクアリウム」となる（ただ、便宜的にこう説明しているが、水族を飼育する容器の名として「アクアリウム」が定着したのは19世紀半ば以降で、それ以前は「ヴィヴァリウム」とか「アクアヴィヴァリウム」と呼ばれていた。ヴィヴァリウムは「生きものを入れた容器」を意味し、かつて養魚池の名称でもあった）。

そうした飼育槽をつくる試みは、近世にはすでにはじまっていた。たとえばドイツのマルティン・レーダーミュラー（1719～69）は、1760年ごろ、このタイプの水槽をつくって、比較的安定した環境をつくるのに成功していた。フランスでは、植物学者シャルル・デムーラン（１７９８〜１８７６）や生物学者フェリクス・デュジャルダン（１８０１〜60）が類似する実験をおこなったという（後者は海水版の水槽をもっていた）。

またエディンバラの弁護士ジョン・ダリエル（１７７５〜１８５１）は、海水を交換しつづけていれば水族を長く飼育できることに気づいていた。「グラニー」と名づけられたあるイソギンチャクは、60年近くも生きたので、ダリエルと後継の飼い主が先に死んでしまったほどである。

植虫類研究で知られるジョージ・ジョンストン（１７９７〜１８５５）は、１８４２年ごろ、サンゴ藻、アオサ、無脊椎動物を一緒に飼って、2か月生きのびさせることに成功した。さらにアンナ・シン（海洋生物学者、１８０６〜66）も、海水をかき混ぜて空気を入れることを思いつき、この方法でロンドンにいながらイシサンゴを3年にわたって飼いつづけた。

水族飼育の発展にはずみをつけることになったのは、植物学者ナサニエル・ワード（１７９１〜１８６８）による発見である。彼は、ガラスで「ほぼ密閉」した容器に植物標本を入れておけば、湿気を保ち、しかも気温の変化やロンドンの汚れた空気から守りつつ、生かしておけることに気がついた。この容器（ワーディアン・ケースと呼ばれる）は、海外から植物を生かしたまま運んでくるのにうってつけだったが、動物にも転用できそうであった。ワード自身、１８４０年代になって、魚と水草をケースに入れて飼育する実験をはじめた。[2]

ただ、安定した飼育法が確立し、誰もがまねできるようになるには、動植物を一緒に飼うことがなぜ有効なのかを説明できなければならない。じつは、化学者たちはその答えを知っていた。１８１９年の時点で、ウィリアム・ブランド（１７８８〜１８６６）が、水生の動植物が、生きていく

図2-1　フィリップ・ゴス

のに必要な気体を交換しあっていることを指摘していたからである。

これが飼育になかなか応用されなかったのは、博物学者が、もっぱら分類と解剖に関心を示すばかりで、化学に疎かったからだと歴史家フィリップ・レーボックは指摘する。動物と植物の共生関係が、いくつかの著作をとおして知られるようになったのは、40年代に入ってからである。新しい飼育法の定着には、博物学と化学の融合が欠かせなかったのだ。

そのプロセスを象徴するのが、ロバート・ウォリントン（1807～67）とフィリップ・ゴス（1810～88、図2-1）の出会いだ。

ウォリントンは薬剤学会に属する化学技師で、動植物を一緒に飼えば長く維持できる秘密を解明しようと試みた。そして金魚、水生植物、砂、泥、石、モノアラガイの一種からなるささやかな生態系をつくり、その共生関係を明らかにしたのである。

すなわち金魚は酸素を吸って二酸化炭素を吐きだし、昆虫や貝を食べて植物の栄養源を排せつする。植物は二酸化炭素を消費して酸素を吐きだすとともに、排せつ物を消費して水を透明に保つ。モノアラガイも、濁りの原因となる緑色藻類を食べて植物の栄養に変えていく。

さらにウォリントンは、1852年に海の生きものでおなじ実験をおこなうことにした。そのさい、生きものの調達に協力したのがゴスである。「フィールドで働く博物学者と、ロンドンの化学者の合同、これこそが、アクアリウムの進化に欠かせない接触であった」[3]。

それでは、ゴスとはいかなる人物か。彼は、年期契約移民としてニューファンドランド（カナダ東部の島）に滞在していたころに、生きものにたいする興味が芽生え、昆虫の研究をはじめた。やがてその範囲は広がり、英領ジャマイカにわたって、鳥類や水族の研究もおこなうようになる。1840〜60年には、生きものにかんする著作をつぎつぎと発表し、生き生きとした文体と豊富なイラストで読者に親しまれるようになった[4]。

ウォリントンが海の生きものを試しに飼いはじめたころ、ゴスもまた、彼らを水槽に入れて飼う方法を模索していた。そして「それらをとおして、わたしは楽しみつつも正確に、なじみの環境にいる生きものたちのふるまいを、常に目で追うことができたのだ」[5]（強調原文）。

さらにゴスは、海岸でおこなった採集・観察の内容に挿絵をつけて、『デヴォンシャー海岸の博物散策』（1853）や『ジ・アクアリウム』（1854）を出版した。前者では、オリジナル画の印刷の出来栄えが気に入らなかったので、『ジ・アクアリウム』を出すさいは、自分の見た水中風景をリトグラフ（石板画）でも忠実に再現するため、作業プロセスを研究するほどの力の入れようであった。

そうしてできあがった水中風景画（図2－2）は、読者たちにとって、あまりにカラフルで異様だったので、それが実在するとははじめは信じられなかったという。裏を返せば、ごくありふれた身近な海洋生物ですら、人びとがまともに観察する機会がなかったということである（彼は、大衆向けの本にはじめてカラーイラストを挿入した博物学者たちのひとりでもあった[6]）。

ちなみに、水族用の飼育槽に、「アクアリウム」の名称を与えたのも、ほかならぬゴスである。ほかには「アクアヴィヴァリウム」（水生動物飼育器／飼育舎）という表現もあったが、これは長くてぎこちないというのが彼の意見であった。「アクアリウム」は、ラテン語の「アクアリウス」（＝水の）を名詞化した語で、「水の場所」や「水の器」を意味する。もともと家畜の水飲み場を指す言葉だったが、のちに植物学者たちは、水生植物用の容器をこの名で呼んだ。そしてゴスは、これに動物をくわえただけだから、意味を拡大して使ってもいいだろうと主張したのだ。[7]

いずれにせよ、ゴスの著作は大ヒットとなった。とくに『ジ・アクアリウム』は、彼に805ポンド、いまの価格でいうと4万ポンド以上（1ポンド190円で約760万円）の収入をもたらしたという。それは1854〜57年にかけてアクアリウムの流行をもたらし、裕福な人びとはこぞって水の生きものを収集し、ガラスケースをそろえて、みずからの邸宅に飾ろうとした（図2－3）。英国はまさに「ゴス化」してしまったのである。[8]

図2-2　ゴスが描いたベラの仲間

アクアリウムの流行は、イギリス社会におけるさまざまな変革の時期にも重なっていた。たとえば1840年代における鉄道の発達は、人びとの海岸へのアクセスも、水族の運搬も容易にした。しかもガラスに課せられていた税金が1845年に廃止された結果、以前より安い価格で水槽が手に入るようになった。これと並行して、成功をおさめた中産階級の人びとが、手ごろな教育や娯楽を求めるようになったことも大きかった。[9]

しかし、こうした原因だけでなく、人びとがアクアリウムのもつ魔術的な側面に魅了された可能性も考えるべきだろう。

長年にわたり、西洋人は水生動物を整然と分類し、その生活メカニズムを解明することに心血を注いできた。そしてアクアリウムは、この過程でいったん「バラバラ」になった個別の要素を秩序だてて再統合することにより、ひとつの宇宙をつくりだす。それはつたないながらも、神のおこなった創造のまねごとといってもよい。アクアリウムをつくることは、気晴らし（リクリエーション）であると同時に、再創造（リクリエーション）なのだ。そしてこれこそが、アクアリウム（水族館）が、むかしもいまも、人びとを魅了してやまない理由である。

図2-3　アクアリウムのある家庭（ジョン・リーチの風刺画、1860）

とはいえ、海岸で生きものを集めて飼うのはかんたんではない。生きものを捕えても、サイズや頑丈さを基準に選別しなければならなかったし、生きものを入れすぎたり腐敗物質をとりのぞかなかったりして、コレクションを全滅させることもあった。しかも、一か所の海岸にいくだけでは、その地方特有の種しか手に入らないので、種類を増やしたければほかのコレクターとコンタクトをとる必要があった。だから、そうした生きものをかんたんに入手し、しかも適切なアドバイスが得られる場所が必要になったのはとうぜんで、そうして生まれたのが後述する「アクアリウム・ウェアハウス」である。[10]

世界初の水族館

ゴスはまた、ロンドン動物園に世界初の公開型水族館「フィッシュハウス」(1853、図2-4、5)をつくる計画に関与した人物でもあった。ウォリントンとゴスが海洋生物の飼育を試していた1852年、ロンドン動物学会は、水槽を備えた施設が「早急に必要とされている」ことを確認した。そして学会幹事のデイヴィッド・ミッチェル(1813～59)はゴスと連絡をとり、彼がイルフラクーム(イギリス南西部の町)からロンドンへもって来ていた植虫類と環形動物を「フィッシュハウス」へ運びこむことが決まる。それは「そこでのちに展示された海洋アクアリウムの核にして出発点」[11]となったのであった。

やがて、フィッシュハウスにさらに水槽を追加しようということになって、ゴスはウェイマスにおもむいて生きものたちを採集した。そして1853年の夏には、4000もの動植物をロンドンへ送ったという(水族館は、コレクションが完璧になる前の5月にすでに公開されていた)。

しかしゴスとロンドン動物学会の関係には、ぎくしゃくしたところがあった。彼が採集した生きものの価格を示したところ、学会はそれが過剰請求ではないかと疑った。おまけに学会は、ゴスがほかの施設にも余った生きものを送ることを問題視した(別に学会とゴスのあいだに、それをしないという取り決めがあったわけではない)。しかも学会は新聞にたいし、「フィッシュハウス」のことを書くさいは、ゴスの名を出すことを禁ずるなどしたため、彼はその後、生きものを送ることをやめてしまった。結局彼には150ポンド、いまでいうとだいたい7500ポンド(1ポンド190円で140万円強)が支払われている。[12]

それはさておき、フィッシュハウスは１８５３年末の時点で魚58種にくわえ、軟体動物76種、甲殻類41種、腔腸（こうちょう）動物（イソギンチャクなどの仲間）27種、棘皮（きょくひ）動物（ウニなどの仲間）15種、環形動物（ゴカイの仲間）14種その他を含む無脊椎動物約２００種を展示した。[13]

　フィッシュハウスの展示は、壁沿いに配置された大型水槽と、机のうえに置かれた小型水槽からなる、いたってシンプルなものだったが、[14]注目を集めるにはじゅうぶんだった。

『イラストレイテッド・ロンドン・ニュース』（１８５３年5月28日）の記者の目には、各水槽のジオラマは「海底の断片を再現したモデル」であり、そこでは生きものたちが「まるで捕まらずに、彼らの生まれた深海にて自由でいるかのように」生活していると映った。さらに、「板ガラスの壁のおかげで、彼らを、タイドプールで可能だったよりもはるかに近く、より快適な光のもとで、しかも上からではなくあらゆる角度から、見ることができるのだ」[15]（強調引用者）と書いている。

図2-4　フィッシュハウスの外観

図2-5　フィッシュハウス内部。1875年ごろの様子

　それればかりではない。これからは海の生きものを研究したければ、海にわざわざいくことも、浚渫（しゅんせつ）

作業をすることもなく、ロンドン動物園にいくだけでことたりるだろうとしている。なお同記事によれば、聖霊降臨祭のつぎの月曜（移動祝祭日。1853年は5月16日）の入場者は2万2000人であった。[16]

生きものをさまざまな角度から眺められること、そして、海へいく手間をかけずに彼らを観賞できるということ。これは現代にいたるまで重要な水族館の特質だ。

フィッシュハウスは、ただ珍奇な見世物だったわけではない。それは西洋文明が自然からもぎとった、さらなる勝利を象徴するものであった。しかも、これがロンドン動物園に生まれた点が重要である。1828年の開園以来、ロンドン動物園には、世界各地から連れてこられた動物が展示されたが、それは多様な生きものを管理できるイギリス人の優れた能力を誇示するものだった。さらに動物たちは、イギリス人が支配する、あるいはアクセスできる地域をも体現した。[17]

フィッシュハウスにも、おなじことが当てはまる。生きた魚の展示は、アクアリウムを生んだイギリス人の英知と、大英帝国の支配がとうとう水界にまで及んだことを表象したのである。しかもその範囲が、いずれ全海域におよぶであろうことは、『イラストレイテッド・ロンドン・ニュース』のつぎの一文にもあらわれていよう。

海のもっとも隔絶されたところにいる華麗な種でさえ、今後、常に変化し、また興味深いコレクション［……］に追加されない理由はない。[18]

とはいえ、そのイギリス人の能力をもってしても、世界初の水族館にトラブルがなかったはずがない。まず、館内が明るすぎたために、藻が大量繁殖してしまい、なかがよく見えなかった。生きものにも藻がびっしりくっついて、かたちが歪んで見えるしまつ。さらに水温が、寒いときはマイナス1度、暑いときは30度以上に達し、彼らを苦しめた。そのうえ水槽の設計が悪く、狭い水面から入ってくる空気と、植物が補う酸素だけでは、生きものにとって十分とはいえず、水も1週間ごとに取り換えねばならなかった。[19]

いっぽうで、透明度、温度、生きものの健康状態のいずれも良好な水槽があった。それは、蒸気ポンプで汲みあげた動物園用の水が通過していくタイプのものだった。つまり、水に流れがあったのだ。

これに注目したのが、水族館技術者として名をはせたウィリアム・ロイド（1826～80）である。彼はフィッシュハウスに感化されて、ささやかな淡水・海水アクアリウムをつくった。海水は、薬局で買った塩を混ぜた水で代用し、イソギンチャクは、ロンドンの道ばたに捨てられていたカキの貝殻から手に入れたという。やがて彼は、飼育槽を貯水槽、ポンプ、水管につなぎ、水を循環させるシステムを開発する。[20]

「アクアリウム・ウェアハウス」

さらにロイドは、ロンドン動物園があるリージェント・パークのポートランド街に、「アクアリウム・ウェアハウス」（図2-6）という店を開いた。そこで販売されたのは、海産・淡水産の動植物、天然ならびに人工の海水、砂や小石、水槽各種とその台、孵化装置、サイフォン、液体比重計、水温計など、要するにアクアリウムの制作や魚の研究に役立つ品々である。ほかにも、動物採

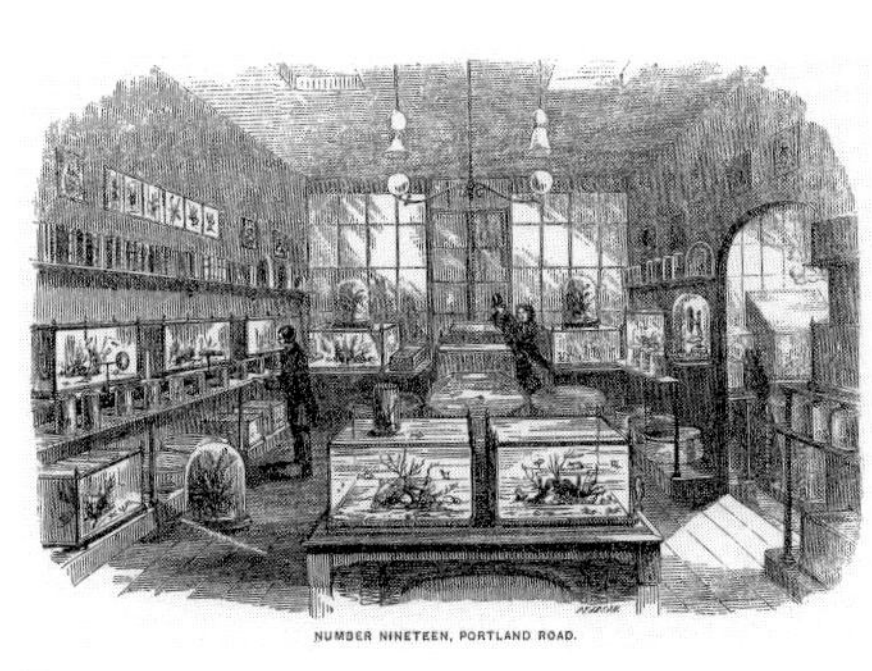

図2-6　アクアリウム・ウェアハウス

集用の道具、観察器具、書籍もあった。『タイタン』の記者は、「アクアリウム・ウェアハウス」のドアをくぐったとき、潮の香りと生きものたちに迎えられて、突然海辺にやってきたような気がしたと書いている。

ロイドに委託されたコレクターたちは、ある者はハンマーや容器をもってイギリス各地の海岸をさまよい、ある者は郊外の水源から動植物をかき集めると、彼のもとに送った。海の生きものだけでも、ロイドがストックした数は1万4000〜1万5000にのぼったという。鉄道や郵便で商品を送ることもできた。水族の多くは、水に入れるのではなく、湿った海藻に包んで輸送したという。[21]

彼が1858年に出版したカタログでは、そうした生きものが分類にしたがって、英語名、学名（リンネの二名法によるもの）、飼育の難易度、値段とともに記載されている。もちろん、消費者が欲しい生きものを適切に売るには、あいまいな現地名だけでなく、学名が必須なのだが、ここに自然科学と商業が融合していく過程を見てとることができるだろう。また金魚に限らず、あらゆる水族が、食べるためでなく観賞するために、容赦なく消費されるようになっていくさまもうかがえる。

それでは、彼の店では動物はいくらぐらいで販売されたのだろう。イソギンチャクやイシサンゴの仲間は、個体ごとに6ペンス〜7シリング（1シリング＝12ペンス）で購入できた。またコモン・プローン（*Palaemon serratus*）というエビは4ペンス〜1シリング6ペンス、コモン・プレイス（*Platessa vulgaris*、カレイの仲間）は2シリング〜2シリング6ペンスだった[22]。1860年代半ばに、ロンドンの一般労働者が1日10時間働いて稼ぐのが3シリング9ペンスだったことを考えると[23]、これはけっこうな金額であり、個人用アクアリムは基本的に富裕層の娯楽であったことがわかる。

ゴスの悲哀

先述のゴスは、ロイドと持ちつ持たれつの関係であった。ロイドはゴスの出版物を販売したし、ゴスも余った生きものを彼のもとへ送り届けていた。しかしゴスは、アクアリウムの流行がもたらしたショッキングな結果を知って、慄然（りつぜん）とする思いだった。彼は1856年、ロイド宛の手紙で、テンビー（イギリス南西部）で目の当たりにした光景についてこう書いている。

ここの洞窟は、1854年のときとおなじではありません。アマチュアたちの略奪、あるいは1854〜55年の降霜といった原因により、あんなにたくさんいたイソギンチャクがほとんど根こそぎになってしまったのです……。私は、あなたのために仕事で採集しようという者を見つけることはできませんでした。じっさいのところ、訪問者をここへ導くであろう生きものをめぐって、こうした町の洞窟や岩を丸裸にすることは、あまりにも不評判かつ不当で、しかも利己的であります。それゆえ私は、これを援助するようなことは決してしないでしょう。豊かで、まだ誰も来たことがない近隣の場所はいくつもありますが、テンビーと、そのイソギンチャクを奪われた洞窟を見るのは、まことにつらいのです。[24]

ゴスが気に病んだのはこればかりではない。彼は、自分の愛した世界、というか世界観が崩壊していくのを目にするはめになった。それは彼の心のなかで共生していた、科学と宗教心をめぐる問題であった。

ゴスが、ニューファンドランド滞在時に、生きものに興味をもちはじめたことはすでに紹介した。じつはおなじころ、彼はイギリスの妹が病で伏せっているとの報に接し、もし彼女の命が救われるのなら、活動的なキリスト教徒として生きるという誓いを立てたのである。幸い妹の命は助かって、彼は誓ったとおりの人生を歩む決心をした。

やがてゴスは、「プリマス同胞団」と呼ばれていたキリスト教セクトに入団する。それは儀式、聖職者、ヒエラルキーの存在を否定し、ひたすら聖書に書いてあることを重んじる組織であり、その素朴さに魅了されたらしい。やがてゴスは家庭内でも祈りにあけくれ、家族にも厳しい決まりを課すようになる。小説、詩、劇、世俗的な歌といった娯楽に親しむことや、同胞団以外の人びととつきあうことを禁じたのである。とうぜんながら、彼は熱心な「創造説」の支持者で、神が世界をつくったのは数千年前でなければならず、また神が定めた生きもののデザインは不変であると信じていた。[25]

そんな彼の著作、たとえば『ジ・アクアリウム』は、生きものと、それをおつくりになった神への愛にあふれている。彼が飼っていたイカ（学名 *Sepiola vulgaris* ないし *S. rondeletii*）について書いたくだりを見てみよう。そこではまず、イカが本来なら墨を吐いたり、獲物を捕らえるために使うはずの漏斗と吸盤を、地面を掘り、石を運びだすのに使っているさまを描写する。そして、このようにひとつの器官をさまざまな用途に使うことができるのは、「創造における神の節約術」のおかげであり、「すべての突発的事態が、偉大なる計画において予見されており、備えられてあるのだ」[26]と賛美する。このほかにも、たとえばアクアリウム制作にかんする解説の冒頭に、「おお主よ、あなたのつくりたまいし作品の、いかに輝かしいことか！」[27]という詩が挿入されている。

ゴスにとって、自然の研究は一種の宗教体験であり、被造物の驚くべき姿を見るたびに彼は畏怖の念に打たれた[28]。

彼が不幸だったのは、かけがえのない「創造説」に疑義が唱えられる時代に生きたことである。まず地質学が、地球は聖書がいうよりもはるかに古いことを示唆しはじめた。化石はその強力な証拠であったが、彼はこの問題となんとか折り合いをつけようとがんばった。たとえば化石については、これは大昔の生きものの名残りではなく、神が「はじめから化石として」創造したのだと発表した。つまり、神は地球をより古くみせかけるために、わざわざそんなことをしたというのである[29]。

ところがそんな彼を待っていたのは、仲間や読者の冷たい反応であった。聖職者にして学者、かつゴスの友人だったチャールズ・キングスレー（1819〜75）は、「神が岩のうえにでかでかと、しかもあふれんばかりのウソを書きこんだことなんか信じられない」[30]と書いてよこした。

そこに追い打ちをかけるように、チャールズ・ダーウィン（1809〜82）が『種の起源』（1859）を出版した。それによれば、生きものは環境に応じてじょじょに変異する。また、その変異が長年にわたって蓄積されていけば、従来の種とは異なる種が「派生」する、つまり新種が誕生するとした。

ダーウィンの説を理解するには、「生存競争」（生存闘争）と「自然選択」（自然淘汰）という概念が欠かせない。「生存競争」は、それぞれの個体や、集団や、種全体が、生きのこるためにライバルと争ったり、協力したりすることをあらわす。

そしてこの「生存競争」を繰りひろげる過程で、ある個体が別の個体よりも、生きのこりに有利な特徴をもつこともあるだろう。それは、体格や俊敏さといった、個体差にすぎないものだ。しかし、気候、地形、ほかの生きものとの競争をとおして、生存に不利な個体は淘汰されていく。自然が、生きのこる個体や集団を「選択」するのだ。これが「自然選択」である。

このプロセスがつづくうちに、個体差にすぎなかった変異が蓄積され、やがてその地域に暮らす集団全体が、これまでの種とは異なった形質をもつようになっていく。つまり、「個体差から変種へ、変種から種へ」というふうに、ゆっくりと変異していくのだ。まさにこれが「種の起源」である。[31]

このメカニズムを説明するにあたって、ダーウィンは地質学、古生物学、植物学、動物学、比較解剖学、発生学といった、異なる分野で得られる知識を総動員して研究をおこなった。そのため、各分野に特化した専門家にはかんたんに論破することができなかった。だから多くの読者たちは、ダーウィンの著作に満載された豊富な知識に、ただ驚嘆するばかりであった。[32]

もっとも、生きものが変異することを指摘したのは、彼がはじめてではない。しかしダーウィンは、変異のプロセスを説明するにあたって、そこに神の介入する余地が入りこまないように注意していた。当時の博物学にかんする著作のなかで、リン・バーバーはつぎのように解説する。

ダーウィンは、あらゆる生物が、自然選択による進化の働きの産物であることを示す必要があった。なぜなら、もし原因と結果からなる鎖のあいだに、ひとつでも空白を残しておけば、神学者が、いつもそうしていたように、特別な創造とか奇跡的な事件の話で、それを埋めてしまうのを確信していたからだ。［……］科学の失敗したところには、どこでも宗教が入りこんでくる。知識の空白を、神のみわざを証明するものとして歓迎しながら。[33]

変異のプロセスのどこかで、超自然的な力が働く可能性を残してしまうと、せっかくの学説が宗教によってねじ曲げられてしまう。だから、生きものが変異するプロセス、生きもの同士の関係、生活条件の影響などについて論じるとき、ダーウィンは徹底した観察にもとづいた考察を展開したのであった。そして彼は、現世のあらゆる動植物は、もともと4〜5種ぐらいから派生したとし、それらでさえ、つきつめればひとつの原始的な種から生まれたのだと結論づけた。[34] つまり、人間もまたほかの動物から派生したのであって、神の似姿としてつくられたのではない、ということをほのめかしたのである。

とうぜん、ゴスがそれに気づかないわけがなかった。だが、熱心なキリスト教徒だった彼は、「種の不変性」にしがみついたまま生きることを選択した。彼は、かつて楽しんでいた大英博物館や王立協会の学者たちとの交流をあきらめてロンドンを去り、1865年を境に博物学関係の本を出すのもやめてしまう。あとは死去するまで、キリスト教の小冊子などを書きながら、失意の日々をすごすことになる。[35]

じつはゴスとダーウィンは、『種の起源』が発表される前に会ったことがある。このときゴスはダーウィンの率直な人柄に魅了され、ダーウィンのほうもまた、ゴスが長く飼っている水生生物のことを聞いて興奮を禁じえなかったという。[36]

皮肉なことに、アクアリウムは、ダーウィン説の検証に欠かせないものとなっていく。ことに、海の原始的な生物が、種が枝分かれしていくプロセスを解明するのに役立つとみなされてからは、なおさらだった。[37]ジョン・テイラーは、『アクアリウム』(1876)のなかでこう述べている。

『種の起源』が出てから、自然科学は大きく進歩し、下等生物の発生や幼生の状態にかんする新研究をもっと容易におこなうことができる、大きなアクアリウムを必要とした。そのころから動物学は、一般の読者にとっても、より魅力的なものとなったのだ。進化論者も反進化論者も、動物学的な問題にかんしてどちらかに組した結果、理論づくりはほどほどに、もっと観察することが不可避となった。[38]

さらに、後述するナポリ臨海実験所と、その水族館をつくったアントン・ドールンもダーウィン支持者であった。

「没入型」展示の模索

ゴスの個人的な事情は別として、彼が火をつけた水族館ブームは、イギリスからほかのヨーロッパ諸国、アメリカ、さらには日本へと波及していく。ただしフィッシュハウスは、飼育の面だけでなく、観賞の面でも改善の必要ありと映った。たとえばあるドイツ人は、『レビュー・ブリタニック』の記事のなかで、フィッシュハウスは「誤った原則」のもとで建てられており、あらゆるところから均等に入ってくる光のせいで、「その住人を観察することがしばしば不可能である[39]」と評している。

そのかわりにこの人物が激賞したのが、1860年にオープンした、フランス・パリのジャルダン・ゾーロジック・ダクリマタシオン付属水族館（図2-7）である。「この長いギャラリーに初めて入ったら、海そのものの、緑の薄明がおりなす幻想的な神秘性が、想像力に強く訴えることだろう[40]」。

図2-7　ジャルダン・ダクリマタシオン付属水族館

何がよかったのかといえば、それは照明の工夫であった。水槽の展示そのものはシンプルで、長さ40メートル、幅10メートルあるギャラリーの壁沿いに、四角い水槽を配列しただけだが、水槽のうえから入ってくる光が、暗い建物内を照らすようになっていたのだ[41]。これに、水のたてる静かな音が加わって、「幻想を高め、われわれを別世界へといざなうのである[42]」。

第1章でも見たように、もともと水族は、人間になじみのない世界、すなわち「異界」の住人と認識されてきた。だから水族館にやってくる人びとは、珍しい生きものを見るだけでは満足できない。彼らが住んでいる異界に「没入」し、非日常的な体験をすることを期待するのだ。ジャルダン・ダクリマタシオンの水族館は、そうした需要にこたえて「没入型展示（イマーシヴ・エグジビション）」をおこなった、おそらく最初の水族館だったのである。ちなみにこの水族館は、ロイドが開発した循環飼育装置を採用したおかげで、2万リットル以上の水をずっと使用することができた。[43]14個あった水槽のうち、4つは淡水版、残りは海水版で、あるものは展示を暗く、またあるものは明るくすることによって、さまざまな深度を表現していた。魚、イソギンチャク、環形動物（ゴカイの仲間）、甲殻類がおりなす個々の水中風景は上記の記者を魅了し、「まさしく生きた絵画」[44]といわしめている。

この「絵画」という言葉は、水族展示がもつ重要な特徴をあらわしている。家庭用アクアリウムについて本を著したジューダイス・ハメラは、アクアリウムのガラス面は、「絵画」だけでなく「窓」とも比較できるとする。それらに共通するのは、ある景色を切りとり、フレームをつけて観察者にさしだす点だ。

そのうえアクアリウムも窓も、ガラスをつうじて向こうの世界を映しだすが、ガラスには情報を媒介するだけでなく、2つの世界を遮断するという独特の性質がある。「アクアリウムはなじみのない世界を映す窓だが、観客にとってその世界があまりに異質で、近づきがたいものであることを常に強調する」[45]のだ。

ハメラはまた、ガラスが、視覚以外の情報を遮ってしまう点を指摘している。『ヴァーチャル・ウィンドウ』（アン・フリードバーグ著）にも、ガラスについてつぎのような一文がある。

近代建築における透明ガラスという構造上の薄膜の使用は視覚的な非物質化の役割を果たしているけれども、ガラスという物質的障壁は視覚以外の感覚を分離することにもなった。「冷気、風、湿気のいずれも感じずに、室内から外を完全に知覚することは近代の感覚なのである」とリチャード・セネットは論じている。そこでは「他の感覚が影響を受けることなく完全な可視性」が生み出されている。

その「近代の感覚」の産物たる水族館のガラスも、本来水に備わっているはずの温度、湿気、音、匂いをとりのぞいたうえで水中世界を映しだす。なるほど、絵画や窓を見るような感覚だが、それは結局、「水族館が提供する『リアリティ』とはいったいなんだろう」という問いにも結びつく（この問題は第4章-4であらためてとりあげよう）。

もうひとつ、ガラスはいま見ている風景を平面化つまり「2次元化」してしまう。ことに、その周囲を縁どるフレームが目に入ってしまえば、なおさらである。それゆえ水族館の設計者たちは、フレームを目立たなくし、建物のかたちも工夫して、水中場面をいかに3次元的に見せるか、という課題にとりくんでいくことになる。

「洞窟風」水族館と「パノラマ風」水族館

「没入型展示」の肝は、海中風景をできるだけ途切れることなくディスプレイしてみせることにある。しかし19世紀の技術では、大きなガラス面をつくることには限界があった。ならば、ガラスとガラスをつなぐ支柱やフレームの部分に、天然の素材を使用すればよい。ドイツの建築家ヴィルヘルム・リューア（1834〜70）はそう考えて、ハノーファーに新しい趣向の水族館（エーゲストルフ水族館、1865）をつくった。そこでは、それぞれ11個の水槽が向かいあって並べられ、片方

図2-8、9　パリ万博（1867）淡水水族館の外観と内部

は淡水の、もう片方は海水の生きものを展示していた。水槽の側面ならびに背面は、ドイツ産の石灰石、花崗岩、緑岩などでおおわれた。これによって来館者は、さながら海底を探検し、岩のあいだから魚たちを見ているかのような気分になれたのだ。[47] これが、19世紀を風靡した「グロッタ風」水族館のはしりである。

グロッタ風展示は、１８６７年のフランス・パリ万国博覧会付属の淡水水族館ならびに海水水族館でもとり入れられる。これらは、中央会場をとり囲む庭園に、大温室をはさむかたちで地面をくりぬいて設置された。

淡水水族館（図2-8、9）では、来館者は洞窟風につくられたホール内を歩き、岩のあいだに配置された20個の水槽（メキシコサラマンダー、カメ、ナマズ、サケなどがいた）を見るしくみになっていた。水はセーヌ川からとり入れたという。[48]

もういっぽうの海水水族館は、２つの階からなっていた（図2-10～12）。１００トンの海水は、入口付近の池にまず収容される。その水が最初の貯水槽へ入り、そこからポンプで高所の貯水槽へうつされたあと、滝となって下るか、あるいはろ過されたうえで飼育槽を経由し、また池へ戻ってくるしくみになっていた。この水族館には８００尾の魚が飼育されていたが、彼らは薄鋼板でできたシリンダー型容器を使って、海から運ばれてきたものである。[49]

海水水族館にもグロッタ風装飾が施されていたが、こちらはもうひとつ、あっと驚くしかけがあった。鍾乳（しょうにゅう）石で飾られた通路をとおり、暗い階段をのぼっていくと、そこに壮大な海中世界が現

図2-10　パリ万博（1867）海水水族館のプラン

図2-11、12　海水水族館の外観と内部

図2-13　パノラマ式の展示室

出するのだ。見れば、横ばかりか頭上をも魚が泳いでいる（図2－13）。ゲランという名の人物が設計したそうだが、その目的は明らかであった。人びとを海底へいざなおうというのである。[50]

美術史家ウルズラ・ハルターも指摘するように、この大水槽の構造は、18世紀から19世紀にかけて流行していた「パノラマ」によく似ている。パノラマは、ロバート・バーカー（1739～1806）によって考案された視覚装置で、円筒状の建物の内部に、巨大でリアルな絵を張りめぐらせていた（図2－14）。パノラマの訪問者は、門をくぐったあと、階段をのぼって展望台にやってくる。するとそこに、全周見わたすことが可能な景色が広がっているというわけだ。

バーカーはこのしかけによって、来館者がまるで異なる空間にいるかのように錯覚することを狙っていた。しかも巧妙なことに、幻想をぶち壊しにする要素はすべて隠されていた。たとえば、絵画を照らすために本物の太陽光をとり入れたが

（絵がいっそう本物らしく見える効果がある）、採光用の天窓は、来館者の頭上にしつらえられたキャノピーによって見えないようになっていたのだ。[51] そしてこの水中版が、パリの海水水族館だったわけである。しかもこの水中パノラマでは、「絵」が動いているのだ！

とはいえ、当時のノウハウと技術が計画に追いついていなかった面もある。たとえば、膨大な量の海水の運搬が予定どおりにいかず、当初予定していた水量のうち40トンしか届かなかった。ここでいけなかったのが、足りない分を補うために淡水を混ぜ、しかもきちんとろ過しなかったうえに、順応させるひまもなく魚を放りこんだことで、それが高い死亡率となってはねかえった。海水不足はのちに解消されるが、それでも「天井水槽」の評判はかんばしくなく、換気が最悪だったとか、水が濁っていたとかいわれた。[52]

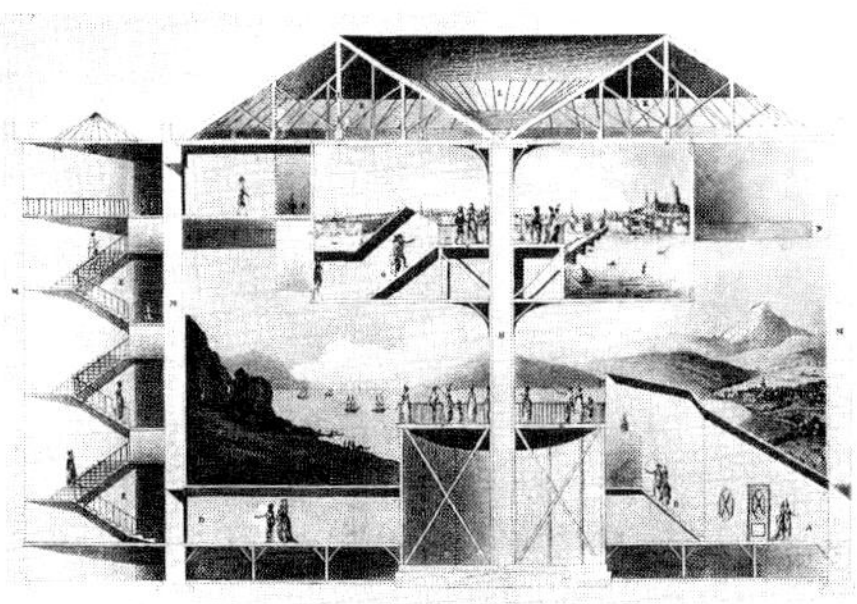

しかし、これら2つの水族館が多くのひとに感銘を与えたのは事実である。後述するように、ＳＦ作家ジュール・ヴェルヌ（１８２８～１９０５）の作品づくりに役立ったし、バイエルン王ルートヴィ

図2-14　ロバート・バーカーがデザインしたパノラマ

図2-15　ル・アーブル国際海洋博覧会付属水族館

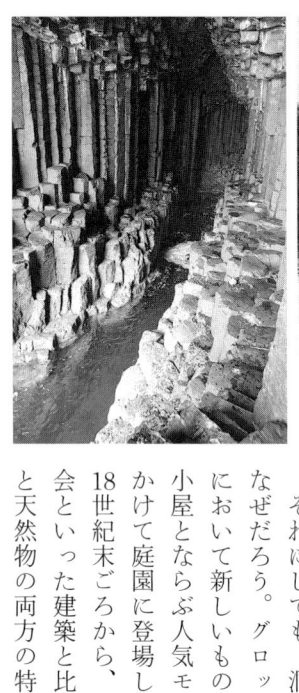

図2-16、17　フィンガル洞窟

ヒ2世（1845～86）もこれを気に入った。彼はやがてリンダーホーフ城に、水族館で見たような洞窟を再現することになる。[53]

さて、話をグロッタ風装飾にもどそう。この様式はその後もフランス、ドイツの水族館を中心に受けつがれていく。1868年のル・アーブル国際海洋博覧会付属水族館（図2-15）は、外装も凝っていた。スコットランド西岸のスタファ島にある、有名な「フィンガル洞窟」（図2-16、17）そっくりなのだ。『イラストレイテッド・ロンドン・ニュース』によれば、そのなかでは「一連の水槽や貯水槽が人工的な岩のあいだに置かれ、全種類の魚、海生爬虫類、昆虫、ありとあらゆる海の植物の、広範囲かつバラエティーに富んだコレクション」[54]があったということである。

それにしても、洞窟のモチーフがここまで好まれたのはなぜだろう。グロッタ風装飾そのものは、ヨーロッパ文化において新しいものではない。グロッタは、廃墟やあずま小屋とならぶ人気モチーフで、ルネサンス期から18世紀にかけて庭園に登場した。[55]またハルターの記すところでは、18世紀末ごろから、天然の洞窟はしばしば宮殿、神殿、教会といった建築と比較されるようになる。洞窟が、人工物と天然物の両方の特徴を備えた、ある種の「両性具有」的な存在とみなされるようになったからだという。とりわけ注目を集めたのは、フィンガル洞窟のような、海岸に口を開けている洞窟で、それは「水中の動物相や植物相のスペクタクルにふさわしい舞台」[56]とみなされた。

ちなみにフィンガル洞窟は、1772年に植物学者ジョゼフ・バンクスが訪問してのち、その荘厳な雰囲気が知れわたるようになり、ウィリアム・ワーズワース（詩人、1770〜1850）、フェリクス・メンデルスゾーン（音楽家、1809〜47）そしてジュール・ヴェルヌといった人びとの訪ねる「巡礼地」と化していた。[57]なおメンデルスゾーンは、この洞窟をテーマに作曲したことでも有名である。筆者自身、ここを訪ねたことがあるが、細い水路が海のなかに消えていくさまは、たしかに地上と海をつなぐ連絡路を連想させる、「異界」への入口然としたものであった。

いずれにせよ、ここで強調しておかなければならないのは、水族館が表象したのは、本物の水界というよりは、人間がイメージし、見たいと思う水界であったということだ。自然物と人工物を組みあわせて、というよりは人工物で自然を飼いならして、思い描いたとおりの世界を造形しようという衝動は、古代ローマの養魚池はもちろん、現代の水族館にいたるまで一貫して認められる。

ベルリン水族館で「世界一周」

19世紀のグロッタ風水族館のなかで、もっとも印象的なのはベルリン水族館（図2-18）であろう。これはウンター・デン・リンデン通りと、シャードウ通りの交わるところに建っていた（現在は、そのことを示すプレートしか残っていない）。

1866年ごろから、「ベルリンにも水族館を」という声が上がるようになり、翌年そのための

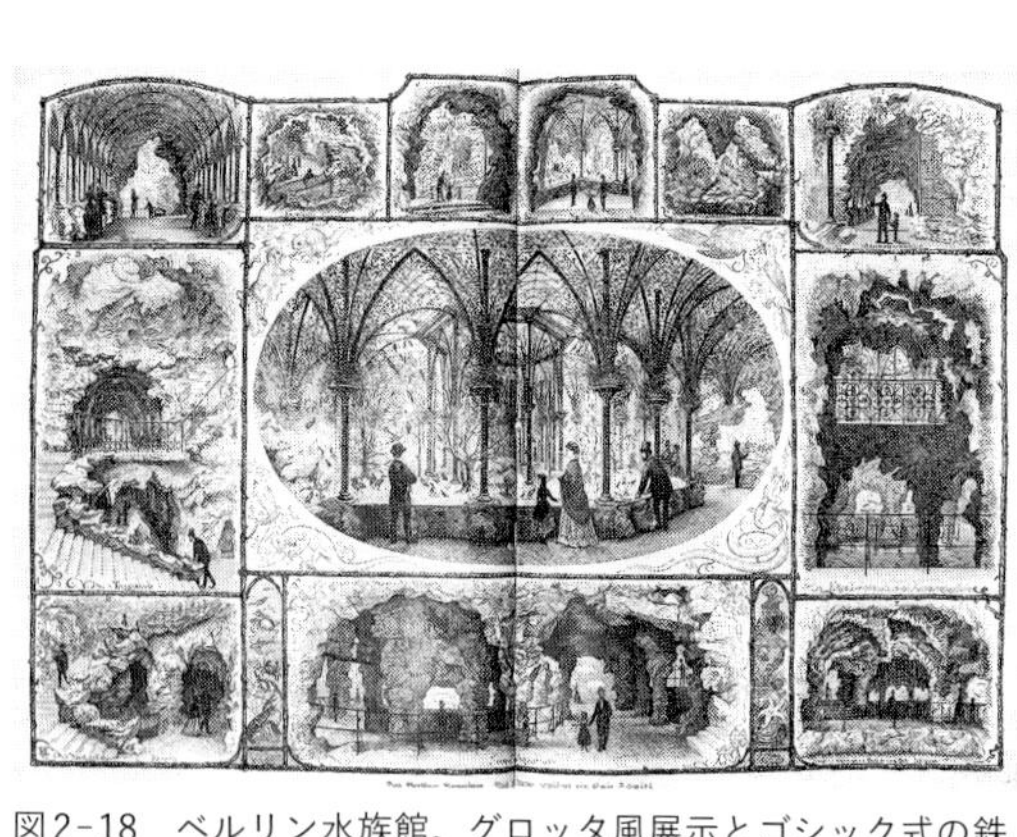

図2-18　ベルリン水族館。グロッタ風展示とゴシック式の鉄柱に注目

株式会社が創設された。ベルリン水族館は、１８６９年、プロイセン王ヴィルヘルム1世のもとで開館し、はじめの3か月で10万２４００人の訪問者を記録した。[58] 初代館長となったのは、建築家にしてアフリカ探検家アルフレート・ブレーム（１８２９～84）で、すでにハンブルク動物園の近代化に尽力し、そこに水族館（コラム4）を設立した経験の持ち主であった。[59] なお、そのあとを継ぐことになるオットー・ヘルメス（１８３８～１９１０）は、10万リットルにのぼる海水を工面するために人工海水をつくることに成功、水族館技術の発展に貢献したことで知られる。[60]

ベルリン水族館はもともと、ある種の「屋内動物園」として計画された。すなわち、陸上のものも含め、あらゆる種類の動物、植物、鉱物をひとつの屋根のもとに融合させ、完成された「小宇宙」を再現しようとしたのだ。[61] 設計にかかわったのは、前述のリューアであり、グロッタ風装飾の制作にあたっては、ふたたびドイツ産の本物の岩石がもちいられることになった。たとえば花崗岩はオッカーならびにラーダウ渓谷から、石灰岩はハルツブルクから、石英はエルフェンシュタインから、玄武岩はジーベンゲビルゲからといったぐあいで、わざわざそのために爆破してもってこられた。[62]

ただ興味深いことに、ベルリン水族館は、自然界の純粋なコピーをめざしたわけではなかった。

そんなことを試みても失敗するのがオチだというのがその理由である。それよりも「自然を様式化すること」、すなわち「自然の有機的な形象の法則に耳をすませ、その法則にしたがって［……］独自の創造を試みること」[63]（建築誌『ドイチェ・バウツァイトゥング』）をおこなったという。

これはどういうことか。たとえばリューアは、天然石のほかに、樹木をモデルにした鉄製の支柱や屋根を使用した。しかしそれらは、たんなる樹木のコピーではなく、ゴシック式に加工されていた。中世のゴシック大聖堂は、葉や木の幹のかたちを屋根や支柱のデザインに巧みにとり入れ、ひとつの巨大な森であるかのような印象を与えた。だからゴシックは、まさに「自然を様式化」するのにうってつけと思われたのである。[64]

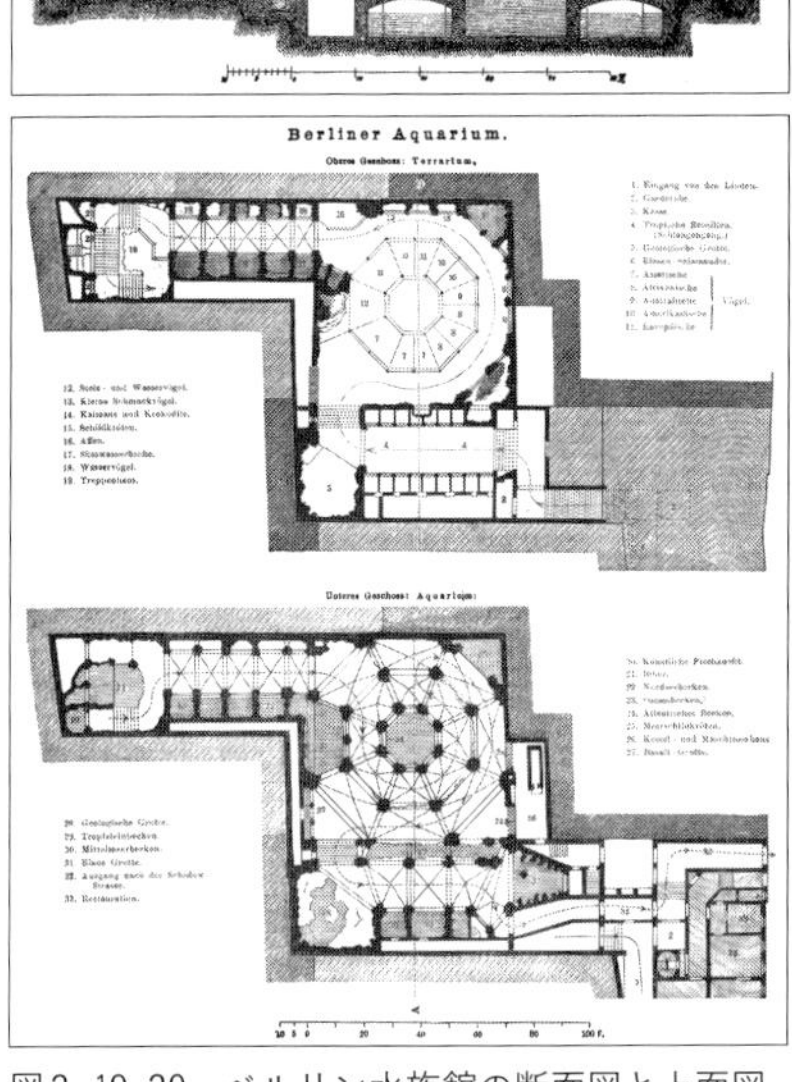

図2−19、20　ベルリン水族館の断面図と上面図

それでは、『ドイチェ・バウツァイトゥング』の記述と図面（図2−19、20）にしたがって、開館当初のベルリン水族館を旅してみよう。ベルリン水族館は地下室を入れて3つの階から成りたっており、観覧ルートは上の2階分を占めている。混雑を防ぐため、動線は

一方通行となっていた。
来館者は、ウンター・デン・リンデン通りに面した入口をくぐり、階段をのぼってまず上階の切符売り場にいく。そこからさらに上がったところでまず目にするのは、砂漠地帯の爬虫類である。そして、鉄製の枝葉の下をくぐりながら歩んでいくと、つきあたりに最初のグロッタがあらわれる。これはさまざまな地層を忠実に表現しており、しかも水が下階の池までしたたり落ちるようになっていた。

そのあとに続くのは、上階のメイン展示にあたる八角形の禽舎で、鉄骨を使って人工的な森を再現していた。それをとり囲むようにしてさらに2つのグロッタ（ワニ、カメ用）と、霊長類用の展示場所があった。禽舎には、アジア、アフリカ、オーストラリア、アメリカ、ヨーロッパの鳥たちがいて、暑い気候にすむものから、より穏やかな気候にすむものまでを順番に見るしかけになっていた。

やがて来館者は、しだいに陸から水の世界へと誘導されていく。グロッタ風の回廊には淡水水槽ならびに水禽の展示場所があり、しかもしだいに寒冷なエリアに移っていくさまが再現されていた。その先にあるのは、青い光で照らされた階段だ。踊り場には、卵から成魚までの各段階を示す養殖展示があり、階段下にもビーバーの池があった。

下の階にいきつくと、そこに広がっているのは海の世界である。来館者は、岩のあいだに置かれた水槽を見ていくが、今度は寒冷なエリアから、より温暖なエリアへと旅する趣向になっていた。すなわち、北海、バルト海、大西洋、地中海の順番に動植物が展示されているのである。ちなみに「バルト海水槽」は、パリ万博の水族館のいちばん大きな水槽に匹敵する規模であった。「大西洋水槽」は、禽舎の下に位置し、あらゆる側から見学可能であった。もちろんここにも、ウミガメ用のグロッタや、玄武岩でつくられたグロッタがあった。最後にお目にかかるのは、イタリア、カプリ島の有名な「青の洞窟」のミニチュアだ。そしてその美しさを楽しんだのち、来館者はシャードウ通りに面した出口をくぐることになる。そのあとは、付属のレストランでハンガリー産やオーストリア産のワインに舌鼓を打つというわけだ。[65]

ベルリン水族館の展示には、いくつも興味深い要素がある。まず、非日常体験にこだわったこと。別世界にいるという幻想を高めるため、これを台無しにする要素は目立たなくしたのである。たとえば禽舎は、展示をできるだけ自然に見せ、かつ鳥を逃さないために、目立たないピアノ線が使用された。[66]また太陽光がとり入れられたが、それは観覧者側を暗くし、展示のみを照らすようにコントロールされていた。ガス照明ももちいられたが、その光源は目に入らないように隠されていた。[67]

つぎに、展示にストーリーをもたせる、いわゆる「テーマ化」がはかられていたこと。ベルリン水族館では、来館者は回廊をたどるにしたがい、まるで暖かい地域から寒冷な地域へと旅しているかのように感じるようになっていた。しかも、地上からしだいに海底へと「降りて」いく。そしてあらためて、異なる海域の展示を楽しむ。

つまりヨコの移動とタテの移動を組みあわせて、ヴァーチャルな世界一周を経験するしかけになっているのだ。なお第4章で紹介するように、「非日常体験の提供」や「テーマ化」は、現代の水族館を理解するうえでも欠かせない要素となっている。明らかにベルリン水族館は、時代を先どりする性格を備えていた。

2　帝国の水族館

『海底2万海里』と水族館

ところで、こうした近代水族館ブームとかかわりが深いのが、「はじめに」でとりあげたジュール・ヴェルヌのSF小説『海底2万海里』（1869～70）だ。

概要をもう一度紹介しておくと、主人公の博物学者アロナックスは、海運をおびやかす謎の怪物を調査するため、従者コンセーユと捕鯨船員ネッドとともに、米国軍艦「エイブラハム・リンカーン」に乗りこむ。「リンカーン」が怪物に襲われたとき、3人は海に投げだされるが、「怪物」に拾いあげられると、それがじつは潜水艦「ノーチラス」であったことが判明する。彼らはそこで、「ネモ」（ラテン語で「誰でもない」という意味）を名のる博識の艦長と出会うが、彼は故郷において、ある大国に苦しめられた経験から、人間を憎むようになっていた。やがて主人公たちは、ネモとともに世界探検航海をおこない、潜水艦の窓から生きものを眺めたり、恐ろしいタコに襲われたり、といった経験をする（図2-

図2-21　艦内から大ダコを観察する主人公たち（ヌヴィル画）

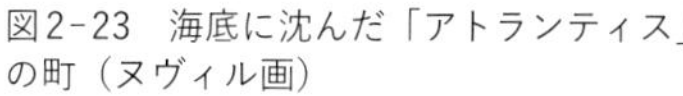
図2-23　海底に沈んだ「アトランティス」の町（ヌヴィル画）

図2-22　海底探検の様子（ヌヴィル画）

21～23）。

　この作品は、たんなる冒険小説というだけでなく、ヴェルヌの博物学、海洋学、工学の知識を満載した教養文学としても楽しめる。さらに、当時のヨーロッパ人の水族「観」や、自然にたいする態度を知るうえでも大切な資料となっている。

　そのうえ、ヴェルヌと小説の挿絵画家は、水族館にインスパイアーされていた。ハルターによれば、ヴェルヌは１８６６年末にはこの小説の執筆にとりかかっていたが、翌年パリ万博を見にいった。そこにあったのは、さきほど紹介したパノラマ式の大水槽である。[68] なお彼の小説の挿絵を描いた人物は２人いて、ひとりはエドゥアール・リウー（１８３３～１９００）である。だが、彼は口絵とはじめの23枚を書いたのみで、残りの１１１枚はアルフォンス・ド・ヌヴィル（１８３５～85）が担当した。彼は、フランソワ＝エドゥアール・ピコットとウジェーヌ・ドラクロワのもとで絵画を学び、しかも１８６７年の水族館にも足を運んでいる。[69] そして、「水族館で経験したリアリティを、海のオリジナルの次元へと、絵画をとおして翻訳するための基準を見いだした」[70] のであった。

『海底2万海里』の挿絵は、水中画がようやく一般化しはじめた時期に描かれたものでもあった。もともと、魚が陸に打ちあげられた状態で描かれる傾向にあったのは、すでに見たとおりである。スティーブン・ジェイ・グールド（古生物学者）も指摘していることだが、潜水技術が未発達で、大多数のヨーロッパ人が泳げなかった時代には、水中の様子を想像することが困難であり、水面上から見おろす視点のほうがより「自然」だったのだ。ところがアクアリウムの流行した19世紀半ば以降、水族が水中を生き生きと泳ぐさまがひんぱんに描かれるようになってゆく。[71] 水族館は、われわれの水族のイメージのしかたに革命をもたらしたのだ。

ちなみにヴェルヌは、おなじ万博に出品されたダイナモ発電機、ダイビング機器、潜水艦なども参照しており、また１８６８年の国際海洋博覧会にもおもむいて、そこの水族館を見学している。[72] だから、小説のなかでたびたび水族館が言及されるのは、少しもふしぎなことではない。たとえば、主人公たちが「ノーチラス」のサロンの窓をとおして、はじめて海中を眺める場面では、つぎのように語られる。

サロンが暗いために、外の明るさが、いっそうきわだっていた。わたしたちは、この透明なガラスが、まるで巨大な水族館のガラスであるかのように、ながめていた。[73]

「ノーチラス」の航海体験と、水族館体験には類似したところがある。この潜水艦は、水族館とおなじく、(たいていのばあい)安全で空調も行き届いており、しごく快適な環境を用意してくれる。そして主人公たちはそこから鮮やかで、ときには危険きわまりない海の生きものを、好きなだけ観察するのである。さらに潜水艦が太平洋、インド洋、紅海、地中海、大西洋とまわっていくのにあわせて、各海域の代表的な生きものが紹介されるさまは、ちょうど各水槽の前を移動して、解説を読むのとおなじ体験なのだ。しかも主人公たちは、海のみならず陸上もしばしば訪問するが、これは陸から水界への旅を演出したベルリン水族館を想起させる。

ただし、ヴェルヌの小説と水族館の関係は、一方通行のものではなかった。彼の物語とそのモチーフは、水族館展示の「テーマ化」に多いに役立つことになる。

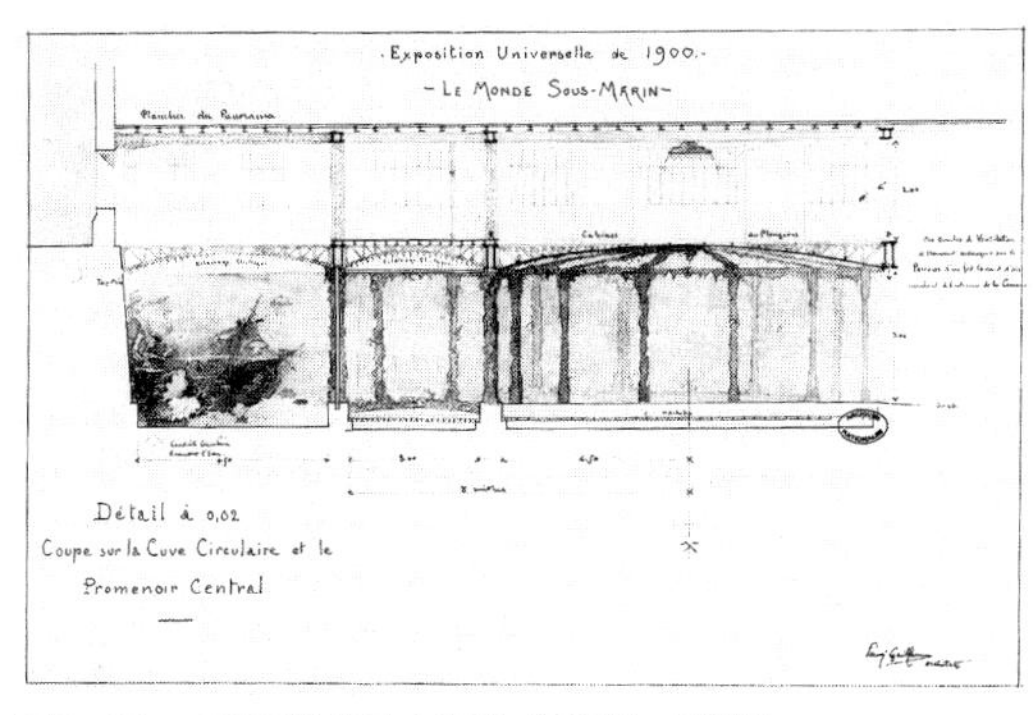

図2-24　パリ万博付属水族館(1900)の草案

ここではその一例として、1900年のパリ万博のさい建てられた水族館(図2-24)を紹介しよう。この水族館を設計したのは画家アルベール・ギヨーム(1873〜1942)と建築家アンリ・ギヨーム(1868〜1929)の兄弟であった。2人は1894年に計画を提出し、審査を経て採用が決定すると、3年後に10分の1の模型を製作した。全体像を把握したり、装飾や照明の効果を試すためである。99年には、カンファレンス河岸通りで建設工事がはじまるが、最初の作業は土地の掘削であった。水族館を地下につくることになったからである。深さ3・5メートルの水槽に使用されたガラスは33ミリの厚さがあり、さび止めをした鉄の支柱に固定された[75]。

展示はつぎのようになっていた。訪問者は、まずグロッタ風の入口に迎えられる。モデルとなったのはブルターニュ地方の海岸洞窟で、しかもかの地方から運んできた岩が使われている。つぎに目に入るのは、トリトンらが支えるほら貝のうえに立つアムピトリーテー（海神ポセイドンの妃）の像がある水槽だ。これは芸術と科学の融合を表象するものとされた。やがてそこから、狭く暗い通路をたどっていくと、メイン・ホールに到達する。ホールは25×12メートルの楕円形をしていて、背の高い各種水槽にとり囲まれていた（一見、それらの水槽は隔たりがないかのようにつながれていた）。

ホール中央には、海産物で装飾された岩や、沈没した帆船がオブジェとして置かれていた。船は本物で、蒸気船と衝突して沈んだのを、シェルブールの港からそのまま運んできたのである。沈没船は、ホールと水槽をまたがるようにして置かれた。水槽内には、この船とぶつかって沈んだ蒸気船の船首もあった（図2－25）。

ホールの天井には大きな布が張りわたされ、青緑色のアーク灯が水槽を照らした。すると、揺れる水面と、魚や海藻のシルエットがおりなす幻想的な風景が生まれ、いっそう没入感を高める効果があったという。そのうえ、水槽の奥にはさまざまに角度をつけた鏡面ガラスが置かれていて、じっさいよりはるかに奥行きがあるように見えた[76]。

水槽内の装飾も凝っていた。ある水槽のなかでは、ナポリ湾に沈んだ神殿群をモデルに、海に呑まれたという伝説の「アトランティス」が再現されていた（図2－26）。別の水槽では、極地の氷の塊が連なるさまが再現され、またある水槽には海底火山があって、しかも岩がぱっくり開いて赤い泡を出すというしかけがほどこされていた。難破船から荷物を運びだす潜水夫や、真珠とり、さ

図2-25　沈没船の展示

図2-26　再現された「アトランティス」

らには人魚のパフォーマンスまでおこなわれた。[77]

『海底2万海里』を読んだことのある人なら、人魚をのぞいて、こうした光景がすべて物語に出てくることがわかるはずである。じっさいこの水族館の訪問者は、「ネモ艦長ごっこ」をやっていたに等しいのだ。生きものにかんしては、シュモクザメやノコギリエイをはじめ、ウミガメ、タラ、チョウザメ、ボラ、スズキ、イワシ、ヒラメ、タツノオトシゴ、アンコウ、クラゲ、イソギンチャク、タコ、イカ、エビ、カニの仲間などじつに多種多様だった。

なお水族館のそばには2つのカフェ・レストランがあって、片方はブルターニュの漁船を、もう片方はブローニュ＝シュル＝メールの水夫の家を再現していて、それぞれの地域の民族衣装を着た男女が給仕するようになっていた。[78] 水族館体験をほかの消費活動と結びつける、いわゆる「ハイブリッド消費」（第4章－4で解説）を実践していたのだ。

深海へのまなざし

ところでヴェルヌの『海底2万海里』は、ワクワクする海底探検を描いただけの物語ではない。それは、19世紀ヨーロッパの帝国主義も反映させていた。

ここで鍵となるのが、ネモ艦長である。彼は、故郷がある国（それがどこかは、この小説内では明かされない）に踏みにじられて家族をなくし、絶望して、潜水艦をつくって隠遁生活を送っている。あるとき彼は主人公のアロナックス教授にこういう。

ああ、教授、ここでおくらしなさい、海のふところにいだかれておくらしなさい！　ここにだ

> け独立があるのです！　ここには支配者などひとりもいません！　ここでこそわたしは自由なのです！[79]（強調引用者）

しかもネモは、西洋諸国に搾取されている弱者を救おうとする。たとえば、イギリスの支配下にあるインド人真珠とりをサメの襲撃から守ったとき、たっぷりと真珠を与える。彼はいう。「教授、あのインド人は虐げられている国の一住民なのです。わたしは今でも、いや最期の息をひきとる時まで、そういう国の人びとの味方です」[80]。

しかしながら、ネモの人間以外の動物にたいする態度は、憎んでいるはずの植民地帝国のそれとあまり変わらない。まず、邪魔だとか凶暴だとかいうだけで、生きものを殺して平然としていられる。なかでも強烈なインパクトを与えるのは、「あの残忍で有害な動物なら、皆殺しにしてもわるくないでしょう」[81]といって、マッコウクジラの群れを全滅させるという場面だ。「ノーチラス」で突進して、体をまっぷたつに引き裂いてしまうのである。

ネモにとって、海洋資源はあくまでも人間のために役立てられるべきものだ。彼は自慢げにこう話す。

> このすばらしい、涸(か)れることのない母なる海は、わたしに食物を与えてくれるだけでなく、着るものまでくれるのですよ。あなたの使っていらっしゃるナプキンの生地は、ある種の貝の足糸で織ったものです。紫貝からとった古代風緋色で染め、地中海産のアメフラシからとったすみれ色でぼかし模様をつけたものです。あなたの船室の化粧台には香水を置いていますが、そ

れはいくつかの海藻を蒸留してつくったものです。あなたに使っていただくベッドもいちばんやわらかい甘藻でつくっています。ペンはクジラのひげ、インクは甲イカや、ヤリイカのだす黒いスミということになります。[82]

ネモはじっさい、海底に「帝国」を築いていた。「わたしは自分で開発した広大な土地をこの海底にもっているのです。しかも、つねに万物の創造主の種子がまかれている土地なのですよ」[83]。それればかりか、海底都市をつくることすら構想していたことが明かされるのである。[84]

つまりネモは、人間を搾取することには大反対であったが、おなじことを自然にたいしておこなうのには、なんら抵抗感をもっていなかった。海の生きものからすれば、ネモは侵略者でしかないのだが、それは結局彼（＝ヴェルヌ）が、アリストテレスや聖書に由来する、西洋自然観をもつからにほかならない。ハルターは、ヴェルヌが海の色彩の変化、環境への生きものの適応、環礁の生成、海水の性質、海流といったテーマを総合して紹介することで、「海洋学のパイオニア的作品」[85]を書いたと指摘する。だが同時に彼は、諸国民に向けて、「海の利用法ガイド」を書いたともいえる。

ヴェルヌの時代においては、欧米が海の支配をいっそう強めつつあり、一部の水族は危機に瀕（ひん）していた。彼自身、小説のなかで、ラッコ、ナガスクジラ、マナティーが人間の活動のせいで激減しつつあったことを指摘している。[86]じっさいこのころ、一部ではもう絶滅が起こっていて、たとえばペンギンの北極版ともいうべきオオウミガラスは19世紀前半に姿を消していた。オオウミガラスは、乱獲で絶滅しかけていたところを、世界の博物館がはく製収集に走ったせいでとどめをさされたのである。[87]

そしてヴェルヌの小説とおなじく、水族館もまた、帝国主義や「海の植民地化」の問題と不可分の関係にあった。ロンドン動物園とフィッシュハウスは、大英帝国の自然支配をディスプレイする装置であったが、このことはフランスの万博付属水族館にもあてはまる。

1867年の万博のさいに、パノラマ風の大水槽をもつ水族館がつくられたことは前述のとおりだが、この万博では、巨大な楕円形の建物のなかに世界の産物が展示されたほか、エジプト、トルコ、中国、日本などの異国情緒豊かなパビリオンが100以上もあった。しかもそこでは現地の人びとが手作業や芸を見せたり、給仕したりしていた。[88]文化社会学者の吉見俊哉は、この万博会場について、「一方では、地球上のすべての産物を部門や国籍によって区分しながら展示していく透明なディスプレイの空間。他方では、ヨーロッパの周囲の世界に対するエキゾティシズムを娯楽的な仕方で刺激するアミューズメントの空間[89]」と表現しているが、水族館はまさにその両方を兼ねていた。

ちなみに、1878年の万博にあわせて、ふたたび海水水族館と淡水水族館がつくられている。前者は、67年のときのようにガラス天井があり、後者は、グロッタ風展示をおこなった（図2-27）。そして「水族館の、風変わりな魚の世界がもつ異質さは、庭園内の展示館やパビリオンのエジプト、日本、中国、ペルシアの人びとのそれに匹敵するものだった[90]」とハルターは述べている（淡水水族館は、これらの国ぐにや植民地展示のそばにあった）。

なお淡水水族館は、恒久的な建物としてつくられ、1889年の万博時にも大切な役割を担った。[91]この万博は、フランス領となっていたセネガルやニューカレドニアの人びとを連れてきて「展示」し、彼らに儀礼その他、ヨーロッパ人にアピールする演技をさせたことでも有名である。ギヨーム兄弟の水族館があった1900年の万博でも、植民地がフィーチャーされたのはいうまでもない。[92]異民族も水族も、ともに好奇心と優越心のないまぜになった「まなざし」の対象となりつづけたのだ。

さらに興味深いのは、エッフェル塔と水族館の役目である。1889年に完成したエッフェル塔は、高いところから万博の建物群を眺める、いわば「世界の縮図」を一望のもとにおさめることを狙って建設されたもので、1900年にもおなじ役割を担った。[93]そしてエッフェル塔が「高所」から陸上世界を俯瞰するものであったのに対し、水族館は「海底」から水中世界をあおぎ見る。エッフェル塔はそびえ、水族館は地下に潜る。19〜20世紀の欧米人は、世界のすべての人間、動物、文化を一望し、コントロール下に置かなければ満足できなかったが、その求めに応じて、帝国は水平方向だけでなく、大空や海底めざして垂直方向にも膨張するのである。

図2-27　パリ万博付属淡水水族館（1878）

イギリスの大型水族館

とうぜんイギリスも、フィッシュハウスだけで満足していたわけではない。1871年に開館したクリスタル・パレス水族館（図2－28）は、ジャルダン・ダクリマタシオン水族館とフィッシュハウスの展示法をあわせて採用していた。

ちなみにこの「クリスタル・パレス」は、1851年の万博用につくられた建物で、のちにロンドン郊外のシドナムに移設されて再オープンした。そして、動物園、絵画展、民族展などいろんなものがなかに入ったのだが、水族館もそのひとつだった（ちなみにクリスタル・パレスのそばの池には、恐竜像まで設けられていた）。クリスタル・パレスは1936年に焼けてしまったが、水族館の遺構（図2－29）や恐竜像はいまも残っている。

図2-28　クリスタル・パレス水族館

図2-29　クリスタル・パレス水族館の遺構

ジョン・テイラーによれば、クリスタル・パレス水族館のサイズは約122×21メートルで、60個の大型水槽があった。最大のものは、長さ約6メートルあり、4000ガロン（約1万8000リットル）の水を収

図2-31　ブライトン水族館内の様子

図2-30　ブライトン水族館の入口

容できたという。メイン・ギャラリーの横にも部屋があり、20個の水槽が配置されていた。こちらは横から見ることも、上から見ることも可能になっていた。生きものの数は豊富で、イソギンチャクの仲間だけでも数千に達したという[95]。

また翌年には、風光明媚な海岸都市ブライトンに水族館がオープンする（図2-30）。設計者ユージニアス・バーチ（1818～84）は、北イタリアのゴシック様式を応用し、内部を美しいアーチと支柱で飾った。これは当時、美術史家のジョン・ラスキンが、かつて海の支配者であったヴェネチアの建築様式をとり入れることで、イギリスがその後継者であることを示すべき、と唱えていたのに影響されたのではないかといわれる。その結果、ブライトン水族館の内部はさながら教会で、柱のあいまに見える水中風景は、礼拝堂の祭壇といったところであった[96]（図2-31）。

ブライトン水族館は設立当時イギリス最大の規模を誇っており、メイン・ギャラリーは約70メートルあった。水槽全体だけでも30万ガロン（約136万リットル）の水が、さらに貯水槽には50万ガロン（約227万リットル）の海水が入っていたが、それは近くの海からポンプで供給されたものだっ

図2-32　ウミガメを眺める人びと

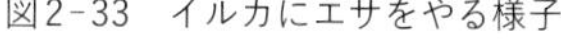
図2-33　イルカにエサをやる様子

た。いちばん大きな水槽は幅約30メートル、奥行き約12メートルあって、11万ガロン（約50万リットル）の水を入れることができ、ネズミイルカ、チョウザメ、サメ、アシカ、カメなどを飼うことも可能であった[97]（図2-32、33）。ちなみにブライトン水族館はサメ飼育でも成功し、トラザメが数百の卵を産んだこともある。博物学者ヘンリー・リーは、サメの孵化するさまを観察しただけでなく、一般人向けに卵を展示したが、これはいまでも多くの水族館でおこなわれている[98]。

　ブライトン水族館は、英国王エドワード7世とその王妃をはじめ、ヨーロッパの君主たちが好んで訪れる場所となった（後述するように、岩倉使節団も訪問したことがある）。第2次世界大戦の前後にいく度か改造され、幅約24メートル、奥行き約9メートル、高さ約3メートルの大型水槽が追加されたり、各水槽のデザイン変更がおこなわれたりしながら[99]、いまも水族館チェーン「シーライフ」のもとで運営されている。かくも古い水族館が残っているのは珍しいことだが、運営者はライトでギャラリー全体をレインボーカラーに染めあげるなど、全力を挙げて雰囲気を台無しにしている。

　ところでクリスタル・パレス水族館やブライトン水族館が

開館した時期は、英国軍艦「チャレンジャー」の探検（コラム5）とも重なっている。「チャレンジャー」は、1872〜76年のあいだ、北極海をのぞくすべての海を訪ね、[100] 深海探査をおこなった。『海底2万海里』の出版からいくばくもたたないうちに、海底への進出がはじまったのだ。

「チャレンジャー」に期待されていたのは、深海生物の実態を明らかにすることであった。とはいえ、生物学的探究のためだけに、イギリス政府が軍艦1隻を貸すわけがない。「チャレンジャー」は、世界中の海流や水質を調査することも任務としており、それは海底用電信ケーブルの敷設に役立てられることになっていた。ケーブルは、遠隔地との交信を容易にするため、戦略的に重要とみなされており、大英帝国は、自国のケーブルのために海底を確保することを望んでいたのだ。[101]

それに、海流や水位がわかれば、海軍の展開にどれほど役立つことか。有名な歌に「ブリタニア、海を統治せよ（ルール・ザ・ウェイヴズ）」とあるように、大英帝国はなんといっても海の国である。海の情報をもっとも多く蓄積するのはとうぜんであり、しかもその支配は海面だけでなく海底にまでおよぶべきであったのだ。

「チャレンジャー」の航海を組織した研究者たちが、援助を求めて陰に陽に政府に働きかけたとき強調したのも、まさにこの部分であった。[102] 計画を支援したジョン・ジェフリース（貝類学者、1809〜85）は『ネイチャー』に、「わたしは大英帝国が、その多大なる富、海軍資源、インテリジエンス、エネルギーそして忍耐でもって、いまのリードを維持しつづけることを確信しております」[103]と書いた。ついでに彼らは、新興国アメリカが深海調査を支援していることをアピールし、愛国心に訴えた。

帝国はいよいよ、深海に触手をのばそうとしていた。そして「チャレンジャー」の探検が企画され、実行に移されていたときに、クリスタル・パレス水族館やブライトン水族館がオープンし、イギリスによる海洋支配を大衆的なかたちで表象していたのである。

パリ植民地博覧会と水族館

最後に、水族館と帝国主義のかかわりが露骨にあらわれた例として、時代は下るが1931年のパリでおこなわれた植民地博覧会を紹介しておきたい。西洋列強は、植民地の奪い合いが高じて、結局、第1次世界大戦（1914〜18）に突入するが、フランスは辛くもこれに勝利する。そして、戦時中に資源不足に苦しんだ記憶と、ドイツの植民地を吸収したことがあいまって、植民地がもたらす資源にますます関心を払うようになっていた。そこで、帝国の誇りを人びとに植えつけ、青少年をして植民地で働きたいと思わせるための博覧会が企画されたのである。[104]

博覧会には、マダガスカル、ガイアナ、タヒチ、チュニジアなどの植民地パビリオンや、フランスの軍隊ならびに宣教師の貢献、経済的活動などを紹介するパビリオンのほか、実物大のアンコールワットまであった。いくつかのパビリオンにはカフェやレストランがついていて、植民地の食事を楽しめたし、さらに人びとはゾウやラクダの背に乗ったり、人力車や丸木舟に乗ったりして、世界一周気分を味わえたのである。

もちろん、現地の人びとも民族衣装に身を包んで、地元のグッズを売ったり、給仕したり、歌ったりダンスしたりした。動物園もあって、キリン、ライオン、シマウマ、ダチョウその他多くの生きものを見学できた。ちなみに、現地の住人も動物も「できるだけナチュラルに」見せることが博覧会の目標であった。だから「展示」された人びとが現場を離れることや、洋服を着ることを禁止

図2－34　植民地博物館（いまの移民歴史博物館）

図2－35　地下の水族館

するいっぽう、動物は溝などで巧みに囲われ、自然界にいるときと同様にふるまうことが期待された。この博覧会は大人気で、1931年の5月から11月までのあいだに3300万の人びとが訪れている。

この博覧会では、恒久的な施設として、植民地博物館（図2－34）もつくられた。建物の外側には、フランス帝国の歩みを示すファサードが刻まれ、内部には、植民地にかんする公的資料、植民地の人びと、フランスが植民地にもたらす「恩恵」（医療、教育、工業化など）にかんする展示があった。そして水族館は、植民地水産展とともに、この建物の地下に設けられていた[105]（図2－35）。

植民地水産展は、水産業の重要性、帝国の水域の豊かさ、動物の具体的な活用法を解説していた。たとえば、生きものたちはタンパク源となるだけでなく、油、魚醤、家畜用のエサなどとして活用されるし、サメやワニの皮は高級品の材料となり、マッコウクジラからは香料がとれる。壁には帝国沿岸の様子を見せるジオラマがあり、また海洋生物をテーマにした映像も流されていた[106]。いっぽうの水族館は、植民地の河川や海に生息する生きものの展示に特化していた。その建設と組織を委託されたのは、植民地水産業を専門とする海洋生物学者ジャン・アベル・グリュヴェルである。彼は、25年以上ものあいだアフリカとインドシナで研究にたずさわった経験の持ち主で、しかも植民地の水族利用の拡大を主張していたため、適任と判断されたらしい。

とはいえ、彼に大型水族館を運営した経験はなく、ヨーロッパ各国の水族館に、水や魚の維持の方法についてたずねなければならなかった。とくにモナコの水族館（次節）の協力をあおいだという。照明、暖房、エサ、海水や動植物の確保といった問題も解決することを求められたが、植民地の魚を生きたまま調達するのは、素人にはかなり難しいことが判明する。捕獲のさい受けるダメージ、ずさんな管理、保存用水槽の狭さ、日焼け、温度やエサの変化などあらゆる要素が、魚の死亡率を高めたのである。だが幸いに（?）、フランス帝国のネットワークはすでに充実し、魚の輸入にたずさわる専門業者もいたので、彼らに魚の調達を頼むことで事なきをえた。それでも水槽の納入が遅れたあげく、これに入れた水から高濃度の銅塩が見つかるトラブルが発生し、博覧会は5月にはじまっていたのに、水族館は9月にやっと完成状態となる。[107]

そこでは、フランスの領域をあらわす28の水槽が、12×6メートルの世界地図をぐるりと囲むようにして配置されていた。地図上では12分間のライトショーがおこなわれ、来館者は、フランスの植民地が拡大し、縮小し、また拡大した歴史をリアルタイムで追うことができた。

水槽内は、サンゴ、鉱物、植物、絵画で装飾され、一段深く設けられたテラリウムにも、熱帯産の岩や植物が置かれた。そこにはライギョ、カダヤシ、フンドゥルスの仲間、ウミガメ、アリゲーター、アナコンダ、オオトカゲなどがいて、外の陸生動物や異民族とおなじく、フランス人の熱い視線を浴びることになった。

この水族館は結果的に大成功をおさめ、再度フランスにアクアリウム・ブームをもたらしただけでなく、植民地からフランスへの魚の輸入を増加させることになった[108]。だが第3章－3で紹介するように、第2次世界大戦が、グリュヴェルとその水族館を苦しめることになる。

3　夢の水族館つき実験所

ナポリ臨海実験所

もっとも、ひとことに「水族館」といっても、その性格はさまざまであって、すべてが非日常的感覚をもたらしたり、帝国の覇権を誇示するために存在していたわけではない。水族館は、研究所を補う施設として建設されることもあった。代表的なのが、ダーウィンの熱心な擁護者アントン・ドールン（1840～1909）の建てたナポリ動物学実験所（臨海実験所）とその水族館である。

ドールンは、医学ならびに動物学を専攻していたが、1862年にイエナでエルンスト・ヘッケル（1834～1919）と接したことが、大きな転期となった。すなわち、ダーウィン説と海洋生物の両方に触れることとなったのだ[109]。

ヘッケルとはいかなる人物か。水族館から若干話はそれるが、興味深いのでちょっと紹介しておこう。彼は、ベルリンとヴュルツブルクの大学ではじめ医学を学んだが、生理学者ヨハネス・ミュラー（1801～58）らと接触するうち、海洋生物への関心を深めていく。そして、ミュラーとともに北海のヘルゴランント島を訪れて、水族の採集にたずさわるうちに、その魅力にすっかりとりつかれてしまった。また1859年にイタリアを訪問したさい、画家ヘルマン・アルマースと知りあって、絵を描くようになった。

佐藤恵子（科学思想史家）によれば、彼は若きころドイツ詩人ヴォルフガング・フォン・ゲーテ（1749〜1832）の影響を強く受けていた。ゲーテは、色彩や生物の研究にたずさわるなど、多芸多才であったが、ヘッケルも——おなじくゲーテに親しんでいたドールンも——自然科学の範疇にとどまらない活躍を見せることになる。[110]

ヘッケルはのちに、「チャレンジャー」（コラム5）がもちかえった標本を絵にしたほか、画集『自然の芸術形態』（1899〜1904）を出版、海洋生物を中心に、さまざまな生きものの美しい姿を人びとに知らしめた（図2-36）。「当時の人々は、ヘッケルが観察して描いた図版を眺めることによって、遠い深海底の生物の世界を疑似的に観察して知るようになった」[111]わけだが、ここで気になるのは彼の描きかただ。ある生物は横から、またある生物は上から、下から描かれ、かつスタイリッシュに配列されている。

ヘッケルは、生きものの発展を結晶化になぞらえていた。そこで結晶学を応用し、生きものの体に中心点があるかないか、軸の本数はいくつかといった要素を分析し、その基本形態を球形、左右対称形、不規則形などに分類しようとしたことがある。[112]彼の絵はそれを反映したものだが、結果的に当時の人びとは、水族館においても、紙面においても、水族を多様な角度から眺めることが可能になった。彼の絵はまた、1900年万博のコンコルド門（図2-37）や、あとで紹介するモナコ海洋博物館のシャンデリアのモチーフになったりもしている。[113]

彼はまた、熱心なダーウィンの擁護者であり、その論をさらに一歩進めて、モニズム（一元論とも）という、キリスト教にとってかわる一種の宗教を唱えるにいたった。まず彼は、無機物（無生

物）と有機物（生物）、あるいは精神と物質を区別することを否定し、いかなるものにも、精神と物質が備わっていると唱える。つまり、一見、生命のない物体であっても、精神をまったく宿していないわけではない。ただ無機物から「下等」な生きものへ、さらに人間のような「高等」な生きものへと発展していくにつれて、形態と精神がより発達したものになるのだ（彼が生物の発展を結

図2-36　ハチクラゲの仲間（ヘッケル画）

晶化になぞらえるのもこれに起因する）。そして、こうした生成プロセスをつかさどるものこそ「神」である。ただしその神は、キリスト教徒が信仰するタイプのものではなく、自然全体にいきわたる法則というか、自然そのものといってよい。「神すなわち自然」なのである[114]。

このようなヘッケルの説に立てば、とうぜん、無生物と生物の中間にあるものの存在が考えられる。それがコラム5で紹介する、「バティビウス・ヘッケリ」騒動の原因となったわけだ。ヘッケルはこうして、モニズムによってキリスト教の支配に終止符をうち、自然科学にもとづいたより住みよい世界を誕生させせんと欲した[115]。

図2-37　ルネ・ビネがデザインしたコンコルド門（1900年パリ万博）

さて、ここでドールンに話を戻すと、彼が動物学を学んでいたところ、ただ生きものを精密に観察して記述するだけではものたらず、より幅広い視野をもった研究をしたいと望んでいた。そこにあらわれたのがヘッケルだったのである。のちに彼は、ヘッケルのいうことについていけなくなるが、それでも多大な影響を受けたことはたしかで、形態学に手を染めるようになる。形態学は、比較解剖学、発生学、生理学などを応用して、さまざまな動物グループの成り立ちを調べるものだ。つまりドールンもまた、人生をダーウィン説に捧げるべく決心したのである。

また彼は1865年、ヘッケルとともにヘルゴラント島を訪れてはじめて海洋生物を調査し、

図2-38、39　かつてのナポリ臨海実験所付属水族館の様子（1898）

「動物学実験所」についても意見交換をしたという。やがて、イギリスを訪問して、ダーウィンの擁護者トマス・ハクスリー（1825〜95）やダーウィン本人と親交を深めるようになる。[116]

1868年、ドールンはスコットランドの動物学者デイヴィッド・ロバートソンとともにポータブル式アクアリウムを開発し、これをもって当時ドイツ系研究者のメッカになっていたメッシーナ（シチリア）にやってくる。

ポータブル式アクアリウムは、甲殻類の卵が孵化するさまを観察するのに便利だったが、メッシーナの住居が研究に不向きであることがわかってきた。そして、海に面しているだけでなく、標本がきちんと供給されて、実験道具、薬品、参考書がそろった場所があれば理想的だろう、と考えるようになった。

当時、そうした臨海実験所は、フランスのコンカルノー（1859）、アルカション（1863）、ロスコフ（1872）などにあるにはあったが、そのほとんどは大学の研究機関で、いろんなタイプの研究を同時におこなうほどの独立性はなかった。[117]

同僚のカール・フォークトは、ナポリに臨海実験所をつくろうとしたものの、やはり実現できていなかった。だがドールンは、あらためてこの地に実験所をつくることにした。ナポリが選ばれたのには理由があった。彼は、実験所をやりくりするために、まず水族館をつくって一般公開すればいいと考えた。それには、海に面すると同時に、人口も観光客も多い場所がよかったのだ。そして、どうにか無料で市から（妬ましくなるくらい風光明媚な）海岸の土地を手に入れることに成功する。

図2-40　ナポリ臨海実験所の外観

建設費用の3分の2は彼とその父が、残りは同僚からの借金でまかない、1873年にとうとう完成をみた（図2－38～40）。臨海実験所は、1階が水族館、2階が大型ラボと図書館、3階が12の小型ラボならびに守衛やアシスタントの部屋となっており、地下にはポンプ、機械、貯水槽が置かれていた。そして形態学、植物学、生理学、細菌学の部門が置かれ、はじめはスペース不足に悩んだが、1885年から1906年にかけて、新区画を2つ追加した。[118]

臨海実験所付属水族館は、その位置が幸いして、ほかの水族館をしのぐコレクションを誇ることができた。水族館の設計には先述のロイドもかかわって、光を調節して藻の繁殖を防ぎ、かつ観覧者側のスペースを暗くするなどの工夫を凝らしている。また、貯水槽で水に空気を混ぜ、水槽に送りこむシステムも備えていた。水槽は53個あり、そのなかでは、生態系を再現すべく複数種が飼育されていて、彼らの相互関係を、研究者は思うままに観察することができた。[119] ちなみに臨海実験所には、「ヨハネス・ミュラー」という蒸気艇が備えられて、収集や気晴らしに使用された。[120]

ドールンがユニークだったのは、収入を増やすために「テーブル・システム」や「標本供給プログラム」を思いついたことである。テーブル・システムとは、研究用スペース（これには新鮮な標本、薬品、図書館などの利用も含まれる）を研究機関に有料で貸しだすというものだ。「標本供給プログラム」は、その名のとおり新鮮な標本を世界中のコレクターに販売するものであった。これにくわえて、実験所の名を広めるための執筆活動も精力的におこない、学問的にも政治的にも独立した実験所にすることをめざした。

先述のとおりドールンはダーウィンの支持者であり、みずからも『脊椎動物の原始学』（1881〜1907）を出版し、脊椎動物の系統をたどることを試みた。その最終目標は、ヒトの形成過程を明らかにすることにあったという。

しかし彼は、研究者たちが徹底的に自由であることを重視していた。研究内容が何であろうとも、研究者たちは欲しいものを入手できたし、そこで得られるいかなる成果も（ついでに失敗も）その研究者のものとなるのであった。ドールンは彼らを監視することをせず、いかなる妨害もしないように気をつけていたのである。また彼は、ドイツ皇帝から漁師にいたるまで、いかなる階級・職種に属していようと親しく接したし、またいかなる国籍の研究者であろうとも、喜んで受け入れた。[121]

そのためこの実験所には、多くの日本人も滞在した。箕作佳吉（みつくりかきち）（1858〜1909）は、18

81年にここを訪れてドールンとも接触し、帰国してからは三崎臨海実験所創設（1886）に尽力した[122]。上野動物園を監督したことで有名な石川千代松（1861〜1935）は、1887年12月から88年3月にかけて滞在している。また日本の実験動物学の発展につとめた谷津直秀（1876〜1947）、江ノ島水族館（1954）の館長を務めた雨宮育作（1889〜1984）もそれぞれ1906年、1927年にここを訪れている（ただしドールンは1909年に死去[123]）。

さらにドールンは、実験所にボーリングやビリヤードの場所を設けたり、仲間とともにコンサートや文学論議をも楽しんだという。彼の家でも実験所でも、科学と芸術はたがいに補いあうものだった。彼は実験所を、彫刻や絵画に匹敵する創造性のたまものとみなしており、彼自身はそこでのあらゆる活動を応援するホストとしての役回りを演じた[124]。「彼はみずからの宇宙において、君主であるかのように感じていた。彼はしばしば、非常に敬服しているビスマルクと自分を比較した[125]」とクリスティアーネ・グレーベン（臨海実験所史家）は述べている。もちろん、ドールンは王侯出身ではなかった——だが、本物の王侯たちのなかにも、実験所や水族館をつくる人びとがいた。

王侯たちの水族館

近代水族館には、王侯たちの後援のもとオープンしたものがある。モナコ海洋博物館付属水族館や、リスボンのヴァスコ・ダ・ガマ水族館がそれだ。

もともとヨーロッパには、王侯たちが芸術家や学者のパトロンとなって、その活動を奨励するという伝統がある。例を挙げるなら、ルイ14世（1638〜1715）のメナジェリー（私設動物園）では、動物学者たちの研究が認められていた。

さらに君主のなかには、そうした研究に夢中になる者もいた。モナコ大公アルベール1世（1848～1922）やポルトガル王カルロス1世（1863～1908）は、そのタイプである。

アルベール1世は、公子時代にスペイン海軍やフランス海軍に士官として加わり、航海術に熟達するかたわら、学者との交流をつうじて自然科学、とくにダーウィンの唱えた「生存競争」や「自然選択」の原理に関心を示した。

海への愛着と生きものへの関心、この2つが、1884年にパリ自然史博物館（ジャルダン・デ・プラント）を訪ねたときに融合する。そこでは、フランス政府に支援された調査船「トラヴァイユール」と「タリスモン」が、北東大西洋と地中海でおこなった探検の成果が展示されていたのである。これに刺激されて、アルベール公子はみずからの自由になる財産を、海洋学にささげる決意をした。

そして、「イロンデール」というスクーナー型帆船を購入したのを皮切りに、「プランセス・アリス」（1代目と2代目）、「イロンデールII」といった海洋調査船をつぎつぎと建造する。彼はまた、ジャック＝イヴ・クストー（第4章－1）のような技術愛好家で、これらの船に海水蒸留器、冷蔵庫、ラジオといった最新機器を搭載し、学者や芸術家とともに地中海や北大西洋、さらには北極圏を走りまわった。彼のもとで第1次大戦までおこなわれた探検は、じつに28回におよぶ（なお彼は89年に大公となる）。

彼の主な関心対象は、6000メートル以上の深海の生物と、その生息環境にあった。1901年には、6035メートルの深さから「グリマルディクティス・プロフンディシムス」（*Grimaldichthys profundissimus*）という新種の魚を引きあげている。ほかには、生理学者シャルル・リシェ（185

0〜1935）がクラゲ毒の研究をとおして「アナフィラキシー・ショック」を発見するのに寄与したり、ビスケー湾とブルターニュ沿岸で、イワシがまったく獲れなくなった理由をつきとめようとしたこともあった。また、彼のもとで集められた標本は分類されて、専門家のもとへ送られて分析された。[126]

そんなアルベール1世の活動に刺激されて海洋学に手を染めたのが、ポルトガルのカルロス1世である。彼もまた、若いころから海や動物学に深い関心をもち、またすぐれた画家、狩猟家そして釣師であった。先述の調査船「プランセス・アリス」が、1894年と95年にリスボンに寄港したときは、その装備を見学しており、のちに彼自身みずからの調査船で研究する決心をした。

両者とも、研究活動をさまざまなかたちで公にするのに熱心であった。たとえばアルベール1世は、探検が終わりしだい、その成果を、学者や他国の王侯の前で講演したり、出版したりした。集めたサンプルや、研究用に開発した機材の展示もおこなっており、パリ万博（1889、1900）のさいは、モナコ・パビリオンの半分を、海洋学研究のコーナーが占めていた。[127]

カルロス1世も、やはり研究成果の出版をおこなっているが、彼はサンプルをみずから調べて種を特定したりもしている。代表的なのはサメにかんする著作で、名称、サイズ、形態、分布、図版などを収録している。また新種として「オドンタスピス・ナストゥス」（*Odontaspis nasutus*）というサメを記載している（これはのちに、ミツクリナ・オウストニ *Mitsukurina owstoni* すなわち「ミツクリザメ」としてすでに発見されていたことがわかった）。またリスボン、ポルト、マルセイユ、ミラノの万国博覧会で、研究成果を展示した。[128]

アルベール1世やカルロス1世が、海洋学の成果を公表するのに熱心だったのは、それが国を発

図2-41　モナコ海洋博物館の外観

図2-42　博物館の内部には、標本や調査用機材が陳列されている

展させる礎となることを理解していたからにほかならない。たとえばカルロス1世は、ポルトガル沿岸にすむ種をカタログ化し、分布、繁殖期、回遊、捕獲方法について情報を提供すれば、漁業を振興することにつながると明言している（ちなみに、当時ヨーロッパにおいては魚の乱獲がすでに深刻化しており、そのためにも調査と管理が必要とされたという事情もあった）。[129]

こうした2人のあとおしをうけて誕生したのが、モナコの海洋博物館とリスボンのヴァスコ・ダ・ガマ水族館である。モナコ海洋博物館（図2-41、42、1910）の目的は、探検の成果を一般に公開するとともに、あらゆる国ぐにの学者が研究できる場所を提供することだった。[130]ポール・ドゥルフォルトリ設計の、海抜85メートルの断崖にそびえる宮殿みたいな建物で、[131]そこからの眺めは絶景のひとことにつきる。アルベール1世にまつわる展示物のほか、動物標本や図像などがところ狭しと並べられているが、その一部を構成しているのが水族館である。

動物学者チャールズ・コフォイドが1910年に出した『ヨーロッパの生物学実験所』によれば、水族館があったのは海洋博物館の地下2階、東翼であった（西翼は標本準備室）。水族館は、もともと科学者たちが観察や実験をするためにあったが、一般人も無料で見ることができた。設備は水槽11個、ウミガメ用の床水槽1個、養殖用の水槽6個、テーブルに並べられた実験用水槽多数から成りたっており、海水は、崖下からポンプで海抜64メートルの貯水槽（水族館の上に位置する）まで汲みあげたものを使用する。飼育槽からの排水は別の貯水槽に流れていくが、ここにもポンプがあって、いざというとき再利用するしくみだった。コフォイドは、「将来、博物館の左にある古い監獄のうえに公開型水族館をつくり、いまの（水槽のある）部屋をもっぱら科学的な目的に使用する予定だ」[132]としているが、結局は地下2階全体を占めるかたちで現在にいたっている（図2－43）。

図2-43　リニューアルされたあとの水族館の様子

　ちなみにアルベール1世が学術的な関心しかなかったのかといえば、もちろんそうではない。彼は海洋博物館の開館にあたって、「文明におけるふたつの原動力、すなわち芸術と学問を結びつけること」[133]が望みだったと講演している。じっさい、この博物館はウニやタコを模したシャンデリア、海洋生物をあしらったモザイクなどがあちこちに飾られていて、窓の海景をバックに眺めていると、それだけでワクワクしてくるほどだ。

　いっぽうのヴァスコ・ダ・ガマ水族館（図2－44～47）

図2-44　現在のヴァスコ・ダ・ガマ水族館

図2-45　1931年当時の様子
© Aquário Vasco da Gama, Portugal.

の歴史については、海洋科学研究センター（ＭＡＲＥ）のブルーノ・ピントによる最新の論文があるので、これを踏まえながら解説していこう。

　水族館は、１８９７年に予定されていたリスボン万国博覧会の一部として、はじめ計画された。この万博には、ある政治的背景があった。当時ポルトガルは、アフリカのアンゴラからモザンビークにかけて広がる地域の支配権を主張していたのだが、おなじ地域に関心をもっていたイギリスが反発、１８９０年に最後通牒をつきつけて、戦争も辞さない態度をとった。結局、ポルトガルは折れざるをえなかったのだが、悔しい思いをしたのはとうぜんで、国威回復と、同国と海のつながりをアピールすることを狙って計画されたのが、この万博だった（ちなみに１８９７年は、ヴァスコ・ダ・ガマがインドめざして出航したときからちょうど４００年目にあたっていた）[134]。

　この万博を発案したのはポルトガル地理学会で、政府もサポートしたものの、財政的理由から１８９８年に延期することになる。水族館の設計をまかされたのは、アルベール・ジラールという博物学者で、カルロス1世の海洋調査にも協力していた人物である。彼はフランス各地、アムステルダム、ブライトンをまわって水族館や臨海実験所を見学し、それを踏まえたプランを1897年に地理学会で発表した。

カルロス1世は、じきじきにこの水族館の建設にかかわったわけではないらしい。ただ間接的な支援はあったようで、その建設時期にジラールはポルトガル自然史博物館を辞して王室で雇用されている。また、王室所属の画家が描いた、構想中の水族館の絵が残っているが、それを見るかぎりグロッタ風展示もおこなうつもりだったようだ。また水族館の1スペースには、カルロス1世が探検で入手した標本や道具が展示されていた。

ヴァスコ・ダ・ガマ水族館は、王やジラールの立ち合いのもと、1898年に開館した。2つの主な建物からなり、いっぽうには29の淡水水槽、21の海水水槽そして博物館があった。魚ははじめ少なかったというが、博物館コーナーには1600種、15000の標本がずらりと並んでいたという。もう片方には、予備槽、ポンプエンジン、ろ過設備、ラボラトリー、水産課、図書館などがあった。[135]

図2-46　淡水展示の様子（1909）
© Aquário Vasco da Gama, Portugal.

図2-47　開館当時から使用されている水槽

図2-48　カルロス1世のコレクション

図2-49　カルロス1世が調査したミツクリザメ

　この水族館は、はじめからさまざまな障害に悩まされた。そもそもの原因は、ジラールが、カルロス1世の探検に参加したり、カスカイスの臨海実験所の開設にかかわったりと忙しかったことである。彼のかわりに、フランスから技術者が2名呼ばれて建設にあたったが、専門知識がなかったせいであろう、完成後、水槽のガラスの破損、金属部の腐食、循環システムの不具合が発生した。ジラールは、自分の指示がちゃんと実行されなかったことを知り、開館したその年のうちに館長職を退いてしまう。

　そのうえ、万博終了後、地理学会と政府のあいだで、水族館の運営をめぐって交渉がおこなわれたが、政府は維持や修理の費用を払うことを拒否、存続そのものが危ぶまれるようになってしまった。だが1901年、水族館は海軍省に属することが決まったおかげで、後に暗殺されたカルロス1世よりはるかに長生きすることになる（当時ポルトガルは政情不安定で、彼は息子たちとともにテロリストに撃たれてしまったのである）。

　水族館のシステムとコレクションは、ポルトガル自然科学協会のもとで改善され（ただし所属はあくまでも海軍省のままである）、2階も追加される。第1次大戦を経た1919年には、水族館は

図2-50　古さと新しさが融合した、幻想的な階段

ナポリのものを念頭に臨海実験所に指定された。

ところで、むかしの写真といまの写真を比較すると、向かって左側が足りないように見えるだろう。これは1940年に、リスボンとカスカイスをつなぐ道路を建設するにあたり、邪魔とみなされた3分の1の部分がばっさり切り落とされたためである。その結果、臨海実験所の機能はよそへ移されることになった。[136]

このような紆余曲折を経ながらも、ヴァスコ・ダ・ガマ水族館が今日まで維持されているのは感慨深いものがある。この水族館が誕生したのが、次章でとりあげる神戸の和田岬水族館の1年後だったことを思うと、なおさらである。

ちなみに、この水族館は2016年にリニューアルされ、入口付近はカルロス1世の偉業を伝える展示で占められることになった。また2階の標本コーナーには、彼が収集した貴重なサンプルが展示されており（図2-48）、例のミツクリザメ（図2-49）もある。それだけでなく、1階と2

階をつなぐ階段は美しいブルーと水族の絵で飾られ、歴史と伝統を大切にし、かつ現代人の趣向にもあわせる同館のスタイルがはっきり打ちだされている（図2－50）。

水族館は、老朽化するとすぐにとり壊される傾向にあるが、古びた展示もうまく活用すれば、他館から差別化することができる。ヴァスコ・ダ・ガマ水族館は、そのよい見本といえよう。リスボンには、別の万博の機会につくられたオセアナリウム（1998、後述）が存在するが、もしこの町にいく機会があったら、こちらにもぜひ足を運んでいただければと願う。

コラム4　海の教会――ハンブルク動物園付属水族館

この時代のすべての水族館が、グロッタ風展示を採用したわけではない。イギリス人はこの様式を好まず、すっきりした空間に水槽を配列する傾向があった。「セメントはセメントに見えねばならず、壁や鉄の構造物に高価な素材を『はりつける』のは問題外であった。『ピクチャレスクな』グロッタ風の環境は、水槽のなか、動物のためにこそ望ましい――大陸の水族館ではありきたりとなっている、観覧空間においてではない」[137]。つまり、訪問者の体験を重視するか、動物の展示を重視するかでスタンスが異なっていたのである。

とくにロイドは、幻想を高める様式を「偽物」として嫌ったとされる[138]。その彼が設計・管理にたずさわった水族館に、ハンブルク（北ドイツ）の動物園内につくられたもの（1864）がある。ロイドによれば、それは当時、最大かつもっとも設備が充実し、生きものの種類も数も豊富で、「それじたいが紛れもなく、小規模な動物園」[139]だった。

この水族館は、ヨーロッパの教会を連想させるつくりをしていた（図2－51、52）。教会でいう「身廊」が中央ホール、その両側の「側廊」が展示水槽にあたる。中央ホールにはベンチが置かれて、左右両側の大型水槽10個（淡水版×2、海水版×8）を見ることができるようになっていた。水槽は支柱のあいだに整然と並べられ、ドイツやイギリスの水域のタラやサケの仲間、イソギンチャク、ウミウシ、ロブスター、ヤドカリ、イガイなどを見学できた。特筆すべきは、日本のオオサンショウウオがいたことだろう。館内は暗くしてあったが、水槽上にはガラス屋根があって、ここから光が差しこむようになっている。また夕方になると、水面近くに設置されたアルガン灯が内部を照らした。このほか、玄関ホールの両側の部屋にも小型水槽（淡水版×4、海水版×2）や背の低い水槽（海水版×6）が置かれていた。

図2－51　ハンブルク動物園付属水族館の内部

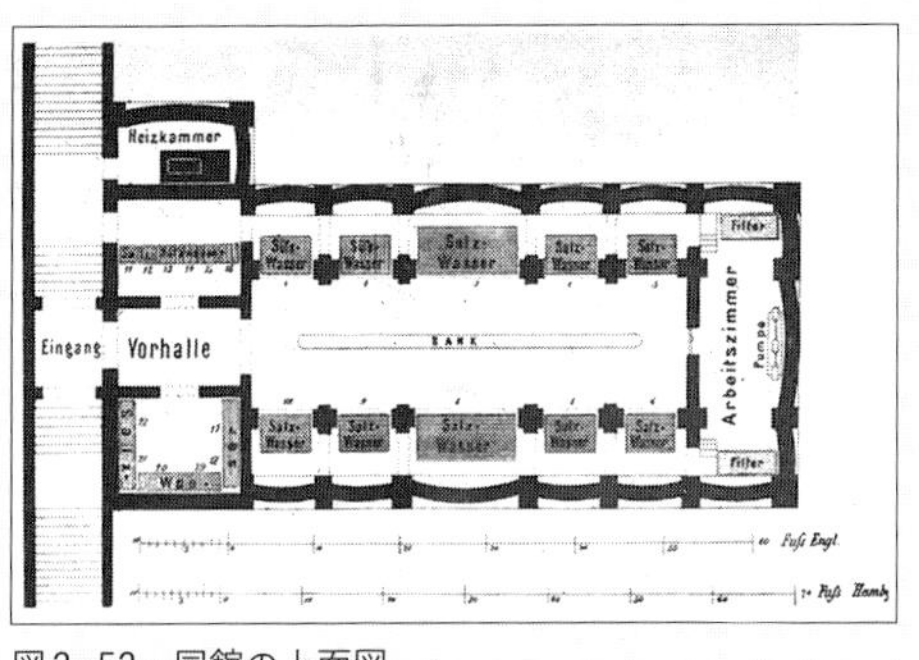

図2－52　同館の上面図

ハンブルクの水族館がとくに力を入れたのは水温調整であった。まず水族館は、地下貯蔵室みたいに、地面を少し掘り下げるかたちで建てられた。これによって適度な温度の維持が期待されたのである。また、ガラス屋根には巻き上げ式のブラインドがとりつけられ、暑いときは日光を、寒いときは寒気を遮断できるようになっていたし、壁には温水暖房もはりめぐらされていた。

水族館の地下には貯水槽があり、ここから海水をポンプで汲みあげて水槽へ流しこむ。水が水面に落ちるとき、空気が混入するしかけだった。あふれでた水は水槽内の穴をくぐって砂をしいたろ過槽を通過し、貯水槽に戻っていく。また水槽を空にしてもすぐ満たせるように、別の貯水槽がポンプ上に設けられていた。淡水は、水道の水をろ過して使う。循環システムは、グッタペルカ、ゴム、ガラス、陶土といった腐食しにくい素材でできていた[140]。

図2-53　アムステルダム動物園付属水族館

これに似た構造をもつ水族館は、アムステルダム動物園と、アントワープ動物園に現存する。前者（1882、図2-53）は、動物園が市から土地を借りるかわりに、そこに建てた水族館と研究設備を、アムステルダム市立大学に利用させるという条件で生まれた。設計にかかわったのは、コンラート・ケルベルト（1849～1927）という生物学者である[141]。展示については、『スペクテイター』の記事（1896年5月16日）によれば、北海産の水族、とくにオランダ漁業に欠かせなかったニシンの群れが目を引いたらしい。ほかにも、タラ、ウナギ、ヒラメの仲間、「キング＝クラブ」（文章からするとカブトガニのようだ）、東アジア産のパラダイスフィッシュ、オランダ領ギアナ産のカメレオンフィッシュなどがいた[142]。

またアントワープ動物園付属水族館（1911、図2－54）は、飼育舎の設計をいくつも手がけたエミール・ティーレンス（1854～1911）によってデザインされた。アムステルダム、ブリュッセル、ライプツィヒ、ベルリン、ナポリの水族館を参考にしたというが、基本的な形状はハンブルクのそれである。メイン・ホールのほかに、熱帯産の水族を展示する小さなルームもあった。[143]

水槽はやはり支柱のあいだに位置し、日光はガラス屋根をつうじて入ってくるようになっていた。ただ最近の改装工事によって、日光のかわりに人工灯が水槽と館内を照らすようになった。つきあたりの壁も、いまでは大きなサンゴ礁水槽（幅8メートル、高さ4メートル）につくりかえられているが、そのおかげで、支柱の向こうに本物の海が広がっているような感覚が味わえるようになった。[144]

図2-54　アントワープ動物園付属水族館

図2-55　同館のバックヤード

幸い筆者は、関係者の好意で舞台裏を見学することができた（図2－55）。もちろん、素材の多くは新しいものに置きかえられているが、古い貯水槽も保存されている。もし、レトロな近代水族館の雰囲気を味わいたければ、こうした施設を訪ねてみてはいかがだろうか。

コラム5 英国軍艦「チャレンジャー」の航海

図2-56 「チャレンジャー」

「チャレンジャー」（図2－56）の使命のひとつは、とくに「どれほど深いところまで生きものは棲息しているか？」を明らかにすることであった。

19世紀半ばまで、海の生きものは300ファゾム（1ファゾム＝約1・83メートル。ここでは約550メートル）以上の深海に生息することはないという、海洋学者エドワード・フォーブズ（1815〜54）の説がまかりとおっていた。しかし1850年、ノルウェーの海洋学者ミハエル・サーシュ（1805〜69）が、フィヨルドの300ファゾム以上の深海から19種の生きものを集め、それが誤っていたことを証明する。[145]

さらに決定的だったのは、地中海の海底電信ケーブルにまつわる事件であった。このケーブルは、1857年に設置されてから3年後、1200ファゾムの深海で切れてしまった。そこでこれを引きあげたところ、深海生物（フナクイムシの仲間）に食い破られていたことが判明したのである。

また深海には、太古の生物がまだ存在するのではないかという期待もあった。ミハエル・サーシュの息子ゲオルクは、1866年、化石でしか知られていないウミユリの仲間を深海から引きあげるのに成功した。ダーウィンの『種の起源』発表ののち、間がたっていないこともあって、深海が生物進化の謎を解き明かす鍵を秘めているのではないかと考えられるようになっていく。

「チャレンジャー」の探検を主導したのは、海洋学者チャールズ・トムソン（1830～82）であった。この艦は、砲の大半をおろして研究室と特別キャビンを設け、測深、浚渫用の機器、膨大な長さのロープを満載していた。備えつけの蒸気機関もきわめて大切であった。というのも、海底に測深器や浚渫機をおろしてサンプルをとるのは大変な作業で、たとえば1000ファゾムの深海に機材をおろすだけで22分、それを100人がかりで引きあげるのに1時間20分もかかってしまう。これが2000ファゾム、3000ファゾムとなれば気の遠くなるような話である。しかし蒸気を使えば、船員を消耗させることもない。[146]

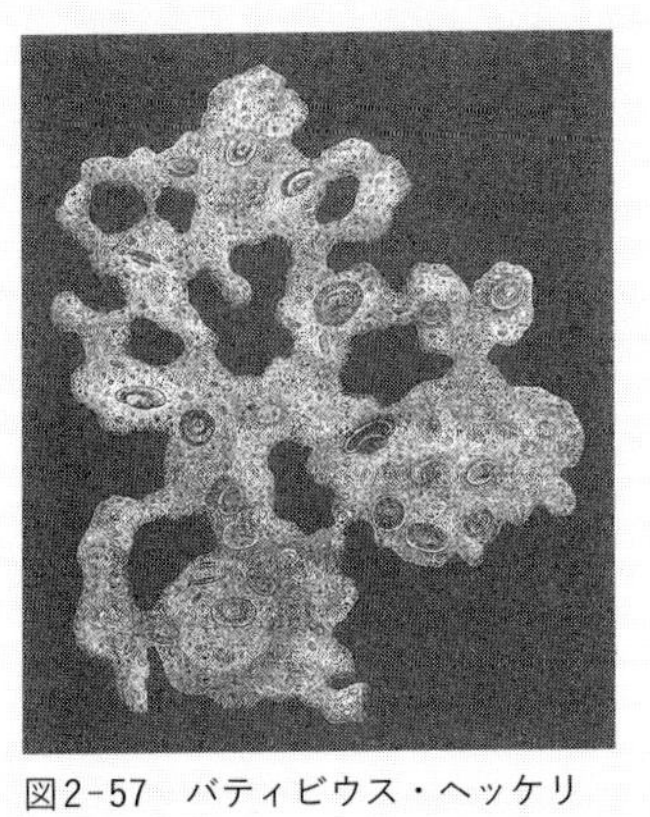

図2-57　バティビウス・ヘッケリ

「チャレンジャー」は6万8890海里（約13万キロメートル）におよぶ航海をおこない、4475ファゾムの深さまで測深し、7000種の標本（半数は新種）をもたらした。[147] また、3000ファゾムの深海にも生きものがいることもつきとめ、トムソンは、「あらゆる深さの海底環境は、生物がいることも、彼らが分布を限りなく広げていくことも容認かつ許容している。彼らは動物学的系列において多様で、より浅い区域に特徴的な動物相と非常に近い関係がある」[148]と結論した。

「深海の古代生物」については、奇妙なエピソードもあった。探検に先立つ1868年、ダーウィンの擁護者として知られるトマス・ハクスリーが、深海調査で得られたサンプルのなかから、生物と無生物のあいだの橋渡しとなる原生生物とおぼしきものを「発見」し、ドイツの生物学者エルンスト・ヘッケル（本章－3で紹介）にちなんで「バティビウス・ヘッケリ」（図2－57）と命名していた[149]。バティビウスは高等生物の始祖にあたり、よって深海こそが生きものを産みだしつづける母胎であると考えられていたが、「チャレンジャー」に乗船していた化学者ジョン・ブキャナンが、これは海水とアルコールの化学作用によって生じる人工物にすぎないことをつきとめてしまったのだ（ただし、バティビウスの正体はいまも謎とされており、海中をただよう粒子（マリン・スノー）の一種ではないかともいわれる[150]）。

注

1 Gould, Stephen Jay. *Leonardo's Mountain of Clams and the Diet of Worms*. London: BCA, 1998, pp. 59–60.

2 Rehbock, Philip F. 'The Victorian Aquarium in Ecological and Social Perspective.' Sears, M. and D. Merriman, eds. *Oceanography: The Past*. New York: Springer-Verlag, 1980, pp. 523–527.

3 Rehbock 1980, p. 531.

4 Barber, Lynn. *The Heyday of Natural History, 1820–1870*. London: Jonathan Cape, 1980, pp. 241–243.

5 Gosse, Philip Henry. *The Aquarium: An Unveiling of the Wonders of the Deep Sea*. San Bernardino: Forgotten Books, 2012, p. 4.

6 Barber 1980, pp. 243–244／ダンス、ピーター（奥本大三郎訳）『博物誌――世界を写すイメージの歴史』東洋書林、２０１４年、２３７～２４２ページ。

7 Gosse 2012, p. 256, Vevers, H. G. 'Management of a Public Aquarium.' Zuckerman, S. ed. *The Zoological Society of London, 1826–1976 and Beyond*. London: Academic Press, 1976, p. 109.

8 Thwaite, Ann. *Glimpses of the Wonderful: The Life of Philip Henry Gosse 1810–1888*. London: Faber and Faber Limited, 2002, pp. 171–186.

9 Rehbock 1980, p. 533.

10 Lloyd, William Alford. *A List, with Descriptions, Illustrations, and Prices, of Whatever Relates to Aquaria*. London. Aquarium Warehouse. 1858, Advertisement.

11 Gosse 2012, p. 3, Vevers 1976, p. 107.

12 Thwaite 2002, pp. 178–185, Vevers 1976, p. 109.

13 Vevers 1976, p. 107.

14 Harter, Ursula. *Aquaria in Kunst, Literatur und Wissenschaft*. Heidelberg: Kehrer, 2014, p. 23.

15 'The Aquatic Vivarium at the Zoological Gardens, Regents Park.' *Illustrated London News*. 28 May 1853 (Issue 624), p. 420.

16 'The Aquatic Vivarium at the Zoological Gardens, Regents Park.' 1853, p. 420.

17 Ritvo, Harriet. 'The Order of Nature: Constructing the Collections of Victorian Zoos.' Hoage, R. J. and William A. Deiss, eds. *New Worlds, New Animals: From Menagerie to Zoological Park in the Nineteenth Century*. Baltimore: The Smithsonian Institution, 1996. pp. 49–50.
18 'The Aquatic Vivarium at the Zoological Gardens, Regents Park.' 1853, p. 420.
19 Lloyd 1858, pp. 159–160, Lloyd, William Alford. 'Aquaria: Their Past, Present, and Future.' *The American Naturalist*. 10.10 (1876): p. 617.
20 Lloyd 1876, pp. 618–619.
21 Lloyd 1858, pp, 13–14, 120–124.
22 Lloyd 1858, pp. 25–32.
23 Skipper, James and George P. Landow. 'Wages and Cost of Living in the Victorian Era.' 16 July 2003. *The Victorian Web: Literature, History & Culture in the Age of Victoria*. 12 November 2017 <http://www.victorianweb.org/economics/wages2.html>.
24 Thwaite 2002, pp. 187–188.
25 Barber 1980, pp. 240–248.
26 Gosse 2012, p. 71.
27 Gosse 2012, p. 255.
28 Thwaite 2002, p. 181.
29 Barber 1980, pp. 246–248.
30 Barber 1980, pp. 248–249.
31 ダーウィン、チャールズ（渡辺政隆訳）『種の起源』（上）光文社、２０１３年、91、１０１〜１０２ページ。
32 Barber 1980, pp. 251–252.
33 Barber 1980, p. 252.
34 ダーウィン（下）　２０１３年、３９４〜３９５ページ。
35 Barber 1980, pp. 246–250.
36 Thwaite 2002, p. 185.
37 Bont, Raf de. 'Between the Laboratory and the Deep Blue Sea: Space Issues in the Marine Stations of Naples and Wimereux.' *Social Studies of Science*. 39.2 (2009), p. 202.
38 Taylor, J. E. *The Aquarium: Its Inhabitants, Structure, and Management*. London: Hardwicke & Bogue, 1876, p. 2.
39 'Das Aquarium im Bouloguer Walde bei Paris.' *Das Ausland: Eine Wochenschrift für Kunde des geistigen und sittlichen Lebens der Völker mit besonderer Rücksicht auf verwandte Erscheinungen in Deutschland*. 35. Augsburg: Verlag der J. G. Gotta'schen Buchhandlung, 1862, p. 64.
40 'Das Aquarium im Bouloguer Walde bei Paris.' 1862, p. 64.
41 Harter 2014, p. 58.
42 'Das Aquarium im Bouloguer Walde bei Paris.' 1862, p. 64.
43 Harter 2014, p. 58.
44 'Das Aquarium im Bouloguer Walde bei Paris.' 1862, p. 64.
45 Hamera, Judith. *Parlor Ponds: The Cultural Work of the American Home Aquarium, 1850–1970*. Ann Arbor: University of Michigan Press, 2012, p. 25.
46 フリードバーグ、アン（井原慶一郎ほか訳）『ヴァーチャル・ウィンドウ——アルベルティからマイクロソフトまで』産業図書、２０１２年、１５６ページ。
47 Harter 2014, p. 62.
48 Harter 2014, pp. 62–64.
49 Friedel, Ernst. 'Ueber das Aquarium der Pariser Weltausstellung von 1867.' Noll, F. C. ed. *Der zoologische Garten: Zeitschrift für Beobachtung, Pflege und Zucht der Tiere*. Vol. 9. Frankfurt a. M.: Verlag der Zoologischen Gesellschaft, 1868, p. 188.

50 Harter 2014, pp. 64–65.
51 オールティック、リチャード（小池滋監訳）『ロンドンの見世物』（１）国書刊行会、１９９９年、３４４～３４５ページ。
52 Friedel 1868, pp. 188–189.
53 鹿島茂『絶景、パリ万国博覧会——サン・シモンの鉄の夢』小学館、２０００年、４０７ページ。
54 'The Havre International Maritime Exhibition.' *The Illustrated London News*. 13 July 1868, p. 590.
55 Fritsch, K. E. O. 'Das Aquarium zu Berlin.' Architekten-Verein zu Berlin, ed. *Deutsche Bauzeitung*. 3. Berlin: Kommissions-Verlag, 1869, p. 246.
56 Harter 2014, p. 51.
57 Clare, John. *A Guide to Staffa and Fingals Cave*. Kilpatrick: John Clare, 2011, pp. 7–10.
58 Fritsch 1869, p. 229, Harter 2014, p. 42.
59 Harter 2014, p. 42.
60 Klös, Heinz-Georg and Jürgen Lange. *Vom Seepferdchen bis zum Krokodil: Vergangenheit und Gegenwart des Berliner Zoo-Aquariums*. Berlin: Presse- und Informationsamt des Landes Berlin, 1985, pp. 14–15.
61 Fritsch 1869, p. 229.
62 Fritsch 1869, p. 248.
63 Fritsch 1869, p. 246.
64 Fritsch 1869, pp. 246–247.
65 Fritsch 1869, pp. 230–232.
66 Klös and Lange 1985, p. 9.
67 Fritsch 1869, pp. 248–249.
68 Harter 2014, p. 79.
69 Harter 2014, pp. 74–82.
70 Harter 2014, p. 82.
71 Gould 1998, pp. 67–72.
72 Harter 2014, pp. 65–79.
73 ベルヌ（ヴェルヌ）、ジュール（清水正和訳）『海底二万海里』福音館書店、２０００年、１７６ページ。
74 Harter 2014, p. 79.
75 *Guide-souvenir de l'Aquarium de Paris*. Paris: H. Simonis-Empis, 1901, pp. 6–18.
76 *Guide-souvenir de l'Aquarium de Paris*. 1901, pp. 20–38.
77 *Guide-souvenir de l'Aquarium de Paris*. 1901, pp. 36–56.
78 *Guide-souvenir de l'Aquarium de Paris*. 1901, pp. 70–71.
79 ベルヌ　２０００年、１２６ページ。
80 ベルヌ　２０００年、３９５ページ。
81 ベルヌ　２０００年、５５３ページ。
82 ベルヌ　２０００年、１２４～１２５ページ。
83 ベルヌ　２０００年、１２２ページ。
84 ベルヌ　２０００年、２３０ページ。
85 Harter 2014, p. 80.
86 ベルヌ　２０００年、２２０、５５２、６４２ページ。
87 シルヴァーバーグ、ロバート（佐藤高子訳）『地上から消えた動物』早川書房、２００１、１０３～１０６ページ。
88 吉見俊哉『博覧会の政治学——まなざしの近代』講談社、２０１０年、76～77ページ。鹿島　２０００年、３６６～３７８ページ。
89 吉見　２０１０年、78ページ。
90 Harter 2014, p. 67.
91 Harter 2014, pp. 67–68.
92 吉見　２０１０年、１８９～１９３ページ。
93 吉見　２０１０年、84～89ページ。
94 Harter 2014, pp. 24–25.

95 Taylor 1876, pp. 18–19.
96 Harter 2014, pp. 29–30.
97 Taylor 1876, pp. 19–20.
98 Koob, Thomas J. 'Elasmobranchs in the Public Aquarium: 1860 to 1930.' Smith, Mark et. al. eds. *The Elasmobranch Husbandry Manual: Captive Care of Sharks, Rays and their Relatives*. Columbus: Ohio Biological Survey, 2004, pp. 4–5.
99 *Brighton Aquarium and Dolphinarium*. Huntingdon: Photo Precision, [1972?], n. p.
100 Levinton, Jeffrey S. *Marine Biology: Function, Biodiversity, Ecology*. Oxford: Oxford University Press, 2011, p. 6.
101 Rozwadowski, Helen M. *Fathoming the Ocean: The Discovery and Exploration of the Deep Sea*. Cambridge: The Belknap Press of Harvard University Press, 2005, pp. 150–167.
102 Rozwadowski 2005, pp. 161–162.
103 Rozwadowski 2005, p. 167.
104 Lachapelle, Sofie and Heena Mistry. 'From the Waters of the Empire to the Tanks of Paris: The Creation and Early Years of the Aquarium Tropical, Palais de la Porte Dorée.' *Journal of the History of Biology*. 47 (2014): pp. 4–5.
105 Lachapelle and Mistry 2014, pp. 9–12.
106 Lachapelle and Mistry 2014, p. 12.
107 Lachapelle and Mistry 2014, pp. 6–14.
108 Lachapelle and Mistry 2014, pp. 14–16.
109 Groeben, Christiane. 'Anton Dohrn: The Statesman of Darwinism: To Commemorate the 75th Anniversary of the Death of Anton Dohrn.' *Biological Bulletin*. 168, Supplement: The Naples Zoological Station and the Marine Biological Laboratory: One Hundred Years of Biology (1985): pp. 5–6.
110 佐藤恵子『ヘッケルと進化の夢――一元論、エコロジー、系統樹』工作舎、２０１５年、27～48ページ。
111 佐藤　２０１５年、３５４ページ。
112 佐藤　２０１５年、３３８～３４７ページ。
113 佐藤　２０１５年、３５５ページ。
114 佐藤　２０１５年、48～69、１４２ページ。
115 佐藤　２０１５年、３３５～３３６ページ。
116 Groeben 1985, pp. 5–7.
117 Groeben 1985, pp. 7–8.
118 Groeben 1985, pp. 8–10.
119 Harter 2014, pp. 107–108.
120 Groeben 1985, p. 11.
121 Groeben 1985, pp. 10–23.
122 磯野直秀「箕作佳吉とAnton Dohrn――三崎臨海実験所の成立」中埜栄三、溝口元、横田幸雄編『ナポリ臨海実験所――去来した日本の科学者たち』東海大学出版会、１９９９年、23～35ページ。
123 溝口元「戦前の滞在研究者」中埜ほか　１９９９年、55～60ページ。
124 Groeben 1985, pp. 15–18.
125 Groeben 1985, p. 15.
126 Carpine-Lancre, Jacqueline. 'Oceanographic Sovereigns: Prince Albert I of Monaco and King Carlos I of Portugal.' Deacon, Margaret et al. eds. *Understanding the Oceans: A Century of Ocean Exploration*. Oxon: Routledge, 2005, pp. 57–60.
127 Carpine-Lancre 2005, pp. 61–62.
128 Carpine-Lancre 2005, p. 63, Saldanha, Luiz. 'King Carlos of Portugal, a Pioneer in European Oceanography.' Sears 1980, pp. 609–610.
129 Carpine-Lancre 2005, p. 63. 当時の乱獲と海洋調査の関係については以下参照。Pinto, Bruno. 'Historical Connections between Early Marine Science Research and Dissemination: The Case Study of Aquarium Vasco Da Gama (Portugal) from Late 19th Century to Mid-20th Century.' *ICES Journal of Marine Science*. 74.6 (2017): p. 1522.

130 Carpine-Lancre 2005, p 62.

131 *Das ozeanographische Museum*. Monaco: Musée Océanographique, 2009, p. 11.

132 Kofoid, Charles Atwood. *The Biological Stations of Europe*. Washington: Government Printing Office, 1910, p. 41.

133 *Das ozeanographische Museum*. 2009, p. 10.

134 Pinto 2017, pp. 1523–1527.

135 Pinto 2017, p. 1524.

136 Pinto 2017, pp. 1524–1527.

137 Harter 2014, p. 25.

138 Harter 2014, p. 25.

139 Lloyd, William Alford. 'Das Aquarienhaus des zool. Gartens in Hamburg.' *Der Thiergarten: Allgemeine deutsche Monatschrift für Kunde, Beobachtung, Zucht und Pflege der Thiere, mit besonderer Rücksicht auf die Verbesserung unserer gegenwärtigen Hausthiere und Heranbildung neuer*. 1. Stuttgart: Verlag von Ebner und Seubert, 1864, p. 131.

140 Möbius, Karl A. *Das Aquarium des Zoologischen Gartens zu Hamburg*. Hamburg. Verlag der Zoologischen Gesellschaft, 1864, pp. 5–10. オオサンショウウオについては以下を参照。Beta, H. 'Das Meer im Glashause.' Keil, Ernst, ed. *Die Gartenlaube: Illustrirtes Familienblatt*. 25. Berlin: Verlag von Ernst Keil, 1865, p. 391.

141 Mehos, Donna C. *Science & Culture for Members Only: The Amsterdam Zoo Artis in the Nineteenth Century*. Amsterdam: Amsterdam University Press, 2006, pp. 51–54, 122–124.

142 'The Amsterdam Aquarium.' *The Spectator*. 16 May 1896, p. 13.

143 Baetens, Roland. *The Chant of Paradise: The Antwerp Zoo: 150 Years of History*. Tielt: Uitgeverij Lannoo, 1993, pp. 152–153.

144 Shamaun, Daniel. 'New Undersea World Opens at Antwerp Zoo.' 10 April 2015. *Flanders Today*. 13 November 2017 <http://www.flanderstoday.eu/living/new-undersea-world-opens-antwerp-zoo>.

145 Levinton 2011, p. 5.

146 Rozwadowski 2005, pp. 141–166.

147 Rozwadowski 2005, p. 166.

148 Deacon, Margaret. *Scientists and the Sea, 1650–1900: A Study of Marine Science*. Farnham: Ashgate Publishing, 2014, p. 338.

149 Rozwadowski 2005, pp. 163–164.

150 Levinton 2011, p. 6

第3章

日米の水族館と激動の時代

浅草公園水族館の様子

1　星条旗のもとで――アメリカ水族館物語

「ペテン師王子」バーナムの水族展示

ヨーロッパにはじまった水族館文化は、たちまちアメリカや、開国して西洋化をめざしていた日本にも継承されていった。ことアメリカの水族館にかんしては、はじめから野心的で派手な展示をくりかえしたことで知られる。

アメリカ初の水族館（？）に命を吹きこんだのは、自称「ペテン師王子」ことフィニアス・テイラー・バーナム（1810～91）であった。バーナムは、コネティカット州のベサルに生まれ、若いころはベサルで店を開いたり、週刊誌を発行したりしていた。そして、ある高位聖職者を偽善者呼ばわりして名誉毀損で訴えられ、刑務所に放りこまれたのち、ニューヨークに出てきて見世物をはじめる。彼の最初の「展示品」は、ジョイス・ヘスという、なんでも161歳の高齢に達し、建国者ジョージ・ワシントンの看護婦をつとめたと称する奴隷出身の女性だった。

1841年、バーナムはジョン・スカダーというはく製職人の遺した「アメリカ博物館」（ニューヨーク、図3－1）のコレクションを安く買いとることに成功する。博物館と銘うってはいるが、いまのそれとは程遠い、工芸品あり、蠟人形あり、はく製あり、生きた動物あり、珍品あり（たとえば人魚のミイラ）の、おもしろければなんでもよいという内容だった。「親指トム将軍」、「巨人」、「生ける骸骨」、「手無し人間」、「アルビノ・ファミリー」、「ボヘミアングラス細工師」といった、珍しい外観ないし職業の人間すら展示されていた。人間の進化についての論争がはじまると、アフリカのゴリラ捜索隊が捕まえたという、ウィリアム・ヘンリー・ジョンスンなる男を、「アフリカ原住民と動物の中間的存在」として抜け目なく見世物にしている。

そんなコレクションのひとつが、水生動物である。バーナムはイギリスを訪問したとき、ロンドン動物園のフィッシュハウス（第2章－1）を見て、これはいけると思ったらしく、水槽にくわえて、そこで働いていた2人のスタッフまで獲得して、アメリカに帰ってくる。そして1857年、アメリカ博物館のなかに「オーシャン・アンド・リバー・ガーデンズ」を開き、生きものを充実させていった。サメやイルカもいたし、船をバミューダへ派遣してカラフルな魚たちを追加したりもしている。」

図3-1　バーナムのアメリカ博物館（1858年当時）

さらに1861年、バーナムは、セントローレンス川の河口で漁師がシロイルカを捕まえられること、海藻をしきつめた水槽に入れ、口と噴気孔をたえず湿らせておけば、彼らを輸送できることを耳にした。そこでアメリカ博物館の地下に約12×5・5メートルの水槽をレンガとセメントでつくり、シロイルカを飼育する計画をたてる。その捕獲法は、浅瀬にV字型に杭を打ちこみ、満潮時にシロイルカがそのなかへ入りこむようにする。それがうまくいったら、潮が引いて身動きできなくなるまで、漁師たちは音を立てて怖がらせ、出てゆけなくするのだ。そして、尾ビレに縄をつけて運搬用のコンテナまで引っぱっていけば、完了である。

こうしてバーナムは、シロイルカを2頭捕まえ、鉄道でニューヨークまで運んだ。そのとき「モンスター」をひと目見ようと、駅ごとに人びとが群がったという。ニューヨークについたときも、何千人もの市民たちがつめかけた。ただ飼いかたがよくわからず、淡水で飼育したことや、空気が悪かったことがたたったのか、数日で死んでしまった。

しかしこれで懲りるようなバーナムではなく、ニューヨーク湾から導管を引いて海水を引きいれることにし、博物館の2階にフランス製の特性ガラスをはめた、約2・2平方メートルの新水槽をつくって、再度シロイルカたちを入れた。飼育しているのは、じつはネズミイルカではないのかという噂が立ったが、海洋学者ルイ・アガシー（1807～73）がやってきて、たしかにシロイルカだと保証した。[2]

ちなみに、この動物の和名こそシロイルカだが、英語では「ホワイト・ホエール」といってクジラのイメージが強いらしく、バーナムもイルカではなく「クジラ」を展示することにこだわったと見える。

ところで、1859年に、ジェームズ・カッティング（1814～67）がボストン水族園（翌年、ボストン水族動物園に改名）を開き、そこでもシロイルカ3頭、イルカ1頭、サメ1尾を展示していた。バーナムは、62年にこの施設を買いとり、翌年ニューヨークにこれらの生きものたちを搬送している。[3]

このように豊かなコレクションを誇ったアメリカ博物館だが、不幸にして、1865年に火事にあってしまう。バーナムは、水槽へ空気を送りこむのに使っていたエンジンの部屋から出火したのだろうとしている。[4]

火事を報告した『ニューヨーク・タイムズ』（１８６５年7月14日）の記事は、かつてこの博物館にあったさまざまな展示物のことを回想していて興味深い。それによると、地下には先述の水槽のほか、動物たちを入れた檻（おり）があり、１階には、穴の向こうに宮殿やヴェネチアの運河が見えるのぞきカラクリがあった。２階はクジラ水槽とともに少なくとも40個の水槽が設置され、魚のほかに、ワニや、手まわしオルガンでパフォーマンスするアザラシもいた。またここには、人間も展示されていたし、世界中の動物のはく製、ガラス細工、蒸気エンジン、ナポレオンなどの有名人をかたどった蠟人形、絵画、昆虫ケース、象牙細工、動物骨格、過去の英雄の記念品、エジプトのミイラ、鉱物コレクション、アメリカや太平洋の原住民の武器もあった。

さらにその上の階には、サル、ヤマアラシ、カンガルーなどがいて、悪臭を放ち、いがみあっているかと思えば、ヘビののたくるケースもあったという。しかしこれら動物たちは火事の犠牲となり、例のシロイルカも、ガラスが割れて水が流れだすなか、のたうちまわっていた様子が目撃されている。[5]

不屈のバーナムは、のちに博物館を再建したが、１８６８年にまた出火して燃えつきるという、さんざんな結果に終わった。とはいえ最初の博物館は、１８４１年から焼失するまで３８００万人の入場者を、つぎの博物館も１００万人を記録した。とうぜん、リピーターもいたはずだが、それでも１８６５年当時のアメリカ人口が３５００万人だったことを思うと、そのすごさがわかるだろう。

彼はのちに、スミソニアン博物館、アメリカ自然史博物館、スミソニアン国立動物園をサポートしたほか、メドフォード大学に自然史博物館を寄贈している。１８７１年以降は、「Ｐ・Ｔ・バーナムの博物館・メナジェリー・サーカス」をはじめるなど、華々しい活躍をつづけた。[6]

グレート・ニューヨーク水族館

1876年、ニューヨークにより本格的な民営の「グレート・ニューヨーク水族館」(図3-2)が誕生した。これは、あとで紹介するニューヨーク水族館とは別ものである。設立者は、バーナムをサーカスの道に引きこんだウィリアム・クープ(1836~95)と、動物商チャールズならびにヘンリー・レイチェ(ライヒェ)兄弟であった。

レイチェ兄弟はドイツ出身で、はじめはカナリアの、ついであらゆる動物の輸入販売にたずさわるようになった。チャールズはドイツに滞在し、エジプトやセイロン島からやってくる動物をハンブルクに集める。そこから、ヘンリーのいるアメリカやヨーロッパ諸国に発送するのだ(レイチェ兄弟の本社はニューヨークにあった)[7]。

そんな彼らのノウハウが、新水族館にも役立った。「文明化されていない国ぐに」の、まるきり未開拓の土地まで探しつくし、その「宝物が、われわれ市民たちの目と鼻の先に陳列されることとなった」のは、レイチェ社のエージェントたちのおかげであったと同水族館のガイドブックは記している。[8]

グレート・ニューヨーク水族館は、「35番通り&ブロードウェイ」に位置し、直径約9メートル、高さ約2・5メートルの円形水槽を中心に、海獣用のプールや、大小さまざまなサイズの水槽が置かれていて、図書室、読書室、顕微鏡や解剖卓のある研究室も備えていた。空気は蒸気ポンプから、岩や砂で隠されたゴム管をつうじて供給され、海水は船でサンディ・フックから運ばれてきた。また別館がコニーアイランドにあったという。[9]

この水族館が市民の啓蒙に本気で力を入れていたことは、充実したガイドブックからも見てとれる。すなわち、227種にのぼる飼育動物の英語名、ラテン語名、外見、ふるまい、卵の数、食性、分布にくわえ、ゲームフィッシングや食への適性がくわしく記述されているのだ。

生きもののバリエーションは、爬虫類、哺乳類、海水産・淡水産の魚各種、カニ、エビ、貝、ウニ、イソギンチャク、サンゴ、カイメンなど、水にすむものならなんでも集めた感がある。そのほとんどは北アメリカ大陸東部とバミューダ諸島から収集されているが、アフリカ、アジア、ヨーロッパなど遠隔地からも生きものが運ばれてきた。

図3-2　グレート・ニューヨーク水族館

もちろん、この水族館にもいくつか目玉があった。そのひとつは白ナイル川産のカバであるが、ガイドブックは当の個体が「生後15分の時点で母から引きはなされ、親は殺された」[10]とこともなげに解説している。親カバの死体は、狩猟をアシストした原住民にわたされたが、頭がい骨だけは子どもといっしょに水族館用に確保した。

もうひとつの目玉は、やはりシロイルカであった。捕獲隊を率いたのはザック・クープ船長で、セントローレンス川まで、雪のなかオオカミやキツネや「平和なインディアン」にでくわしながら旅し、最初の2頭を捕まえてニューヨークまで送った。続く2頭は、コニーアイランドの別館で飼育されたが、そのうち1頭は弱ってしまい、やがて動かなくなった。するともう1頭が、仲間を助けるためその下に潜ってもちあげようとしたのだが、その様子を多くの人びとが不安そうに見守ったという。結局、このシロイルカは助からなかった。生きのこったほうも、ロンドンのロイアル水族館（1876開館）へ移送され、到着後4日で死んでいる（全部で14頭が捕獲されたが、どれも長生きしなかった）[11]。

この水族館はサメの展示にも意欲的で、「マッカレル・シャーク」が飼育されていたという。ガイドブックにある学名（*Isuropsis dekayi*）を調べてみると、これはいまの「イスルス・オキシリンクス」（*Isurus oxyrinchus*）すなわちアオザメである。アオザメはしばしば「人食いザメ」とされ人気も高いが、飼育は難しい。だが「尾びれの両側に隆起がある」[12]など、たしかにこの種を思わせる記述があり、ごく短いあいだ飼われていたようだ。

さらにグレート・ニューヨーク水族館は、「深海魚」として有名なニシアンコウを何度か飼おうとしたが、「水槽で2、3日以上生きたまま飼うのはほとんど不可能らしい」[13]というのが結論だった。また、あのダイオウイカも展示されたが、こちらはアルコール漬けの標本だった。しかし、この種に「アルキテウティス・プリンケプス」（*Architeuthis princeps*、いまは*Architeuthis dux*として受容）の学名をつけたアディソン・ヴェリル（1839〜1926）に鑑定してもらい、「わが国ないしヨーロッパで保管されたこの種の標本としては、最大かつもっとも完全で、もっとも価値のあるもの」[14]というお墨付きをもらっている。発見された時点で、このダイオウイカは約12メートルあったという。

締めくくりに、日本産の「キンギオ」がいたことも紹介しておこう。もちろん金魚のことだが、欧米人にもよく知られたありきたりの品種ではなかったようだ。創設者のひとりであったクープの自伝によれば、それはレースを思わせる優美な「3つの尾」をもっていて、日本に滞在した友人からプレゼントされたのがきっかけで関心をもったらしい。

調べてみれば、かの神秘的な国では「自然すらもがさかさまに見え、魚は背中を下に向けて泳ぐ」そうで、金に糸目をつけないで日本産金魚を輸入しようと思った。そこでエージェントを横浜に送って、日本人の協力のもとコレクションを増やしたものの、サンフランシスコに到着したときには全滅してしまった。再度試みたときは、18尾が生きて港に着いたが、東海岸に送る過程でバタバタ死に、生きのこったのはたった1尾であった。[15] しかし、茶の輸入業者が8尾を寄贈したおかげで展示に成功。「多くの訪問者が、これまで見たなかでもっとも珍しく、美しい魚だと感想をいった」。[16] これとならんで、中国産の「ドラゴンアイド・フィッシュ」（デメキン）もいたが、こちらは中国からレイチェ社が輸入したという。[17]

ただ、こうした斬新な展示にもかかわらず、この水族館は長続きしなかった。運営をめぐる対立から、まずクープが手を引き、水族展示もおこなう新しいサーカスを率いることにした。残されたレイチェは、オペラ、演劇、動物ショーなどで延命をはかったが成功せず、結局1881年に閉館となった。[18]

ニューヨーク水族館とウッズホール科学水族館

しかしその後、あらためてニューヨークに水族館（1896、図3-3、4）が誕生する。これ

図３-３　ニューヨーク水族館

図３-４　ニューヨーク水族館の館内の様子

が現在まで続くニューヨーク水族館であるが、開館後場所を転々とした歴史をもつ。この水族館がはじめ入っていたのは、１８０７年に建設され、55年から90年までのあいだ移民受け入れに使われた要塞であった。１９１９年刊行のガイドブックによれば、水族館を開いたのはニューヨーク市だが、１９０２年以降はニューヨーク動物学会に管理がまかされるようになった。

　この水族館は７つのプール（最大のものは直径約11メートル、深さ約２メートル）、大型壁水槽94個、小型水槽30個、予備槽26個をもつ、世界最大級の水族館であった。

　同水族館は、まだ限られた性能ではあったが、水温調節ができた。淡水は水道から補給し、汽水は湾から汲んだうえでろ過して使った。海水は船が運んできたものを蓄え、ろ過・循環しながら使用した。このシステムを採用する以前は、港の汚い海水を使っていたので、魚の死亡率が高かったという。またグレート・ニューヨーク水族館とおなじく、研究室や図書室を備えていた。合衆国水産局からもらった卵を孵化させる展示もあったが、やはり先代もスペンサー・ベアード（１８２３

〜87、米国魚類水産委員会長）からもらったマスノスケの卵を孵化させたことがある。

とうぜんながら、北アメリカ東部の海水・淡水産の生きものがメインに展示され、それに比して西海岸、外国のものは少なかった。熱帯産の生物はフロリダやバミューダから運んできたが、船に収容したまま新鮮な水を供給できたので、死亡率は低かったという。オープンしてから22年間のうちに飼育されたのは350種以上にのぼり、一度に200種、5000点が展示可能であった[19]。

同水族館も、やはりサメの飼育に力を入れていて、いまも人気のシロワニやコモリザメは2年間飼うことに成功している。フロリダマナティー、アマゾンマナティー、シロイルカといった海洋哺乳類も飼育されたことがあり、ハンドウイルカは中央プールに放たれ、ジャンプなどを見せて人気を博した[20]。

この水族館は年中無休、しかも入場無料であり、1918年の時点で4300万人の訪問者を数えた[21]。ただし、橋の建設にともない1941年にブロンクス動物園の一角に移動、ついで57年にいまの場所、すなわちコニーアイランドに移設されている[22]。

ちなみに、ニューヨーク水族館は、（いままでずっと営業しているという意味で）アメリカ最古のものと呼ばれることがある。しかし、ウッズホール科学水族館も、「われわれこそまさに最古だ」とウェブサイト上で主張している。

ウッズホールの水族館は、先述のベアードが、1875年、かの地に夏だけ実験所を開いて、人びとに水族を見せたのがはじまりといわれる。やがて、1885年に水族館のついた最先端の臨海実験所が誕生した（彼はナポリ臨海実験所のドールンに、水族館や研究室にかんするアドバイスを求めている）。この水族館はローカルな生きものを展示していたが、1954年にハリケーンによって破壊されてしまう。その後、古い施設にかわって建てられた2つの建物のひとつに水族館（1961、図3－5）が設けられた[23]。決して大きくはないが、気張らずにのんびり楽しめる水族館である。

図3-5　ウッズホール科学水族館

威風堂々――スタインハート水族館とシェッド水族館

アメリカの水族館には、裕福な市民の寄付のおかげで誕生したものがある。サンフランシスコのスタインハート水族館や、シカゴのシェッド水族館などだ。これらはまた、非常にりっぱな外観をしていることでも知られる。

スタインハート水族館（1923）は、イグナツ・スタインハート（銀行常務取締役、1841～1917）の寄付により建設されたが、そもそものアイデアは兄シグムンド（1833～1910）にさかのぼる。シグムンドは採掘事業ならびに株式取引をつうじて財をなし、慈善事業の一環として水族館をつくる構想をもつにいたるも、これが実現する前に死去してしまう。その結果、イグナツが兄の志を継ぐことになった。

だがそのイグナツもまた、水族館のオープンを待たずして世を去ってしまう。彼は25万ドルを遺贈し、その遺志によって水族館はカリフォルニア科学アカデミーのあるゴールデン・ゲート・パークに建てられ、同アカデミーによって運営されることが決まった（ただし、運営費は市が負担するという条件であった)[24]。

スタインハート水族館の元館長で、その歴史にくわしいジョン・マコスカーによれば、もともと同館は、計画倒れに終わった「グレート・ポリネシア博物館」の一部になる予定だった。この博物館は、アジアやオセアニアの資源を研究・展示することで、商業の発展をうながし、やがてはサンフランシスコを「太平洋貿易の中心地」にするはずの施設であった[25]。つまりスタインハート水族館は、アメリカの太平洋進出をバックグラウンドとして生まれたのだ。

水族館は、ギリシア神殿をほうふつとさせる、堂々とした外観をしていた(図3-6)。デザインしたのは建築家ルイス・ホバート(1873~1954)で、ニューヨークをはじめとするアメリカの水族館はもちろん、ハンブルク、ナポリ、アムステルダムのものも参考にしたという(とくに同館は、科学アカデミーが運営することもあって、ナポリ臨海実験所を念頭に、教育と研究に専心することがうたわれていた)。展示は、人工池や整然とならんだ水槽(図3-7)から

図3-6　スタインハート水族館の外観

図3-7　スタインハート水族館の館内

成りたっており、国内ならびに太平洋で収集した生きものたちが飼育された。とりわけマトソン船社が、ハワイ、パゴパゴ、パペーテといった島々から熱帯産の生物を運んできて、コレクションの充実に協力したという。アラスカ産のキタオットセイ、絶滅が危惧されていたキタゾウアザラシの展示もあった。[26]

いっぽうのシェッド水族館（１９３０）は、百貨店を運営するマーシャル・フィールド&カンパニーの社長をつとめたジョン・シェッド（１８５０〜１９２６）の２００万ドル（最終的には３００

図3-8、9、10　美しいシェッド水族館の外装と内装

万ドル）の寄付によってシカゴに誕生した。ただスタインハートとおなじく、シェッドも水族館完成前に亡くなっている。

建築を担当したのは、グラハム・アンダーソン・プロブスト＆ホワイト社であったが、副館長（のちの館長）のウォルター・H・シュートは会社のエンジニアと一緒に欧米の水族館を視察してまわり、そのデザインに寄与している。[27]

シェッド水族館は、スタインハート水族館とおなじく古代ギリシア神殿風の建物で、十字形の建物に中央のロトンダ（円形建築）を配したデザインとなっている。その外側と内側は、水生動物をあしらったタイルで飾られており、板張りに使われた大理石の模様も、波をイメージさせる効果があった。ほかには、文字盤が生きもののかたちになっている、美しい時計もあった（図3－8～10）。

来館者は、階段をのぼって玄関をくぐり、ロビーホールをとおってロトンダへ向かう。ロトンダには、直径約12メートルの、沼地を再現した人工池があった。ロトンダからは6つのギャラリー（約27×9メートル）が放射状にのび、132個の水槽が整然とならんでいた。最大の水槽は幅約9メートル、高さ約1・8メートル、奥行き約3メートルあった。

図3-11　東洋風の「バランスド・アクアリウム」の部屋

おもしろいのは、ロビーホールの横にあった「バランスド・アクアリウム」用の部屋が、中国と日本を組みあわせたような様式でデザインされていたことだ（図3-11）。部屋は、本物の竹に埋めこまれた8つのランタンで照らされ、中央のキオスクには金魚がいた。[28]

シェッド水族館は、広大なアメリカ大陸の内部に位置しているにもかかわらず、東西両岸の、しかも淡水産、海水産両方の生きものを展示することにこだわった。淡水は目の前のミシガン湖から入手すればよかったものの、海水は貨車160台分もの分量をわざわざ運んできて、これを循環させて使った。

また、生きものを運ぶためにつくられたのが、「ノーチラス」という専用列車である。乗員用の寝台や調理室にくわえ、15個の木製水槽と20個の缶を搭載し（これらは大型水槽と交換可能）、さらに水温調整機能、空気圧搾機、バッテリー、発電機まで備えていて、まさに「動く水族館」であった。

収集シーズンがくると、「ノーチラス」は東西の海岸へ2万マイル（約3万2000キロ）の旅をおこない、生きものをかき集めて戻ってくる。毎年、収集が終わる秋には、約250種、1万点の生きものを展示できたという。初期のガイドブック（1933ごろ）には、シロワニをはじめとするサメのほかに、ノコギリエイ、日本のオオサンショウウオ（日本政府の許可を得て直輸入したもの）、マナティーなど、内陸の水族館とは思えないほどさまざまな生きものが紹介されている。[29]

ちなみに、「ノーチラス」が運んだ生きもののひとつに、1933年から2017年まで生きたオーストラリアハイギョの「グランダッド」（お爺ちゃん）がいる。グランダッドは、世界でいちばん長生きした魚だといわれている。

シェッド水族館は、その後改装を受けながらもかつての姿を保っている。ロトンダのプールは、1971年に「カリビアン・リーフ」水槽に置きかえられた。水槽内を明るく見せるために、ロト

図3-12、13　「ワイルド・リーフ」と「カリビアン・リーフ」

ンダの内部は暗くなっていたが、1999年に再改築され、明るく美しいもとの姿をとりもどした。また、20世紀から21世紀にかけて古い展示を減らすいっぽうで、クジラ・イルカ用の「オセアナリウム」（海洋水槽）や、より没入感の高い「ワイルド・リーフ」といった展示を追加した結果、新旧両方のエレメントを織り交ぜた、独特の水族館に変貌しつつある（図3-12、13[30]）。

いっぽうのスタインハート水族館は、長ら

くその伝統的な外観を保ちつづけたが、1989年の地震で損害を受けたのがきっかけとなって、イタリアの建築家レンゾ・ピアノによって大幅にリニューアルされた[31]。いまでは正面玄関をくぐったその向こうに、かつての建物をしのばせる列柱があり、水族館はその地下にある（図3-14〜17）。

図3-14、15、16、17　現在のカリフォルニア科学アカデミー（スタインハート水族館）。古い形態を尊重しつつも、新しい没入型展示を追加している

2　陸にあがった「龍宮城」——日本人、水族館と出会う

日本初の水族館「うをのぞき」

ヨーロッパの水族館文化に刺激されたのは、アメリカ人だけではなかった。日本人もそのユニークさに感銘を受け、母国に導入するようになっていく。そのいきさつについては、鈴木克美がすで

にくわしく紹介しているが、ここではその研究をなぞるだけでなく、前節まで見てきた世界的な流れも視野に入れながら、明治期の日本人にとって、水族館とは何だったのかをあらためて考えてみたい。

水族館をいち早く日本に紹介したのは、福沢諭吉（1835〜1901）であった。彼は1863年に欧米に派遣され、そのさい見聞したことを『西航記』にまとめ、のちに『西洋事情』（1866）として刊行した。そして、動物園について触れたくだりでは、ライオン、ゾウ、サイといった珍獣のほかに海水魚が飼育されており、ガラスの容器に入れ、ときどき新鮮な海水を与えているとした。[32]

ちなみに、福沢が西洋の「ズーロジカル・ガーデン」をはじめて「動物園」と訳したことは有名だが、「アクアリウム」を最初に「水族館」と呼んだわけではない。つぎに紹介する『米欧回覧実記』には、「水族観」という表現が出てくるが、いまの「水族館」の名がいつ定着したかははっきりしないと、鈴木は指摘している。[33]

つぎに、1871〜73年に欧米を訪問した岩倉使節団も、水族館を見学した。彼らの公式目的は、和親条約を結んだ国ぐにに国書を渡すことだった。しかし、じっさいは各国の産業、教育、軍事、文化について網羅的に学ぶことを意図しており、動物園や水族館をまわったのもその一環である。[34]日本を欧米に負けない「近代国家」にしようと、やっきだったのだ。

使節団に参加した久米邦武（くめくにたけ）（1839〜1931）の『米欧回覧実記』によると、イギリスのブライトンならびにクリスタル・パレス水族館、ベルリン水族館、ハンブルク動物園付属水族館、そしておそらくはパリのジャルダン・ダクリマタシオンの水族館（第2章）も見ている。また、ドイツの水産会社の展覧会やアムステルダム動物園に、稚魚育成室（このころ、同園に水族館はまだなかった）があったことも触れている。[35]

一部の水族館については、その様子もくわしく記してある。たとえば久米は、ブライトン水族館では水を循環させていることや、水槽内に岩石、海藻、魚を入れていることを紹介し、「その様子は、海や淵の真ん中を断ち切って、側面から窺わせるのと同じようである」[36]（水澤周の現代語訳、以下同様）と記した。またクリスタル・パレス水族館にかんしても、空気を入れながら水をくりかえし使っていたことに言及している。しかしいちばん気に入ったのは、ベルリン水族館だったらしい。

全部で一一〇の大水槽があり、奇岩が洞窟状をなし、屈曲して渓谷のようになっており、その間に通路がある。ところどころにガス灯があって、プリズムの反射で五色の光があふれている。まるで海底の洞窟をまわりながら夕日の反射を見ているのかと思わせる。イギリスやフランスにも水族館はあったが、水槽は二〇数個にすぎなかった。この水族館はその五、六倍はあろう。また屋内の構造に至っては実に世界一と言っても嘘ではない。[37]

ただし当時の日本人にとって、水族館は、たんに「おもしろいところ」というだけではなかった。魚を飼う程度なら、日本にも金魚文化（コラム3）があった。しかしそれ以上に、水族館は、自然をシステマティックに研究し、利用し、支配しようとする、西洋的な自然観を体現していた。しかも、そこに展示されたエキゾチックな生きものたちは、その所有者たる国民の力、ないし帝国の領土を象徴していたが、あとで見るように、明治期の日本人はそのことにも気づいていたらしい。

ともあれ水族館は、ほかの欧米の技術や制度とともに、日本にやってくることになる。日本初の水族館「観魚室(うをのぞき)」(1882)がオープンしたのは、これまた日本初の動物園である上野動物園の敷地内においてであった。

この動物園の建設に尽力した田中芳男(よしお)(1838〜1916)は、リンネの分類体系を日本に紹介した医師、伊藤圭介(けいすけ)(1803〜1901)のもとで学び、やがて幕府に命じられて昆虫標本を出品しにパリ万博(1867)へおもむく。そのさい、彼はジャルダン・デ・プラントを訪ね、そこが自然史博物館と動植物園を備えていることに感銘を受け、町田久成(1838〜97)とともに、これに似た施設を日本にもつくるべく奮闘したのである。[38] こうして誕生した動物園にはとうぜん、水族展示も含まれるべきであった。

とはいえ、「観魚室」は、当時ヨーロッパで流行していたそれに比べて、じつにささやかであった。長方形の建物に10個の水槽を配列し、室内を暗くしていた。水槽内は、外からの自然光で明るく照らしだされるようになっていたという。

海産の水族を飼おうとしたこともあったが、フナやオオサンショウウオといった淡水産の生きものがメインであり、ライオン、ホッキョクグマ、ダチョウといったコレクションを充実させていった動物園に比べて、しだいに人気をなくしていったらしい。[39]

いっぽうで、本格的に海の魚を飼ってやろうという、野心的な民営水族館があらわれる。「浅草水族館」(1885)がそれである。『読売新聞』の記事(同年10月14日)によれば、館の正面には「水族館」の3字を貝殻で装飾した額がかかっていた。漆喰(しっくい)でできた綿津見神(海神)像の横をとおってなかに入ると、「洞門トンネル」すなわち海底を模した展示室があって、岩のあいだから泳ぐ魚を眺めるようになっていた。そこを出ると、大きな池に海水魚を入れた第2エリアがあり、中央では漆喰細工のクジラが潮をふいている。池の横にある第3エリアでは淡水魚が飼育され、第4エリアは最初とおなじグロッタ風展示だった。

いちおう循環設備もあったようで、見えないところに貯水槽を設けて展示水槽とつなぎ、たえず水を交替させていたという。漆喰細工は、「伊豆の長八」（入江長八、1815～89）が制作した。岩石に波がぶつかるさま、水鳥が驚き飛ぶさま、海女や弁財天（インド由来の知恵と財産の女神で、水とも関係が深い）なども表現され、じつにみごとだったという。[40] ちなみに10月17日の開館式のさいは3193人、翌日は7004人の訪問者がやってきた。[41]

明治期の日本の水族館の文化的特色については、あとでまとめて述べたいが、この水族館は、フランスやドイツの水族館を強く想起させるグロッタ式展示に、日本の伝統的な海神や弁才天などを組みあわせていた点で大変興味深い。なお浅草水族館ではタイ、コチ、アナゴ、カレイなどが飼育されたということだが、暑気にやられて魚がばたばたと死に、採算がとれなくなって1年足らずで閉館した。[42]

神戸の「本格的」水族館

では、ヨーロッパにあるような本格的水族館がつくられたのがいつかといえば、それは神戸で開かれた第2回水産博覧会（1897）のときとされる。この水族館（和田岬の遊園地「和楽園」につくられたので「和田岬水族館」とも呼ばれる、図3-18～21）の設計を担ったのは、ドイツで寄生虫学を学び、おそらくは同国の水族館も見たことがある飯島魁（いさお）（1861～1921）である。彼の指揮のもと、和田岬水族館は、ろ過槽、貯水槽、展示水槽をつないだ循環ろ過システムを組みこむことに成功した。[43]

和田岬水族館の建物や展示、運営にともなう悪戦苦闘については、『第二回水産博覧会附属水族館報告』（1898、水族飼育については藤田経信が、建築は榎本惣太郎が執筆）にくわしい。

この水族館が目を引くのは、まずその外見であろう。『報告』は、これを「西洋形」、「印度風」と表現している。じっさい、入口に尖塔を2つを備えているあたり、ヨーロッパの教会を連想させるが、尖塔上部やアーチはインド建築を思わせる。

つぎに展示内容だが、水族館にはまず2つのジオラマがあった。ひとつは、入場してすぐのとこ

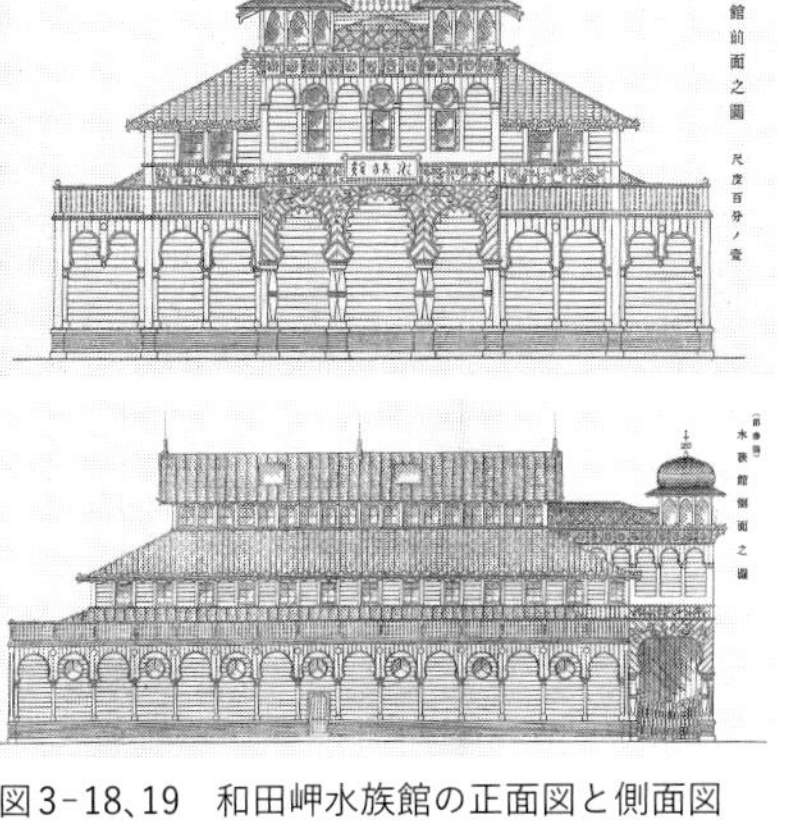

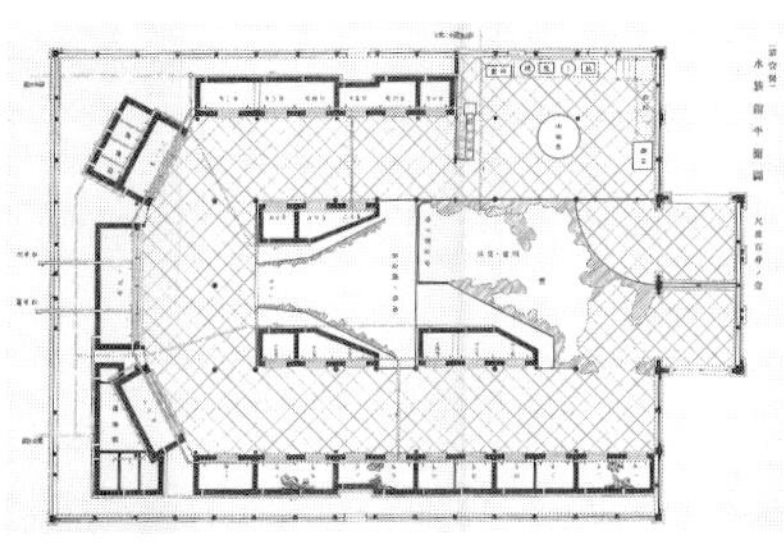

図3-18、19　和田岬水族館の正面図と側面図

図3-20　水槽の配置

図3-21　館内の様子

ろに置かれており、洞窟から海上が見えるさまを再現していた。上の貯水槽から流れてきた水が、瀑布のようにしたたり落ち、奔流となって人工池へ流れこむ。バックには、海と航行する船の油絵がかかっていた。

もうひとつのジオラマは、建物中央にあった。相模沖の海底想像図が、岩礁が起伏し、ギンザメやラブカといった深海の生きものが生息するさまを表現していた。さらに本物のカイロウドウケツやホッスガイ（ともにカイメンの仲間）の標本が岩に付着する様子が再現され、その景色を洞穴に似せた窓からのぞき見るようになっていた。しかも、観客と展示のあいだには水色の薄い布がかけられ、そのせいでほんとうに海底の景色を見ているかのように見えたという。また、絵のうえにも水色の幕をはり、天窓の光が絵を直射しないよう配慮していた。[44]

これらジオラマを囲むようにして、壁伝いに配置されていたのが、20個の海水水槽と9個の淡水水槽である。それぞれが、岩石、海藻、砂、小石、セメントからなる水中風景を展示していた。また、輸送されてきた水族を馴らしたり、病気にかかったものを治癒するための予備槽（保健槽）もあったし、出口付近の部屋には、机上水槽や噴水つき人工池も設置されていたほか、ベルリン水族館のようにマスの孵化を見せる展示もおこなわれていた。館内の大部分は暗くし、光は水槽のガラス板をとおして入ってくるようになっていたので、展示内容がよく見えた。[45]

つぎに展示された生きものだが、海産ではマダイやスズキ、サメ・エイの仲間、カブトガニ、タコ、クラゲ、イセエビ、イガイ、タイマイ、アオウミガメなどが、淡水産ではコイ、ゲンゴロウブナ、モロコ、金魚、スッポン、カラスガイ、サンショウウオ（文章からするにおそらくオオサンショウウオ）などがいた。

あわせて興味深いのが、水族の産地である。海水魚は瀬戸内海、淡水魚は岐阜県や琵琶湖のものが主体だった。またイソギンチャクやウミウシといった無脊椎動物は神奈川の三崎と淡路島から搬入している。

しかし『報告』をよく読むと、沖縄と台湾からも、ウミガメの仲間や土着種を入れていることがわかる（台湾は、日清戦争後の1895年から日本統治下にあった）。とくに4頭いたタイマイの一部が台湾から来たものらしく、大変元気で200以上もの卵を産んだという。[46]

ちなみに同館の海水は蒸気ポンプで汲みあげたものを、淡水は、飲料用として港の船に配られるものを使った。水はまず「入水井」に入り、ついでろ過槽にまわされてクリーンになったあと、貯水池へ入れられる。さらに、石油発動機をもちいて高さ約11メートルのところにある別の貯水槽へまわされ、そこから飼育槽へ流れこむ。飼育槽の水は、排水口をとおって最初の「入水井」にもどる。つまり、できるだけ新しい水を供給しなくてすむ設計になっていたわけだ。エアレーションもおこなっていたことは、いうまでもない。[47]

飼育の苦労とドタバタ劇

また、『報告』からわかるのは、水族館のしくみだけではない。館員たちの悪戦苦闘ぶりもうかがえる。たとえば、海水魚の理想的な飼育温度は19度程度とされているのに、9月1日の開設だったため、残暑のせいで25度に跳ねあがることがあり、冷やすこともままならないまま、たくさんの魚が死んでしまったという。逆に水温が下がると、沖縄から運んできた生きものがとくに打撃をうけた。

また水族を運搬してくるさい、注意が足りなかったり、狂乱して暴れたり、容器が不適当だったために体を損傷したり、環境が激変して弱ってしまい死ぬことがあった。そのうえ、水槽の数が足りなかったので複数種をいっしょに飼育したところ、食い合いや殺し合いも発生した。寄生生物も頭の痛い問題で、これにとりつかれた魚を淡水と食塩水のあいだで行き来させたり、希硫酸で患部を洗ったりして対処している。

結局『報告』によると、5585点の生きもののうち、3878点が死亡している。ただ、種類によって死亡率はさまざまで、カレイ、スズキ、カブトガニ、フナの仲間のようにけっこう丈夫だった生きものもいれば、メジロザメ、アカエイ、ドチザメみたいに、水質の変化に脆弱なものもいた。イソギンチャクは、運搬中に死んだものも含めて、2000匹のうちじつに1950匹が死亡している。

脱走事件もあった。たとえば沖縄から運んできたエラブウミヘビは、排水口を伝って逃げたことがあったし、ヤシガニは予備槽のふたを勝手に開けて全力疾走し、柱にしがみついたりしたため、頑丈な檻に入れざるをえなかった。オオサンショウウオも隙をみて池からはいだした。逃げ足が思いのほか早く、追いつめたら口をカッと開いて抵抗するので、とうとう池のうえに鉄網をはって閉じこめてしまったという[48]。

こうした苦労はあったものの、和田岬水族館は大好評で、開館して10日のうちは、来館者が入ってもろくに内容も見ないまま、トコロテンみたいに押しだされるありさまだったという（博覧会期間中の訪問客は、じつに19万8980人を数えた）。和田岬水族館は、のちに湊川神社に移されて、兵庫共済株式会社のもとで約8年間営まれている[49]。

浅草公園水族館の誕生

ところで、和田岬水族館を設計した飯島は、日本で2つ目の民営水族館である浅草公園水族館（1899）や堺水族館（1903）の設計にもかかわっている。浅草公園水族館の設立を主導したのは、大日本水産会（日本の水産教育をうながすべく設立された民間組織）の発起人でもあった、中尾直治と太田實である。[50] この水族館の様子は、『東京名物浅草公園水族館案内』（1899）に記されている。

浅草公園水族館は、木造西洋風の建物で、16個の海水水槽があった。訪問者がまず目にするのはグロッタ風トンネルで、そこに第1水槽と第2水槽が設置されていた。しかも、水色の布を透かして見るという、和田岬水族館のテクニックを応用し、海底旅行の雰囲気をもりあげた。各水槽は、海底、岩礁、海岸、遠洋といったテーマにあわせて展示されていた。

生きものも多種多様で、魚はもちろんウニ、カニ、イソギンチャクとひととおりそろっていたが、サメ・エイの仲間も多くいたらしい。たとえば、第11水槽は沖合の海を再現していたが、ホシザメ、ドチザメ、ネコザメ、アカエイ、ガンギエイなどがいた。タイマイもここにいたようだ。いっぽうでタコやイカの飼育には苦戦した。

なお、浅草公園水族館も、ろ過・循環システムを備えていたことはいうまでもないが、汲んでくる海水の塩分にムラがあったり、水温調整ができないなど、和田岬水族館の問題もそのままかかえていた。[51]

また『読売新聞』と『朝日新聞』は、それぞれ12月8日付の記事で、同水族館が特製の水族運搬船「游鱗丸」を竣工させたことを報じている。これで運ばれたタカアシガニは大きくてインパクトじゅうぶんだったが、残念なことにノコギリザメは狭い水槽で鼻先を折って死んでしまったそうである。[52]

同水族館では、アシカ（1901）やガビアル（1903、ワニの仲間）を展示したこともあった。『朝日新聞』は、ガビアルは先述の太田が交際していたジャワ島民に依頼して入手したものだとしている。さらにアフリカやインドには、大きなワニを「魔神」として崇め、堂宇を建て、赤子をいけにえにささげる「迷信者」がいるらしいと民族学的な（？）記述もそえているが、[53]ひょっとしたら水族館でもそのような解説があったのかもしれない。

だが浅草公園水族館は、しだいに経営が苦しくなっていき、大正に入ったころから2階で演芸や演劇がおこなわれるようになった。地下には喫茶店が設けられ、飲食しながら水槽を見あげる（地下階の天井の一部がガラス張りになっていた）ようにするなどの工夫もあったが、昭和初期に閉館している。[54]

華美を誇った堺水族館

堺水族館（図3‐22、23）は、第5回内国勧業博覧会の第2会場に建てられたものだった（第1会場は天王寺）。『第五回内国勧業博覧会事務報告』（1904年、農商務省編）によれば、1903年の3月1日にオープンし、7月31日の博覧会終了時までに来館者数じつに95万4516人を数えている。[55]混雑のひどいときは、肩も肘もふれあって身動きがとれないありさまで、う回路を設けて整理しなければならなかったが、それでも3時間待たされることがあったという。[56]

堺水族館は、幕府時代の砲台跡の、約721平方メートルの敷地に建っていた。外見は和洋折衷、木造2階建てで、先に触れたように飯島の設計であった。内部はやはり暗くしてあった。『堺水族館記』（1903）は、どこかの新聞に「館内は暗黒にして収容物は明瞭に見る能(あた)はじ」と書かれたけれど、そんな馬鹿なことあるもんか、水槽のなかをよりよく見せる工夫だと主張している[57]。もっとも空調設備が整っておらず、混雑すると臭気と熱がこもりがちだったので、換気のために通行口や窓を開けたところ、日光が入って観察を妨げることはあった。水槽の多くは、水面上にライトを備え、夜間でも魚が見えるようになっていた[58]。

館内は、左右両翼と中央の3つのエリアにわかれ、29個の水槽（1〜22号槽は海水用、残りは淡水用）ならびに海獣用の池が1つ、予備槽（保健槽）が8個あった[59]。水槽内のデザインはかなり凝っていて、海底や洞窟、サンゴ礁を再現するのはもちろん、セメント製の鍾乳石洞窟や、天然石をもちいた「海礁突起せる百尋の海底」[60]、奇岩を積みかさねて「海礁の崩壊せる景状」[61]を表現したりもしている。

とくに最大のサイズを誇る第17水槽は、いまにも倒れそうな「礁崖」をつくり、そのあいだに広がる水の世界が無限であ

図3-22、23　堺水族館の外観と館内

るかのように見せかけるべく、背面に水色ペンキを塗ったガラスをはめた。なお、この水槽は、幅約6・7メートル、高さ約1・6メートル、奥行き約2・1メートルあったが、すさまじい水圧に耐えかねてガラス面の下部に亀裂が生じたので、紀州石を装飾的に使いながら修理している[62]。

また第14、19水槽もユニークであった。前者はカイツブリという鳥を飼育し、これが水に潜って魚を捕る姿を横から観察できた。後者は、古木のあいだに金属線をもちいて蜘蛛の巣を再現し、これでオオサンショウウオの脱走を防ぐという工夫をしていた。また海獣（アシカ、オットセイ）用の池では、セメントと紀州石を使って海岸の岩礁を再現していた[63]。

これとならんでおもしろいのは第15水槽で、天井から吊るしてタイ、フグ、メバル、ヒラメなどを下から見せる、いわゆる「天井水槽」であった。教育効果と、没入感を高めることの両方を狙っていたのかもしれないが、図面を見るかぎり、あまり大きなものではなかった[64]。

ちなみに、館外には噴水があって、貝殻をかかげる子どもの像をすえていた。これと対をなすのが、その向こうに広がるフランス風庭園中央の「龍女」ないし「乙姫の噴水塔」（図3－24）である[65]。

この庭園には、国内産の植物にくわえ、オランダからとりよせたチューリップやアネモネが植えられており[66]、金魚池や温室も併設された。後者にも海水・淡水をたたえた卓上水槽があって、やはり生きものが飼育されたという（淡水水槽はバランスド・アクアリウムだったが、海水水槽には、空気を送りこむためにドイツ製圧搾空気ポンプを使った[67]）。

つぎに生きものだが、このたびは291種の展示動物が本館に展示された。各地から寄贈されたもののほか、堺の魚問屋や、和歌山、徳島の漁師から購入したものや、関係者がふたたび三崎や淡路で集めたものもあった。アシカは島根県、オットセイは茨城県で捕獲して連れてきた。注目すべきはサンパンヒー、レーヒー、ゼンヒー、コウタイ、トウサイと称する台湾の淡水魚で、これは台湾総督府が出品した。ちなみに温室にも、同総督府が出展した珍しい植物があった。[68]

和田岬水族館のときに苦い経験をした、動物の運搬や管理はどうだろう。まず魚や無脊椎動物の運搬作業は、容器の水を多くしたり、手はずをきちんと整えるなどして慎重におこなわれた。しかしオットセイの運搬・飼育には苦労して、3回輸送を試みたが、1回目は途上で1頭死なせてしまっている。また2回目、3回目のさいも、なかなかエサを受けつけず、ハラハラしたらしい。アシカにも、おそらく来館者が投げ与えた木片を呑みこんだせいで死んでしまったものがおり、さらに両方とも眼病に悩まされた。

しかも、生きものたちが気温の変化に苦しめられたのは前とおなじで、寒いときは亜鉛性の一種のストーブをつくり、これに炭火を入れて水につけ、温めることに成功したが、夏に近くなるとまた水温が25度になって死ぬものが出た。寄生虫にもあいかわらず悩まされていたし、環境の変化に適応できない生きものもいた。なかには、水圧の変化に耐えられず目玉が突出する魚もいたという。[69]

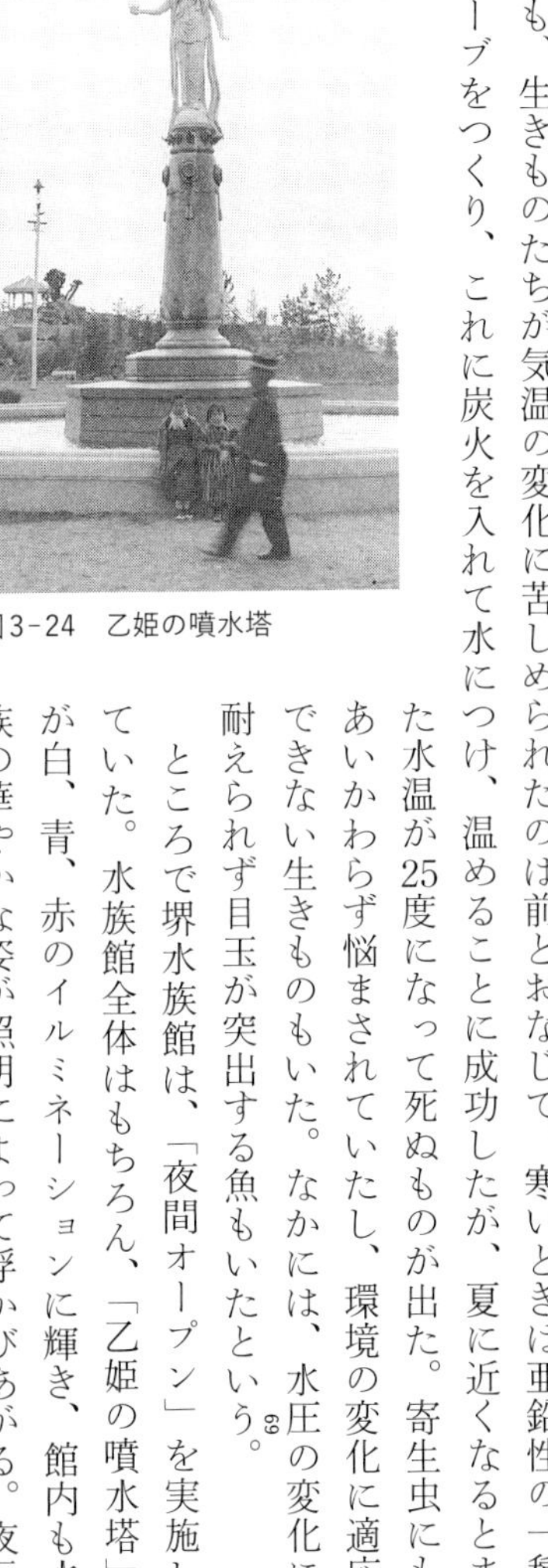

図3-24　乙姫の噴水塔

ところで堺水族館は、「夜間オープン」を実施していた。水族館全体はもちろん、「乙姫の噴水塔」が白、青、赤のイルミネーションに輝き、館内も水族の華やかな姿が照明によって浮かびあがる。夜行性の水族のみならず、昼行性の生きものも活発に泳ぎだして、「夜に訪ねたほうがずっとおもしろい」と語る来館者もいた[70]。ことに、直立して泳ぐヨウジウオが、灯火のもとに集まる様子はまことに「美観」だったという[71]。

鈴木によると、この水族館は博覧会後も堺市立水族館として運営され、戦前に一度焼失したものの、上田信三郎という人物の寄付のおかげで再建し、1961年に閉館するまで、58年間存続した。後述する阪神パーク水族館と違い、第2次大戦を生きのびたのである[72]。

西洋文化と日本文化のハイブリッド

以上のように、明治期には日本でも近代水族館がつぎつぎと誕生したが、その特色とはなんだろうか。

なにより、明治期の水族館は、西洋的要素と日本的要素をあわせもっていた。

この節のはじめに述べたように、日本人の目には、水族館はヨーロッパ式の自然の活用法を教える、特別な施設と映った。それはまた、水産業を発展させ、富国強兵を推進するのにも役立つはずであった。

たとえば、『第二回水産博覧会附属水族館報告』(和田岬水族館の報告)では、日本は海に囲まれ、生きものが豊富なので、「水産原料」としてこれを研究するためにも水族館が必要なのだ、と解説されている。浅草公園水族館のガイドブックにも、ほぼこれとおなじ文章がある[73]。

また、堺水族館のガイドブック(『堺水族館図解』)では、動物が「一、原虫類　二、海綿類　三、腔腸類［……］十、脊椎動物」(一部現代漢字に変更)と10の門に分類され、さらにそれが綱、目、科、属、種というふうに分かれていくことを解説している。[74] そして各グループの生きものが、精密な絵や学名とともに紹介される（図3－25）。第1章－3で紹介した、西洋式の分類法と二名法が、しっかりと踏襲されているわけだ。

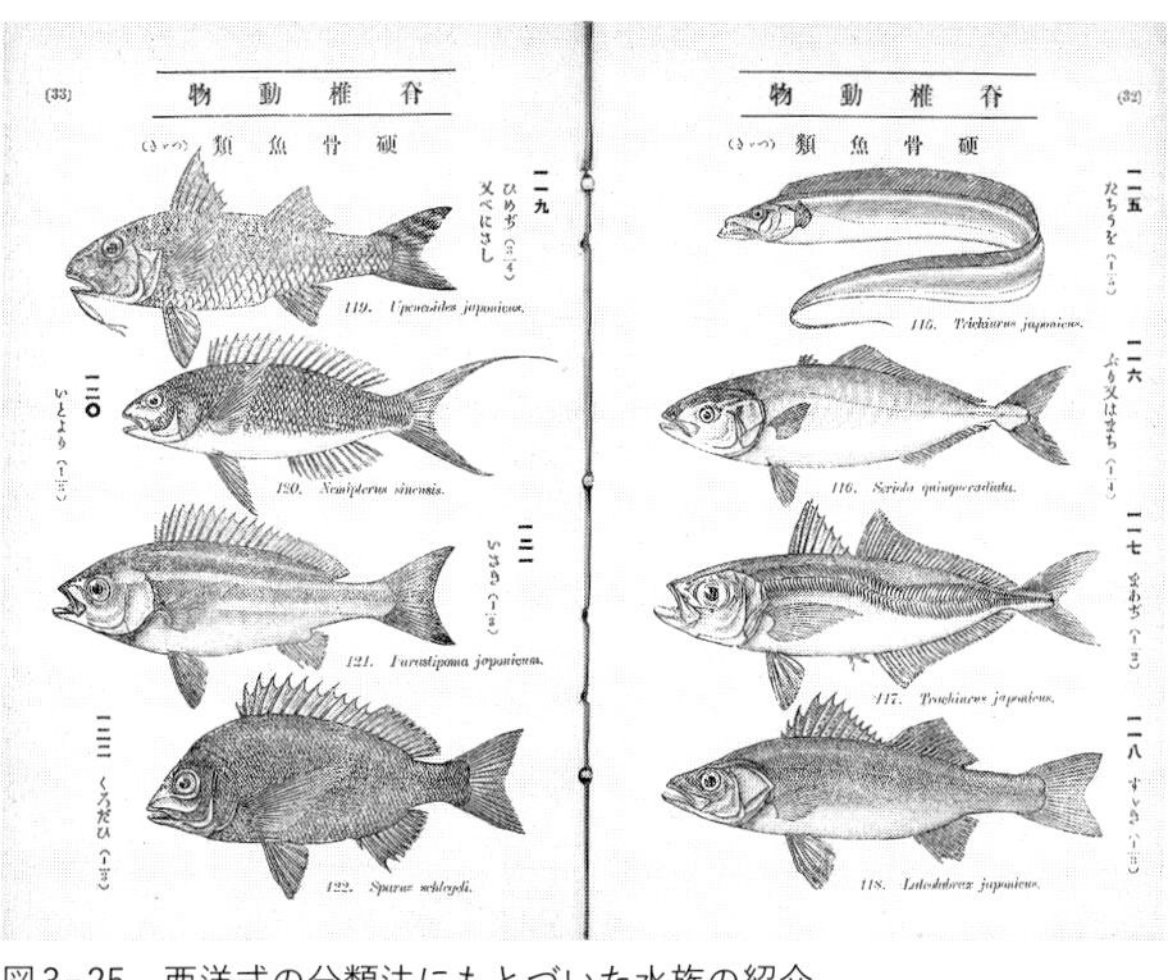

図3-25　西洋式の分類法にもとづいた水族の紹介

しかも、ただ生きものが列挙されるだけではない。アオウミガメの肉はおいしく西洋では上等の料理になるとか、オットセイの毛皮は、塩漬けにして外国に輸出するなど需要が高いといったことも掲載されていて、水族館はあくまでも産業の発展に寄与すべきという思想がうかがえる。[75]

ここだけを見ると、日本の水族館は、純粋に西洋的な施設だった。しかし、かならずしもそれにとどまるものではなかった。

たとえば、初代浅草水族館は、海神や弁才天の漆喰細工が置かれていたという。運営者たちは、水族館体験に、「海幸山幸」（コラム1）に代表される異界訪問譚の要素をつけくわえていたのだ。

さらに、和田岬水族館の外観も注目に値する。それはヨーロッパ風の建物に、インド風の尖塔やアーチをとり入れた奇妙な姿をしていた。

ヨーロッパはいいとして、なぜインドなのか。筆者は、ここに「竜宮」（龍宮城）のイメージがかかわっていたのではないかと推測している。もともと「海幸山幸」でも語られているように、古来日本人は海のかなたに海神宮があるとイメージしてきた。やがて海神宮は仏教由来の龍宮と結合するが、「浦島伝説」の龍宮も、そうして生まれた観念である（コラム6）。そのうえ、日本人は龍宮のイメージを、中国・朝鮮風の建物の姿で描いてきた。「異界」に「異郷」のイメージを重ねたのである。

しかし、龍宮はもともとインド起源の観念であり、しかもかの国の建築要素はヨーロッパ建築と相性がよい。つまり、水族館がヨーロッパ由来であることを示すいっぽうで、インドのモチーフをとり入れることによって、一種の「浦島体験」ないし「龍宮体験」を演出しようとしたのではないか。

少なくとも、水族館を龍宮になぞらえることは珍しくなかったようだ。『東京名物浅草公園水族館案内』の巻末に載っている歌はそのことを示している。水族館をテーマに、ある臨時狂歌合で読まれたものだが、そのいくつかを紹介するとつぎのとおりである（一部仮名づかい、漢字は現代語に修正。また、必要と思われるところのみ読み仮名を残す）。

龍王のみやこもかくや荒潮の
　そこに赤えいここに青さば

人浪のよるひる高く評ばんも

たつのみやこを写す見せ物
乙姫となる玉乗も来てや見ん
龍のみやこをうつすこの館[76]

もうひとつ思いだすべきなのは、堺水族館の敷地内に「乙姫の噴水塔」があったことだ。これは、庶民だけでなく、水族館を設計する側も、水族館に龍宮のイメージを重ねていたことを示唆している。

ヨーロッパの水族館は、ヴェルヌの『海底2万海里』を下じきに、水中体験を演出した。それにたいして日本の水族館は、龍宮にまつわる物語（浦島伝説）を、人びとの体験を誘導するために使ったのだ（その結果、新しい「龍宮」ではウミガメ料理が紹介される、という不気味なことになるのだが）。

ちなみに明治期の水族館は、文化的な面だけでなく、素材の面でもハイブリッドであった。和田岬水族館の石油発動機は、「西国『ヴィンタルチウ』会社」のものだというが、どうやらスイスの工業都市ヴィンタートゥールの会社を指すらしい。いっぽう、ポンプは川崎造船所のものだった[77]。また、堺水族館でもちいられた、約2～4センチの厚さを誇るガラス板はすべてロンドン製である。ろ過・循環システムについては、ポンプは川崎造船所と大阪鉄工場が、石油発動機は東京高等工業学校が製作している。配水には鉛管、土管、鉄管、竹管をもちいたが、鉄管はホーロー引きで、ドイツ製だった。温室にある海水水槽に使用された空気圧搾機も、やはりドイツでつくられた[78]。

大日本帝国の水族館

明治期の水族館のもうひとつの特徴は、帝国主義とのかかわりだ。和田岬水族館は、台湾が日本統治下に置かれていくばくもたたないうちに、そこから運んできたタイマイを展示している。当時の来館者には、その政治的意味は明らかだったはずである。ヨーロッパの動物園や水族館において、植民地産の生きものが、帝国の版図を表象していたことはすでに述べた。同様に、台湾産の生きものは、大日本帝国が新しく獲得した植民地を体現していた。

もちろん、タイマイを展示した運営者側の本来の意図は定かではない。しかしこの時代、できるかぎり広い地域から、できるかぎりたくさんの生きものを展示しようとする水族館は、おのずから帝国主義と結びつかざるをえなかったのである。

堺水族館でも、ふたたび台湾産のサンパンヒー、レーヒー、ゼンヒー、コウタイ、トウサイなる魚が展示された。これらを出品したのは、台湾総督府である。

彼らは、どのような生きものだったのだろう。『堺水族館記』によると、サンパンヒーは「台湾金魚」のことで、背ビレ、腹ビレともに長く、薄ねずみ色で、底紅色の横縞が入っていたという。レーヒーはエソに似た魚で、全身が滑らかで茶褐色、豹紋があって、目が異様に輝いて「いと悪(にく)さげなる魚」だったという。ゼンヒーはスナヤツメに似ているが、黒くてエラ穴がなく、目もあるのかないのかわからないほど小さくて、「底の醜き魚」に見えた。コウタイ、トウサイはギギに似た生きものであった。[19]

「悪さげなる」とか「醜い」とかいった表現は、彼らがなじみのない生きものであることを強調する。じっさいこれらの魚は、珍しい異郷の生きものを見たいという、日本人の欲求を満たすものであった。

堺水族館の台湾産の魚がもっていた意味は、第5回内国勧業博覧会を視野に入れることでいっそう明らかとなる。この博覧会は、「内国」と銘うってはいるが、万国博覧会に近い性質をもっていた。たとえば「参考館」というのがあって、そこにはイギリス、ドイツ、フランス、アメリカなど18か国がその物産を展示した。またカナダは、独立したパビリオンを設けていた。海外からの出品数は、じつに92111点にのぼったという。

図3-26　第5回内国勧業博覧会の台湾館

これとならんで、植民地パビリオン「台湾館」（図3-26）もあった。その建設を求めたのは、ほかでもない台湾総督府である。これを着想したきっかけは、1900年のパリ万博（第2章-2）の植民地パビリオンにあるという。台湾総督府は、新たに獲得した台湾の文化や物産にかんして人びとの理解を深めるべく、これを企画したのだが、博覧会用の建物にくわえ、わざわざ現地から「篤慶堂」を運んでくるほどの力の入れようだった（ただし移設するには金が足りなかったので、台湾協会という、台湾に官吏として勤めた人びとからなる団体が援助した）。篤慶堂は、北白川宮能久親王が、台湾へ出征したさい休息したという建物であり、要するに台湾支配の象徴だった。またパビリオンには、売店、喫茶店、レストラン、さらには動物園まであった。[80]

篤慶堂には、台湾の民族衣装を着た「風俗人形」が陳列された。またレストランや喫茶店では纏足女性が給仕し、大変な人気を誇ったという[81]。このように台湾館は、物産、建築、人間、陸生動物がひとつになった異空間を構成した。そして第2会場の水族館では、台湾産の魚たちが、やはりエキゾチックな環境を構成していたのだ。

松田京子（文化交流史家）が指摘するように、台湾館の展示は、当時日本の領土に組みこまれた台湾の微妙な立場をあらわしていた。「台湾は包括的には『帝国』日本の一部でありながら、日本『内地』とは異なる『文化』を持つ地域として位置づけられた」[82]のである。それはまさに、ヨーロッパの植民地がかかえていたジレンマに相当するものであった。そしておなじ立場は、堺水族館の台湾産淡水魚にも当てはまる。彼らは、日本の「領土」に産する。しかし同時に、台湾人や台湾文化とおなじく、異国風の外見をもっていなければならなかったのだ。

また第5回内国勧業博覧会も、そしてその一部である堺水族館も、日本の先進性と国威を海外に見せつけるはずのものであった。吉見がいうように、「この内国博開催に際しては、『帝国は既に英武を以て世界を驚かし、列強の伍伴に列し、高等の地位を占め、軍事に於ては敢て一等国に譲る所なく生産に於ても世界と競争せざるべからず』といった主張が露骨に語られ」[83]るようになっていたのだ。

日本がいまや一等国であるという自負は、『堺水族館記』の記述にもあらわれている。なるほど、ベルリンやニューヨークの水族館の大規模なしかけにはかなわないけれど、水槽内の石積み技術や趣味においては「わが水族館には及ぶべくもない」とがんばってみせる[84]。和田岬水族館で悪戦苦闘してからさほど時も経ないのに、もう欧米の向こうをはろうというのだ。

しかもごていねいにも、「欧米の観客と水族館」という章まで設けて、欧米人の感想を載せている。いわく「ヒラデルヒャ」（フィラデルフィア？）のある医師は、水槽内の表現や生きものの多様性にかんがみ、本館こそが「世界一の水族館」だと評した。英国公使も感心したそうだし、アメリカ水産調査委員「ドクトル、エッチ、エム、スミス」氏などは、欧米の代表的な水族館はほとんど見てまわったが、堺水族館は優れた展示、照明の工夫、生きものの健康さ、多様さからして、世界最高の水族館に匹敵すると述べたとか。[85] 外国人の論評を引っぱりだしてきてウヒョウヒョ喜ぶさまは、いまの日本人とあまり変わらない。

最後に、第5回内国勧業博覧会には、メリーゴーラウンド、ウォーターシュート、展望台、金髪女性の踊る「不思議館」、世界の名所をジオラマにした「世界一周館」など、エンターテインメントが随所にもりこまれていたことが知られている。[86] つまり、人びとは珍しいもの、おもしろいものを見たい、楽しみたいという欲望をもってやってきたのであり、水族館の「龍宮体験」もその対象に含まれていたのはまちがいない。

西洋文化あり、和風文化あり、台湾からの展示品あり、エンターテインメントあり。この意味で堺水族館は、博覧会の一要素であったばかりか、博覧会そのものの性質を圧縮した、ひとつの「小宇宙」を構成していたとすらいえるだろう。

水族館と日本美術

ところで『堺水族館記』には、水族館は画家にとっても参考となるはずだと書かれている。ことに、日本の画家の描く海の生きものは、動物学者が見れば全然さまになっていない。ヒレや体の動

図3-27　都路華香「水底遊魚図」(一部)

かしかたや色をしっかりと勉強したければ、水族館が必要だろうというのだ。[87]

それでは水族館が、日本の魚の表現に影響を与えることはあったのか。じつは、これについては美術史家の諏訪智美の「日本の絵画における遊魚表現」という、興味深い論文が存在する。これは近世から近代にいたる、魚の絵画の歴史をたどったものだが、そのなかで、水族館と絵師のかかわりが論じられているのだ。

諏訪によれば、たとえば都路華香(1870~1932)は和田岬水族館におもむいて、魚の様子を学んだという。そして、「水底遊魚図」(図3-27)に描かれた海水魚の種類を、和田岬水族館で飼われていた種と比較したところ、華香は、水族館の水槽の内部をそのまま描写したわけではないものの、同一の水槽内で飼われていたタイ、コショウダイ、スズキなどを、絵のなかでも隣接させて描く傾向があったと指摘する。[88] じっさい、華香の描く魚を見てみると、ガラスをとおして横から眺めたことをうかがわせる、リアルな描写をおこなっている。

それに負けず、みごとな作品を残しているのが「魚の画家」こと大野麥風（1888～1976）だが、彼もまた、潜水艇や水族館で見た光景をとり入れたという。麥風は、水族を生態に忠実に描くことを主張し、食用としてではなく、親しみ深い隣人として描こうとした。[89] その成果は、『大日本魚類画集』（1937～1944）となってあらわれるが、その絵ひとつひとつを見ていくと、なるほど水族館で見学したことをうかがわせるものが多く、横から描かれたマダイやメバル（図3－28）、砂のうえを這うカレイやコチ、頭上を泳ぐボラ、モンゴウイカがスミを吐く瞬間などが、じつに生き生きと、かつ色鮮やかに描かれている。

これらの作品は木版画で、西宮書院店主の品川清臣のもと、絵師のほかに彫師、摺師が協力してはじめて完成した。しかも生きものたちの微妙な色彩を表現するために、1枚につき200回も刷ったというから驚きである。

なお、兵庫西宮に在住していた麥風が通ったのは、湊川公園水族館（1930）と後述する阪神水族館（阪神パーク水族館ともいう）で、潜水艇に乗ったのは和歌浦沖である。また、1941年にはわざわざ満州にいって魚の研究をしたこともあるという。[90]

図3-28　大野麥風《メバル》（『大日本魚類畫集』第一輯より）
1938年　木版・紙　27.0cm×39.1cm
姫路市立美術館蔵　画像提供：姫路市立美術館

はかなき龍宮城の夢――阪神パーク水族館

その麥風が通った阪神パーク水族館は、ごく短いあいだしか存在しなかったが、触れないでおくにはもったいない施設である。阪神パークは、もとは甲子園娯楽場といい、1929年に阪神電気鉄道によって開園された。事業課長をつとめた前田純一の回想によると、阪神パークは「生きた動物園、動く遊園地」としてスタートし、狭い檻に動物を入れるのではなく、猿島、ヤギを飼育する大きな岩山、アシカ池などをつくって、動物たちが生き生きと活動するさまを展示する、当時としては斬新な手法をとった。またゾウ、ライオン、チンパンジーなどにサーカス芸をさせたところ、各地の動物園が模倣するなど大きな反響を呼んだという。いっぽうの遊園地のモデルとなったのはニューヨークのコニーアイランドで、メリーゴーラウンド、飛行塔、自動車などを備えたところ大人気となった。[91]

これに付属する施設として、水族館がオープンしたのが、1934年4月のことである。「陸の竜宮」（龍宮）がキャッチフレーズだった。[92] シカゴやニューヨークの水族館に負けないものをと、動物学者の川村多実二（たみじ）（1883～1964）が設計にかかわったが、堀家（ほりけ）惣太郎とその子の邦男も、設備や展示にかんして有益な提言をおこなったという。前者は、1910年から33年まで、堺水族館で実質的に館長をつとめていた人物で、経営、設備、水族の飼育・収集についてはこだわりがあった。後者は、その堺水族館の館舎で生を受け、父親の背中を見ながら育ったあと、阪神パーク水族館の館長となっている。[93]

この水族館は、堀家邦男いうところの「スパニッシュ風」建築で、[94] ヨーロッパの教会を連想させるものであった。そして「従来の水族館は薄暗くてジメジメしているが、今度は一つ明るい愉快なのを作ろうというわけで、まず入口は天井が水槽で、頭の上を鯛が泳いでいる」[95]という展示をおこなった（図3－29、30）。じっさい当時の絵葉書を見ると、戦前のものとは思えないほど機能的かつ没入感あふれるものであったことがわかる。

そのほかに海水魚槽31個、淡水魚槽6個、熱帯淡水魚置水槽32個、海水置水槽11個、海亀プール1個があった。[96]大型の水槽は高さ2メートル、幅4メートルあり、ベルギー産の1インチ（2・54センチ）以上の厚さがあるガラスを使用したという。[97]

なお1936年の資料によると、200種、2500点の水族が展示されていた。[98]飼育用の海水は、付近の海が汚かったので、明石海峡付近から運んできた。これをろ過したうえで循環させて使うしくみだった。[99]

図3－29　阪神パーク水族館の絵はがき（尼崎市立歴史博物館あまがさきアーカイブズ提供）

図3－30　館内の様子（尼崎市立歴史博物館あまがさきアーカイブズ提供。吉田敬一氏原蔵）

海水や水族の運搬に使われたのは、「阪神丸」という循環装置つきの機帆船である。魚は瀬戸内海、四国、紀州から収集され、元気なまま運んでこられるので評判だった。[100]堀家は、南紀や四国で潜水し、みずから採集した。当時はアクアラングがなかったので、自転車の空気入れを3本つなげ、手製のマスクまで空気を送ってもらったという。[101]

さらに野心的な試みとして、沖縄の水族捕獲作戦（1937〜42）があった。もともとはジュゴンを入手しようとしたのだが、無理とわかってサンゴ礁の魚を集めることにしたのだ。[102]『博物館研究』によると、初年に捕獲されたのは約36種、2000尾で、「南海珍魚展」と銘打って展示されている。[103]「大魚槽の中へ真っ白な珊瑚礁を再現し、紅紫とりどり五彩にかがやく数百尾の熱帯魚群を放った時の壮観は、文字どおり龍宮城もかくやとばかり光り輝き、人々をアッといわせた」[104]と、先述の前田は書いている。

もうひとつの重大イベントは、クジラの飼育であった。1936年、太地で十数頭のゴンドウクジラが生け捕りになり、これを購入しないかとある男から持ちかけられたのがきっかけであった。彼は、クジラを甲子園浜へ連れてきて、一種の捕鯨ショーをやったらどうかと提案した。[105]しかし、もし生きたまま連れてこられるのなら、そのまま飼ったほうがよいということになって、その方法が検討された。

堀家のアイデアで、4頭のクジラをまず「阪神丸」のわら布団をしいた甲板に寝かし、これに海水をかけながら運ぶことになった。積み込み中に、作業員のひとりがクジラの1頭の目に触り、それが原因で大暴れしたあげく、心臓麻痺でショック死させてしまう事件があったものの、残りは無事運ぶことができた。甲子園沖から直接上陸させるつもりだったが、波が荒れて鳴尾港に入港、そこからトラックで運んだという。そしてクジラは戸板に載せられて、進水式みたいにレールを滑ってプールへドボンと入った。このプールは、660平方メートル、深さ3メートルで楕円形だった。[106]この後もクジラは追加され、仔を生むものさえいたが、前田の記憶では、病気と寒さでつぎつぎと息絶え、長生きしても半年ちょっとしかもたなかったそうである。[107]

このように意欲的な展示をおこなった阪神パーク水族館であったが、生まれた時代が悪かった。1941年に太平洋戦争が勃発、43年には川西航空機工場の飛行場拡張のため、軍に要請されて水族館は取り壊しとなる。[108] 建物はすべて破壊され、阪神丸は軍需会社に引きとられて、海難救助船となった。[109] ちょうど、日本軍のガダルカナル島撤退（2月）、アッツ島守備隊玉砕（5月）といった暗い出来事のあいだのことである。

閉鎖したときの経験を、堀家はつぎのように語っている。

私たちの心には、たとえようのない悲しさと痛さがともなって、胸を締めつけるのだった。そして「戦争のために閉鎖するんだよ」ということを、魚たちに伝えるすべのないのがつらかった。一槽一槽の魚たちの可愛い姿を見ながら、私は「もし戦争がなかったら……」と、何回も口の中で繰り返すのみだった。魚たちの最終処分は、八月十八日と決まっていたので、期日が近づくにつれて、ほとんどの小魚たちを、夜のうちにこっそりと生まれ故郷の海に放してしまった。

「さようなら、元気でな……」魚たちは声もなく月明の中に、美しい銀鱗の輝きだけを残して、真夏の夜の海に消え去っていった。[110]

ほかにウミガメも放流したが、ブリ、スズキ、マダイなどは死をまぬかれなかったという。こうして阪神パーク水族館は、「大戦に殉じて花と散った」[111]のだった。

3　水族館と第2次世界大戦──革命、破滅そして再生

マリンスタジオとオセアナリウム

阪神パーク水族館と同様に、世界の水族館は、第2次世界大戦期の厳しい試練にさらされることになった。しかし戦争の直前、のちの展示につながる革新が生じてもいる。アメリカのマリンスタジオ（マリン・ステューディオス、1938、後のマリンランド・オブ・フロリダ）による、「オセアナリウム」の導入である。オセアナリウムは。水族を種ごとにわけて展示するのではなく、海底とおなじようにいっしょにして飼育する（大型）アクアリウムのことを指す。[112]

またマリンスタジオのオセアナリウムが革新的だったのは、大きな水槽をつくって水族をたくさん入れただけでなく、映画技術を水族展示に応用したことであった。それは、水族館が展示する「海中風景」とはそもそも何かという、非常に重要な問いにもかかわってくるのだが、まずはその概略を説明しよう。

マリンスタジオは、ウィリアム・ダグラス・バーデン（博物学者、1898〜1978）、コーネリアス・ウィットニー（ビジネスマン、1899〜1992）、シャーマン・プラット（探検家、1900〜64）、イリア・トルストイ（1903〜70）といった人びとによって建設された。なおトルストイは有名なロシア作家レフ・トルストイの孫で、共産主義革命が吹き荒れるなか祖国を脱出、アメリカで水中撮影にとりくんでいた。映像技術に関心があったのは、ほかの3人もおなじである。

マリンスタジオの原案では、海水の流れこむ峡谷の端を鋼鉄製のネットで区切り、その内側に水

中撮影・観覧用のスペースをつくることになっていたが、ハリケーンや嵐がなかの水を荒らして濁りが生じるだろうことが予測された。かわって考えられたのが、巨大な鋼鉄製タンクをつくり、そのなかでサメ、イルカ、マンタ、ウミガメその他無数の水族をいっしょに飼育し、研究や撮影に使うというものだった。建設地に選ばれたのは、セントオーガスティン（フロリダ）から約30キロ南に位置し、海と川に挟まれた土地である。計画当初は一般に公開することは考えられていなかったが、あとで誰でも入れるようになった[113]。

　オセアナリウムの建設は、1937年にはじまった。それは、2つの巨大水槽と、それらをつなぐ水路からなりたっていた。生きものは、まず水路に入れられ、そこからいずれかの水槽に移される。水槽はそれぞれ四角形と円形をしていて、3階建てであった。四角形のほうは、縦横約30×12メートル、深さ約5・5メートルあり、円形水槽は直径約23メートル、深さ約3・4メートルの規模を誇った。いずれも、周囲には通路が設けられ、のぞき窓をとおして生きものの観賞・撮影ができる。四角形の水槽には、自然な環境を構築するため、8トンの岩と7トンのサンゴが運びこまれた（図3-31）。

図3-31　上空から見たマリンスタジオ

　問題はガラスであった。マリンスタジオの水槽の水圧はかなりのものになるはずだったので、軍艦用の頑丈なガラスが選ばれた。とうぜん、窓の位置が深くなるにしたがって、素材はより厚くなる。地下と別棟には、400～500万ガロン（約1500万～1900

0万リットル）の水を循環させるパイプ、ポンプ、モーターが設置されて、1938年に完成した。そして、「ポーパス」という採集船もつくられて、サメ、イルカ、ウミガメその他のあらゆる生きものを採集した。[114]

マリンスタジオの創設者らは、とりわけサメの飼育にこだわった（アメリカ人がつねにサメに関心を示したのは、海の恐怖のシンボルを手なずけんと欲したからであろう）。これまでも飼育は試みられていたが、捕まって暴れるさい、体内に乳酸が蓄積されるのが原因で、呼吸困難に陥って死ぬことが多いのがネックだった。

そこでトルストイは特殊な銛を考案した。これを刺すと、仕込んでおいた麻酔剤が自動で注入され、サメは暴れなくなる。捕獲の順序は、まず網や釣り針にかかったサメを船に引きよせ、注射でおとなしくさせる。「ポーパス」は船尾のドアが開くようになっており、これをとおってサメはそのまま水を満たした区画へ収容され、マリンスタジオへ運ばれた。[115]

もうひとつの人気者は、ハンドウイルカであった。はじめに1頭のメスとその子どもが、開館前に運びこまれた。この親子はすぐに環境になれ、子どものほうはカメを鼻先でトスしたり、ひっくりかえしたりして遊ぶようになった。この仔イルカは結局、アマモを腹にためたのが原因で死んでしまったが、イルカにショーができそうなのは、スタッフの目に明らかであった。

あとで述べるように、マリンスタジオの運営は、第2次大戦の勃発によっていったん中断されたが、平和が戻った1949年、バーデンは調教師を雇ってイルカの「フリッピー」の調教をさせることにした。これを担当したのは、ドイツ・ハンブルクのサーカスワゴンで生まれたという、アドルフ・フローンであった。

フローンは、オセアナリウムは場所として不適当と考え、天然のラグーンで調教をおこなった。だが、なにせ前代未聞の調教である。そもそもフリッピーが賢いのかどうかもわからない。動物は、おなじ種でも頭がいいのと悪いのがいて、調教師は前者を使うのだが、フリッピーはフローンになじむだけで3か月もかかるという、怪しげな状態でスタートした。

フローンの調教法は、罰は与えず、何かに成功したときだけ報酬を与えるというものだった。やがて、声や手の合図を受けて、呼び寄せたり待機させたりできるようになり、一進一退をくりかえすうちに、犬や人を乗せたサーフボードを引っぱるような芸当もできるようになっていった。

そして3年後、「世界初の調教イルカ」が、新築のスタジアムで披露された。人びとが見守る前で、フローンの合図にしたがって、フリッピーは水面からジャンプして、高みにあるベルを鳴らした。驚愕と、それに続く嵐のような拍手喝采。これが、大人気となるイルカショーのはじまりであった（図3－32）[116]。

図3-32　イルカのパフォーマンス（1962）

「編集された自然」

さてここまでは、マリンスタジオについてよく知られている事実である。しかし同館は、バーデンらが自然ドキュメンタリー映画撮影で得たノウハウがもりこまれた、非常にユニークな施設でもあった。そのことを、科学史家グレッグ・ミトマンによるユニークな研究にしたがって紹介していこう。

マリンスタジオ建設に先立つ1920年代、「探検映画」が人気を博していた。これは、視聴者をして未知なる世界へいざない、そこにいる生きものや原住民を観賞させるドキュメンタリー作品である。代表的なものに、アフリカの野生動物や原住民をフィーチャーし、人びとの好奇心に訴えて200万ドルの収入をあげた『シンバ――野獣の王』(1928)がある。そしてほかならぬバーデンも、そうしたドキュメンタリー映画の撮影にたずさわった経験をもっていた。

彼は1926年、オランダ領ジャワ島に巨大トカゲが生息するという情報を聞きつけて、アメリカ自然史博物館の援助を受けて探検にのりだす。そして、コモドオオトカゲ(最大3メートルにも達する危険な種)の映像と生きた標本2体、死んだ標本12体をもちかえったのである。[117]なおこのエピソードは、南の島から巨大ゴリラを捕まえてくるという『キング・コング』(1933)の下じきにもなった。[118]

バーデンは、生きたコモドオオトカゲをニューヨークのブロンクス動物園に寄贈した。これをひと目見ようと1日3万人の人びとが押しかけたが、彼はそこで重要な事実を発見する。展示されたコモドオオトカゲは、自然界で見られるような獰猛さをまるきり示さず、いかにもだらしなかったのだ。「バーデン[……]が気づいたのは、カットも編集もされていない自然は、スクリーンに映された自然ほど、決してドラマチックでも魅惑的でもない、ということだった」。[119]

つまらない実物ではなく、バーデンがオランダ植民地で接したワクワクするような「真実」を、どうすれば人びとに伝えることができるのか。彼は、もし自分の記録や映像を、事実に忠実なまま公開すれば、死ぬほど退屈なものになることを悟った。そこで、もとの映像を大胆に加工することにした。すなわち、つまらない場面はカットしたり、本来は無関係の場面をつなげたりして、サスペンスとクライマックスたっぷりにしたのだ。

どんな風にしたのかといえば、たとえば彼の映画のワンシーンでは、彼と妻が隠れ家から緊張の面持ちで見守る前で、コモドオオトカゲがティラノサウルスみたいにイノシシをむさぼったり、頭をもたげたりする——見る者をハラハラさせるシーンだ。やがてバーデンはそっと狙いをつけ、オオトカゲを撃ち殺す。しかしオオトカゲの各場面は、長いフィルムのなかから選別してつなげたものだったし、バーデンたちの演技にいたっては、あとから追加されたものだった。[120]

図3-33 オセアナリウムをのぞきこむ女性（1946年）

こういう作業をでっち上げとか誇張とかいって批判するのはかんたんである。しかし、バーデンはこうして「感情的なリアリティ」あるいは「リアリティの幻想」をもたらそうとしたのだとミトマンは指摘する。つまり、現実のなかから大切と思えるものだけを抽出し、物語として提供することなしに、観客たちにコモドオオトカゲの本質を伝えることはできないとバーデンは考えたのである。[121]

ミトマンがいうように、マリンスタジオにはそうした彼の経験がいかされている。彼がこれをつくろうと思いたったのも、そもそもはメリアン・クーパー（1893～1973）の自然ドキュメンタリー映画『チャング——野生のドラマ』（1927）に触発されてのことだった。クーパーは、巨大な撮影所のなかに動物たちを入れ、ゾウの集団暴走をはじめ、とても「リアル」な野生動物の生活を、あくまでも**コントロール下に置きながら**、撮影することに成功した。バーデンは、これの水中版をつくろうと思ったのだ[122]。

しかも彼の頭にあったのは、ただの撮影スタジオをつくることではなく、人びとに生きもののドラマチックな動きを見せていくことで感情に訴えることであった。そうやってはじめて、より真剣なもののごとに彼らの関心を導いていくことができる。バーデンにいわせれば、従来型の水族館では、来館者の注意をそらすものが常にある。しかしマリンスタジオでは、まさに映画を見るごとく、暗闇に腰かけて、なんの努力もせずに明るい「スクリーン」を見て楽しむことができる。これを可能とするため、各観覧者は遮蔽物（しゃへいぶつ）で隣人から隔てられ、それぞれののぞき窓から、生きものが乱舞するさまを見ることができるようになっていた[123]（図3－33）。

そんなマリンスタジオは、「ひとつの**映画として読み解く**のが最適だ」（強調引用者）とミトマンはいう。「水槽の壁から離れて立つと、それぞれののぞき穴は、ある瞬間の生きものをとらえた、映写スライドの各コマをあらわす。しかしガラスに顔を近づけると、われわれは水中世界の一部となる。マリンスタジオの使命は、自然ドキュメンタリー映画とおなじく、リアリティの幻想をつくることにあった[124]」。

ついでにいえば、マリンスタジオが提供する「自然の風景」そのものも、映画のように「編集」されたものだった。映画の観客は、編集室でカットされた場面のことなど考えない。同様に、マリンスタジオの来館者は、生きものを「リアルに」展示するための舞台裏の努力を目にすることはなかった。とりわけ、幻想をぶち壊しにする要素、たとえば、サンゴ礁の生きものが持ちこんだ寄生虫「エピブデラ」（Epibdella）の問題は、来館者には知らされなかった。これは外洋性の魚の目を食べてしまう恐ろしい寄生虫で、そのため来館者が帰宅したあと、何千という魚がダイバーの手で毎日とりのぞかれていたのだ。[125]

ほかに関係者の頭を悩ませていたのは、藻が大量発生することで、壁、ガラス、底あげくはカメの甲まで覆ってしまう。だから閉館するたびに水槽の水が下げられ、魚がはねまわるなかを、ダイバーがごしごしこすって落としていた。そのうえ、バクテリアも雲のように水中を漂って透明度を下げた。もっとも、ここで働いていた研究員アーサー・マクブライドが、銅化合物が寄生虫、藻、バクテリアを抑制することをのちに発見し、これらにかんしては解決を見ることになる。[126] だがいずれにせよ、「ディズニー・スタイルの自然は、かんたんにつくることはできない」[127] のだった。

新しい生きものを飼うための悪戦苦闘も、マリンスタジオが見せんとする優雅な海中風景に似つかわしくないものだった。たとえば、マンタを飼育しようとしたのはいいが、魚を与えても食べようとせず、餓死するのは時間の問題と思われた。飼育員らは、とうとうマンタをとりおさえて、口をこじあけてボラを35尾もせっせと放りこむ挙に出たが、結局死なせてしまう。マンタが魚ではなくプランクトンを食べて生きていることを知ったときはあとの祭りであった。また、マグロやカジキを運びこむのに失敗したり、サメ、イルカ、アシカの相性が悪いことが判明したりと、自然に忠実な環境をつくる構想もなかなか実現できなかった（それでも、サメが多くの生きものと同居できたことは、人びとを驚かせた）。[128]

マリンスタジオが見せる、無数の魚たちが乱舞する海の世界。それはバーデンをはじめとする館員たちが、自然のさまざまな要素を抽出し、つなげ、幻滅をさそう要素は排除することでつくりだした、ひとつの「物語」であった。イルカショーがバーデンの発案だったというのも、この文脈でとらえられるのかもしれない。つまり、イルカたちがここではじめて示した、人間との「友情」や「コミュニケーション」もまた、彼らが内在させている能力の一部を選択・アップグレードして編集した「物語」であると。

水族館の地獄図絵

第2次世界大戦は、戦勝国、敗戦国を問わず、動物園や水族館にとっては過酷な時期となった。マリンスタジオも戦争と無縁ではなかった。戦争の勃発は、ガソリンの配給制をもたらし、それが原因でドライバーがマリンスタジオにやってくることもなくなった。巨大な水槽からは水が抜かれ、何千もの魚が列車「ノーチラス」（本章-1）でシェッド水族館へ運ばれていき、ほかのものはガン研究のため大学に寄贈されるか、帰された。[129]

ところがマリンスタジオは、戦争に思わぬかたちで協力をすることになる。戦時中、海空軍を悩ませていた問題にサメがあった。沈没船や墜落機から脱出した水兵や航空兵が、サメにしばしば襲われていたのだ。1941年には、南大西洋でイギリス巡洋艦が撃沈され、乗組員の半数以上が、魚雷とサメのせいで失われるという事件が起こる。生存者たちも、5日間もの長きにわたって、救命いかだに接近してくるサメをパドルで殴りつづけてなんとか生還した。

もちろん、こんなことがしょっちゅう起こったわけではないが、その可能性が将兵の士気を下げることを、上層部は憂えた。しかし、もしサメを追いはらえる薬剤が開発されれば、たとえ効果が少なくとも、ある種のお守りみたいに安心感を与えることができる。そこで科学研究開発局が、マリンスタジオと契約して、サメよけ剤について調査させることにしたのである。

ただ、スタジオそのものは閉鎖の憂き目にあっていたので、ウッズホール海洋実験所を拠点に研究がおこなわれることになった。水槽に小型のサメを入れて、どの物質をサメが嫌うかを実験するのである。やがて、サメが仲間の腐った肉によりつかないことをつきとめ、その成分を確認すると、酢酸がサメよけ剤の働きをすることが判明した。また、硫酸銅も有効であることがわかり、先述のマクブライドを含む研究者たちは、わざわざサメが豊富なエクアドルまで出向いて、このふたつを組みあわせた酢酸銅で実験し、たしかに効果があることを確認したのである。

この成果を見た海軍は、プロジェクトを受けついで、酢酸銅と染料を組みあわせた製品を開発する。前者はサメの嗅覚を狂わせ、後者は漂流者の姿を隠すのである。それは、3〜4時間は効き目があるとされた[130]。

では戦時下のほかの水族館、たとえばロンドン動物園付属水族館はどうだろう。これは、第2章‐1で紹介したフィッシュハウスではなく、1924年に動物のパノラマ風景を見せる「マッピン・テラス」の下に建設された新しい水族館である。この水族館は、来館者通路を暗くするいっぽうで水槽を明るくした、伝統的な展示法を採用していた。136メートルのギャラリーには100個以上の水槽がならび、淡水産、海産、熱帯産の生きものを展示した[131]。

1939年、ナチス・ドイツとのあいだで戦争がはじまると、ロンドン動物園は、ほかの多くの人びとが集まる施設同様、政府命令でいったん閉鎖された。そして、ジャイアント・パンダやアジアゾウといった貴重な動物は疎開させられ、有毒の生きものは、コモドオオトカゲなどを例外として、すべて殺処分されたという。

こうした措置をとったうえで、動物園は再開したが、水族館は、爆撃の危険にくわえ維持費の問題もあって閉鎖されたままだった。水槽は水が抜かれ、魚のほとんどは死んでしまったが、コイはフラミンゴのいる池に放たれた。またとくに貴重な種は、カメ舎の桶や水槽に入れて維持されたという。

戦時中、動物園スタッフは徴兵されてしまい、エサ、燃料、ガラスの不足に苦しんだが、それでも英国的というか、まるで平時とかわらないかのように開園されていた。ドイツ軍の爆弾がシマウマ舎、ラクダ舎、レストランなどを破壊し、シマウマが町中に逃げだす騒ぎも経験している。

1943年、水族館は淡水魚の展示のみ再開する。それらはマス、パーチ、ディス、ウナギといったありふれた魚ばかりで、監督者みずから捕まえてきたものだったという[132]。

いっぽう、ナチス・ドイツに占領された水族館の運命も過酷であった。第2章-2で紹介したポルト・ドレ植民地博物館の地下水族館は、博覧会終了後もグリュヴェルのもとで運営され、その熱帯魚コレクションを充実させていった。またフランス植民地の版図を示す世界地図もとりのぞかれ、かわって新しいテラリウムが導入されている。研究所や大学との連携も進み、1936年にはデンマーク国立水族館長から、もっとも近代的で、かつ科学的な基盤にもとづいてつくられた、ただひとつの水族館と評されるレベルに達していた。

ところが第2次大戦がはじまると、11人いた館員のうち7人が動員され、グリュヴェルも息子を戦場で失って、あとを追うように亡くなってしまう。パリは1940年にドイツの占領下となるが、病気の蔓延と、燃料不足がたたって、この年から翌年にかけての冬に多くの生きものが死んでしまった。それでも、セーヌ川の魚などを飼育してがんばったが、海の生きものの水槽は空となり、結局4種26尾しか残らなかった[133]。ただ、この水族館も大戦を生きぬき、植民地博物館から「移民歴史博物館」に変容した上階とともに、「ポルト・ドレ熱帯水族館」として現存している。

つぎにドイツに目を向けてみると、たとえばベルリン動物園付属水族館（図3－34）は、完全に破壊されたあと、再生するという道をたどった。この水族館は、ベルリン水族館（第2章－1）が都市改造のため1910年に閉鎖されてのち、それにかわるものとして1913年にオープンした。新水族館は3階建てで、淡水産、海産の生きものを飼うスペースが1階、爬虫類展示が2階、昆虫展示が3階にあった。つまり変温動物をメインに飼育したのである。いちばんの見どころは1階から上階へのびる「クロコダイルホール」で、ジャングルの川が再現され、ガラスをとおしてワニが休憩したり泳いだりするさまを見物できた。入口には実物大のイグアノドンの像があり、建物の外部、内部はレリーフや絵画で飾られていた[134]。

図3－34　ベルリン動物園付属水族館（1925年ごろ）

ベルリン動物園付属水族館は、オープン日にワニ水槽のガラスが破裂するという不吉な出だしとともにはじまった。まもなく第1次大戦とそれに続くハイパーインフレを経験し、一時閉鎖に追いこまれたこともあるが、いちばん悲惨だったのは、第2次大戦中にみまわれた事件である。

1943年11月24日の夜、水族館に連合軍の爆弾が命中する。天井のガラスをつき破って、水族館の急所といえるクロコダイルホールを直撃したのである。ときの動物園長ルッツ・ヘック（1892～1983）が急いで水族館に駆けつけてみると、それはまさしく「ダンテ

図3-35　壊された水族館の様子

の地獄篇」のようであった。重い玄関の扉が吹きとばされて、階段からザーッと水が流れ落ちてくる。そして、爆風で内臓をやられたり、壁に押しつぶされたり、爆発物でケガをした生きものがもだえ苦しんでいた。

水槽のほうに駆けよってみると、すべてガラスが粉砕されて水がしたたり落ちるばかり。床には破片にまじって魚がぴちぴちとはねていた。このときヘックは、1・8メートルもあるナマズがまだ生きていることに気がついて、必死になって引きずっていって動物園の池に入れたという。熱帯産の魚は全滅した。2階の爬虫類展示もめちゃくちゃで、冷たい風が吹きこみ、鉄筋がだらんと垂れさがっている。ヘックは、毒蛇が這いまわっているのではないかと思って一瞬ぞっとしたが、彼らは寒気のせいですでに動けなくなっていた。

爆弾は、250の容器と750種の生きもののほとんどを破壊し、あとに残されたのは、死骸と汚い水たまりであった（図3-35）。ごく一部のワニ、カメ、ヘビ、オオサンショウウオ、ガーなどが生き残ったにすぎない。同館の名物だったコモドオオトカゲの「モーリッツ」も、空襲のあいだ地下室に移されていたおかげで無事だったが、ライプツィヒ動物園に疎開されたあと数か月のうちに死んでしまっている。ちなみに、死んだワニの尻尾は調理されて人びとの胃袋に消えた。鶏肉の味がしたそうである。[135]

かように、ベルリンの生きものたちがたどった運命は悲惨のひと言であった。ただし、このヘックという男自身はたんなる「被害者」ではなく、ナチ党員で、絶滅動物復元という奇妙な実験にとりくみ、周辺国にも迷惑をかけた人物である（彼については拙著『動物園・その歴史と冒険』のほうでくわしく紹介しているので、興味をおもちであればご参照いただければと思う）。

なおベルリン動物園付属水族館は、その後、戦前の設計にしたがって再建され、水族展示、爬虫類展示、昆虫展示を再開した。戦時中の疎開を生きのびた、2匹のヨウスコウアリゲーターと2尾のロングノーズガーも帰ってきた。そして改修や新館（小さな水槽を排して、より没入感のある展示をおこなっている）の追加を経て、現在にいたる[136]（図3－36）。

図3-36　現在のベルリン動物園付属水族館

兵器のなかの水族館

動物園や水族館は、平和であってこそ成りたつ施設であるのはまちがいない。ところが戦後まもなくのあいだ、残された兵器のなかに水族館が生まれるという奇妙な光景も見られた。ここでは戦艦「三笠」と、オーストリアの射撃指揮所の事例を紹介しよう。

「三笠」は、いうまでもなく日露戦争時に活躍した名艦である。イギリスで起工され、日本海海戦では旗艦をつとめたが、凱旋後に謎の爆沈をとげる。しかしその後引きあげられて、退役すると記念艦として保存されていた。

図3-37　「三笠」艦上につくられた水族館

ところが、1945年に日本は敗戦。「三笠」は占領軍の意向によって解体されることになったが、大蔵省と横須賀市は、艦をなんとか救おうと奔走した。そのさいに出てきたのが、「三笠」を「文化事業に使う」という案で、水族館にしてしまおうというのである。湘南振興株式会社が運営をまかされ、「三笠」からは砲塔、マスト、艦橋が撤去されて、上甲板砲塔跡に縦1・3メートル、横1メートルの水槽をならべた水族館がつくられた。そして後部甲板士官室には、簡易宿泊設備が設けられる。

「三笠」とその周囲の土地は「みかさ園」（図3－37）となって、水族館は1949年にオープン、1年半で26万3000人の来館者を記録するなど、上々の滑り出しであった。だが、やがて来館者が減って経営に苦しみ、水族館わきの甲板でダンスパーティなどをするようになるも、これが風紀を乱しているとして批判を浴びるようになった[137]。

1955年、「三笠」の復元を求める旧海軍関係者を中心に「三笠史跡保存準備会」がつくられると、水族館の立場はさらに悪くなった。「ここに至って経営難に陥っていた湘南振興株式会社は身動きがとれないまま、風紀憫乱（びんらん）［ママ］と、三笠艦復元妨害の両方の元凶のように見られ、『水族館を三笠から追い出せ』とまでいわれるようになった[138]」という。

結局、みかさ園は1959年に閉鎖され、「三笠」の復元がスタートするのだが、鈴木は「戦後のわが国最初の水族館が、たまたま、終戦の後始末の一環として思い付きのような便宜的な動機でつくられ、最後は邪魔者扱いされて短い歴史を終わったのは、水族館史上いささか残念な出来事であった」とコメントしている。[139]

いっぽう、オーストリアの射撃指揮所内につくられた水族館「ハウス・デス・メーレス」（「海の館」の意。図3－38～41）は現存している。ウィーンのエステルハーツィ（エステルハージ）公園に、にょっきりそそりたつ不気味なコンクリート建造物がそれで、「まるで要塞のような水族館」と紹介されたりするが、じっさいこれは要塞だったのだ。

戦時中、ナチスは、ドイツやオーストリア（ともに「第三帝国」の領土）の主要都市に、ものすごく頑丈な対空砲台や射撃指揮所をつくった。それらは、空襲への対抗手段であるだけでなく、市民たちの避難所であり、また重要な装備の格納庫としても機能した。しかしまた同時に、ナチスが築かんとする狂気の「千年帝国」のシンボルでもあった。問題のエステルハーツィ公園の射撃指揮所も、ウィーンの中心をとりかこむようにつくられた6つの防空設備のひとつである。[140]

この指揮所は、1943年10月から44年7月にかけて、主に強制労働者たちの手で建設された。強制労働者とは、大戦期にドイツが占領したフランス、ベルギー、ギリシアなどから連れてこられた人びとで、市民、捕虜など立場もさまざまであったが、疲労、栄養不足、迫害、乏しい医療などで大勢が命を落としている。イタリア人捕虜も、少なからぬ数を占めていた。ドイツと同盟していたイタリアが、途中で連合国側に寝返ったばっかりに「裏切者」として捕らえられてしまったのだ。[141]

問題の射撃指揮所は、47・3メートルの高さを誇り、11の階と地下室から成りたっている。2～4階は市民や救急班を収容し、それより上は対空砲を操作する兵士たちがつめるようになっていた。

戦況が悪化し、ウィーンが空襲にさらされるようになると、この設備は目的どおりの役目を果たすようになる。つぎに紹介するのは、子ども時代にこの指揮所に避難したある女性の経験談である。

図3-38、39、40、41　ハウス・デス・メーレスの外観と内部

対空砲台［指揮所］の入口は、毎回、言語に絶する混雑ぶりでした。でもそこには現場監督がいて、女性と子どもが最初に入れるように気を配っていました。なかに入ると、比較的規則正しく防護室に移っていきます［……］。対空砲台のなかではサイレンは聞こえませんでしたが、私は子どもながらに、塔に爆弾が命中しても平気だなんて話をほとんど信じていませんでした。壁に囲われて長期間いればいるほど、落ち着いていた雰囲気が暑苦しくなっていきます。何人かは時間の経過とともに神経質になり、ある人たちは気分が悪くなったり吐いたりしました。気を失うひともいました。[142]

射撃指揮所は戦後も解体されることがなく、ボールペンや花火の貯蔵庫、あるいは若者クラブ用の施設として使用された。

やがて、ここに水族館「ハウス・デス・メーレス」をつくる計画がもちあがる。「海洋生物学会」が組織され、生きものの捕獲や、生活環境の研究がはじまった。計画のメイン・スポンサーとなったのは、対空砲台に鋼鉄製のドアを供給していたヴィクトール・オッテと彼の会社である。ちなみにオッテは海洋学者でもあり、最初の副会長をつとめることになる。

水族館は1958年に開館し、翌々年の情報によれば、150～3000リットルの展示水槽40個と予備槽多数を備えていた。生きものは地中海、紅海、インド洋、北海産が中心であった。ほかには、潜水技術、「チャレンジャー」の探検（コラム5）、家庭用アクアリウムなどにかんする展示があり、「ハイフィッシュ（サメ）バー」では沈没船や魚の絵、クラゲ型の照明などを楽しみながら軽食を口にすることができたし、研究用のラボラトリーもあった。[143]

ところが60年代に、オッテの会社が経営困難に陥って手を引かざるをえなくなると、水族館も存亡の危機に立たされてしまう。それを救ったのは、新たな支配人となったエメリッヒ・シュロッサーである。彼のもとで、とにかく指揮所に残っていた素材を使ってでも水族館を改装していこうということになった。電気工アドルフ・ビーロッホの回想によれば、配管を再利用したり、崩したレンガでサメの水槽をつくったりした。しばしば夜まで仕事をしていたが、暗い指揮所は不気味で、「どう判断したらいいのかわからない」怪音が聞こえてくることもあったという。

シュロッサーがいたころの水族館は、2〜4階に水槽、5階に貝コレクション、6階に作業場があったが、陰気でボロボロで、さびた水槽にはほとんど生きものがいなかった。それでもガラスや金を周囲に乞うたりしながら——シュロッサーは金を稼ぐためにワニハンターまでやっていた——動物の死骸やフンの山積した上の階を使えるようにしていった。そのあいだにも、海からバスや列車でコレクションが運ばれてくる。[144]途中駅のトイレを占拠して閉めきり、生きものが死なないように面倒を見ることもあったという。

こうした努力が実り、ハウス・デス・メーレスはいまや、存続の危ぶまれる施設であるどころか、ウィーン最大のアトラクションのひとつとなっている。もとは水族館だが、モダンなガラスの覆いをつけ、爬虫類、哺乳類、鳥類も飼いはじめたため、「陸水族館」と呼ばれることもある。2008年には、オーストリア最大となる30万リットルの水槽を導入し、内陸にあるにもかかわらず、ツマグロやネムリブカ（ともにサメの仲間）が泳ぎまわっている。もうひとつの目玉はハキリアリで、全長70メートル（世界最長）のアクリル管をとおってせっせと葉を運ぶさまが見学できる。なおハウス・デス・メーレスは、今日にいたるまで国からの補助を受けていない。したがって、生きものの補充や設備の維持は、もっぱら入館料によってまかなわれている[145]。

もともと射撃指揮所に水族館がつくられたのは、みな戦争にうんざりしており、何かそれにかわる平和的な施設を開きたいと思ったからであった。そんなわけで、指揮所を改装していくにあたり、銃、ヘルメット、ガスマスクなどが見つかっても、無視された。「誰があの当時、戦後間もないうちに、戦争のがらくたに金を払ったでしょうか。誰も払いやしませんよ。どっちみち、武器はタブーだったんですからね[146]」と先述のビーロッホは述べている。

図3-42　戦時中の様子を再現した展示

しかし21世紀に入ると、戦争の生々しい記憶も薄れ、逆に射撃指揮所だった歴史も注目すべきものとなる。ハウス・デス・メーレスは、集合的な思い出を保存する「記憶の場」としての役割も担うようになったのだ。階段室に、戦時中にかんする約20の説明板が設置され、10階には当時の「司令室」が再現されて、防空地図、ラジオ、タイプライターなどが置かれている[147](図3-42)。

なおこの場所は、ツアーに参加すれば見学できる。筆者も参加したことがあるが、空襲サイレンや当時の映像などが巧みにもちいられ、臨場感満点であった。しかしその薄暗い部屋からでてくると、シュモクザメの泳ぐ平和な風景が目に飛びこんでくる。このような水族館は、世界にもまず類例がないだろう。

近代水族館の特徴とは何か

ここまで、第2章、第3章で見てきたことを、まとめておこう。

第1に、近代水族館は、それを生んだ19世紀の社会と深い結びつきがあった。19世紀は、欧米人が、自然にたいする支配をいっそう押しすすめた時代にあたる。彼らが支配したのは、まず陸上の生きものであったが、その手はすみやかに水界にもおよんだ。魚を持続的に飼うシステムを「アクアリウム」と命名したフィリップ・ゴスは、ロンドン動物園付属の「公開型アクアリウム」、すなわち水族館の設立に尽力した。やがて水族館は、ほかのヨーロッパ諸国、アメリカ、さらには日本にも登場し、大型化していく。

アクアリウム＝水族館は、生きものだけでなく、水界そのものをガラスケースに閉じこめ、人間の「まなざし」にさらす装置である。これが自然のコントロールを是とする、伝統的な西洋自然観と不可分の関係にあることは、いうまでもないだろう。

ゴスも敬虔なキリスト教徒であり、「人間は神にかわって動物を支配すべし」という聖書の教えに忠実であった。彼が生きているあいだに、創造説こそダーウィン説によって挑戦されるようになったが、それでもひとと動物の関係が変わったわけではない。

やがてヨーロッパ、アメリカ、日本の水族館は、いっそう多様な生きものを展示せんと腐心するようになった。広い海域からやってくる生きものは、それを展示する国民の富と力をあらわしたからである。この流れは、第2次世界大戦によっても中断されることはなく、飼育技術の発展とともに、むしろエスカレートすることになるだろう。

いっぽう、水族館の生きものたちは、象徴的な意味でも、現実的な意味でも「弱者」となる。もともと彼らは、文明の恩恵がなければろくに生きていけない人間に比べて、はるかにタフである。だが、いったん人工環境に入れられてしまうと、設備の不調、火事、戦争などの影響をたちどころに受けるようになる。ここまでたびたび紹介してきた悲惨なエピソードは、そのことを雄弁に物語っていよう。

もうひとつ、19～20世紀前半の水族館において注目したいのは、没入感を高める試みだ。明らかに当時の人びとは、ただ水族を「見る」だけでは満足できず、彼らの暮らす世界へ入っていくような感覚を求めるようになった。そこで試みられたのは、まず没入感の妨げとなる要素を見えなくすることであった。なくすのではなく、目に入らないようにするのだ。

水族館は、自然物と人工物のハイブリッドである。しかし、それらの融合が中途半端だと、幻滅を誘う。この問題にたいする解答のひとつが、グロッタ風展示だった。これは、ガラスや天井を支えるフレームや柱を岩に見せかける方法である。

ベルリン水族館では、グロッタ風展示をおこなうだけでなく、ゴシック様式をとり入れ、鉄柱を樹木のように加工した。様式化は、自然物と人工物を調和させ、両者の境界線を見えにくくする、有効な手段である。

さらに、「不自然」なところを見せないという手法は、フィルムの編集作業になぞらえることができる。ウィリアム・バーデンは、ドキュメンタリー映像を撮った経験をいかして、オセアナリウムという、無限大の空間に水族を展示する施設を考えついた。そこでは訪問者は、何者にも妨げられることなく、「リアルな」海中風景を、映画を鑑賞するように眺めることができた。いっぽうで、魚の大量死やバクテリアの繁殖といった、幻滅をさそう問題は彼らの目から隠されていたのである。

没入型展示はまた、ストーリーをとり入れることによって、効果を高めることができる。たとえば、『海底2万海里』や「浦島伝説」は、人びとの海底散歩気分をもりあげるために採用された。

そうした水族館には、本物の海以上に「本物らしい」展示を志すところがあった。水族館は、たんなる水中世界のコピーではない。それは、オリジナルをモデルとしながらも、体験を操作することによって、オリジナルを超えた現実感をもたらそうとする。この特徴は、「シミュラークル」や「ハイパーリアリティ」といった言葉を思いおこさせるが、これについては第4章の最後であらためてとりあげることにしたい。

コラム6　浦島太郎と龍宮

「龍宮」と聞けば、日本人ならだれでも連想するのが「浦島伝説」である。子どもにいじめられていたカメを助けた浦島太郎が、その背中に乗って龍宮にいき、乙姫としばらく楽しく暮らすが、ふと望郷の念にかられ帰りたいと思う。このとき乙姫は彼に「玉手箱」をわたして送りだす。ところが故郷に帰ってみると、まったく知らないひとばかり。龍宮にいるあいだに、数百年の月日がたっていたのだ。このとき彼は玉手箱を開けるが、そのとたん彼はおじいさんになってしまった。

このルーツとなる話は『日本書紀』に載っているが、これによると丹波国の「浦島子」が釣りをしたところカメを捕え、これが女性に変身したのを見て妻とし、ともに海の「蓬萊山（ほうらい）」を訪問したという。[148] 蓬萊山は、中国の東の海上にあるという、不老不死の仙人が住むという仙境のことであり、この話には中国の神仙思想の影響がうかがえる。[149]

浦島が異界にいっているあいだに、故郷では途方もない時間が流れていた、という話は、『丹後国風土記』や『万葉集』の巻九（ともに8世紀）にある。後者は、浦島子はカメではなく海神の娘と出会って海神宮でしばらく過ごすという話になっているが、10～13世紀に書かれた『浦島子伝』も神仙思想が色濃く、蓬莱山のほうが好まれていた。われわれのよく知る「浦島太郎」、「乙姫」といった名称や、「龍宮」、「玉手箱」、「カメの恩返し」のモチーフがそろうのは、室町時代のことだという。[150]

ここでいう「龍宮」とはいかなるものか。文化人類学者の小松和彦によると、『龍宮』は、インドや中国で発達した観念で、文字どおりに解釈すれば、龍王のすむ宮殿であるが、龍が水界にすむことから、海中や川や沼の底にある楽園的世界とされるようになって定着し、日本では仏典などを通じて平安時代頃から流布するようになった[151]という。乙姫は龍王の娘だが、三舟隆之（史学者）は、「乙」は「弟」、ないし「甲・乙・丙・丁」の順番でいう2番目、つまり次女のことをあらわすのではないかとしている。[152]

ただし日本の龍宮のイメージは、「海幸山幸」（コラム1）などにみられる「海中異界観」の影響をこうむっており、『海神宮』を『龍宮』に、『海神』を『龍王』（龍神）に、『海神の娘』を『乙姫』に[153]といったぐあいに置き換えてある。ちなみにこの龍宮を絵画で表現するさい、日本では伝統的に「異郷」である中国や朝鮮風の建物で描くことが多かったという。[154]

浦島伝説はその後も浄瑠璃や草双紙（絵入り版本）で再三とりあげられ、人びとに親しまれた。いまの浦島太郎のイメージに多大な影響をおよぼしたのは、巖谷小波（児童文学者、1870～1933）の『日本昔噺』第18編（1896、図3‐43）で、国定教科書に載った浦島物語や、「昔々浦島は……」の歌詞で有名な『尋常小学校読本唱歌』（1910）の原型にもなった。[155]

なお小松が指摘するように、「海幸山幸」同様、「浦島伝説」においても、海に暮らす異人との交流と断絶が問題となっている。断絶のきっかけは、山幸彦がそうであったように、異人との約束を破ったからだ。乙姫は、決して開けてはならないといって玉手箱をわたす。そこには、彼女と一緒にすごした何百年という「異界の時間」がつまっていた。これを開けないかぎり、浦島は異人の仲間であり、龍宮へ戻れたはずなのだが、つい開けてしまうと、彼の体はふたたび「人間」となり、一気に朽ち果ててしまう。[156]

図3-43 『日本昔噺』に描かれた龍宮城

このように水界との交流と断絶に、日本人は古くから興味と哀愁をいだいてきた。やがて日本人は水族館＝龍宮をつくり、乙姫の像などといっしょに水族を展示して、彼らとの「つながり」をとり戻そうとする。しかもその水族館の外観というのが、ヨーロッパやインドといった「異郷」を強く連想させるものであった。

注

1 Saxon, A. H. 'P. T. Barnum and the American Museum.' *The Wilson Quarterly*. 13.4. (1989): pp. 131-137.

2 Barnum, Phineas Taylor. *Struggles and Triumphs, or, the Recollections of P. T. Barnum*. London: Ward, Lock and co. 1882,

pp. 246–249.
3 Kisling, Vernon N. 'Zoological Gardens of the United States.' Kisling, Vernon N. ed. *Zoo and Aquarium History: Ancient Animal Collections to Zoological Gardens*. Boca Raton: CRC Press, 2001, p. 155.
4 Barnum 1882, p. 272.
5 'Disastrous Fire: Total Destruction of Barnum's American Museum.' *The New York Times*. 14 July 1865, 2 December 2017 <http://www.nytimes.com/1865/07/14/news/disastrous-fire-total-destruction-barnum-s-american-museum-nine-other-buildings.html>.
6 Saxon 1989, pp. 138–139.
7 Flint, Richard W. 'American Showmen and European Dealers: Commerce in Wild Animals in Nineteenth-Century America.' Hoage 1996, pp. 101–105.
8 Dorner, H. *Guide to the New York Aquarium*. New York: Atheneum Publishing House, 1877, p. iv.
9 ブルンナー　２０１３年、１４８～１５１ページ、Flint 1996, p. 104.
10 Dorner 1877, p. 2.
11 Dorner 1877, pp. 6–11.
12 Dorner 1877, p. 55.
13 Dorner 1877, p. 34.
14 Dorner 1877, p. 68.
15 Coup, W. C. *Sawdust & Spangles: Stories & Secrets of the Circus*. Chicago: Herbert S. Stone and Company, 1901, pp. 249–251.
16 Dorner 1877, p. 46.
17 Dorner 1877, p. 46.
18 Flint 1996, p. 104.
19 Townsend, Charles Haskins. *Guide to the New York Aquarium*. New York: New York Zoological Society, 1919, pp. 10–15, Dorner 1877, pp. 43–44.
20 Townsend 1919, pp. 42, 124–127.
21 Townsend 1919, pp. 9–11.
22 Scheier, Joan. *New York City Zoos and Aquarium*. Charleston: Arcadia Publishing, 2005, p. 95.
23 Woods Hole Science Aquarium. 'About the Woods Hole Science Aquarium' 3 December 2017 <http://aquarium.nefsc.noaa.gov/aboutus.html>, Groeben 1985, p. 21.
24 McCosker, John E. *The History of Steinhart Aquarium: A Very Fishy Tale*. Virginia Beach: Donning Company/Publishers, 1999, pp. 15–19.
25 McCosker 1999, pp. 24–25.
26 McCosker 1999, pp. 27–29.
27 Furnweger, Karen. *Shedd Aquarium*. Nashville: Beckon Books, 2012, pp. 16–28.
28 Chute, Walter Harris. *Guide to the John G. Shedd Aquarium*. Chicago: John G. Shedd Aquarium, c. 1933, pp. 7–11.
29 Chute c. 1933, pp. 8–12, 展示動物については以下参照。pp. 20–22, 195, 207.
30 Furnweger 2012, pp. 49–62.
31 Stone, Stephanie. *California Academy of Sciences*. San Francisco: California Academy of Sciences, n. d. pp. 8–9.
32 福沢諭吉『西洋事情』尚古堂、１８７０年、42ページ、鈴木克美『水族館』法政大学出版局、２００３年、35ページ。
33 鈴木　２００３年、35～41ページ。
34 久米邦武（水澤周・現代語訳）『米欧回覧実記』第１巻、慶應義塾大学出版会、２０１６年、xiiページ。

35 久米　2008年、（第2巻）63〜64、114ページ、（第3巻）38〜40、170、291、350〜351、398ページ、（第4巻）135ページ。
36 久米（第2巻）2008年、63〜64ページ。
37 久米（第3巻）2008年、351ページ。
38 佐々木時雄『動物園の歴史』講談社、1987年、48〜107、129〜139ページ。
39 鈴木　2003年、45〜50ページ。
40 「浅草水族館」『読売新聞』1885年10月14日（朝刊）、2ページ。
41 「水族館開業」『読売新聞』1885年10月20日（朝刊）、1ページ。
42 鈴木　2003年、60〜61ページ。
43 鈴木　2003年、78〜86ページ。
44 農商務省水産局編『第二回水産博覧会附属水族館報告』東京印刷、1898年、5、64〜66ページ、水族館の外観については49ページ参照。
45 農商務省水産局　1898年、5〜7、46〜65ページ。
46 農商務省水産局　1898年、8〜12、24〜44ページ。
47 農商務省水産局　1898年、12〜14ページ。
48 農商務省水産局　1898年、12〜40ページ。
49 鈴木　2003年、84〜88ページ、鎌形慎太郎「第二回水産博覧会における水族館の実態」『博物館学雑誌』40（1）2014年、82ページ。
50 鈴木　2003年、76、92〜101ページ。
51 藤野富之助『東京名物浅草公園水族館案内』瞰海堂、1899年、7〜15ページ。
52 「水族館発明の生魚運搬船」『読売新聞』1899年12月8日（朝刊）、4ページ、「水族館の新魚と運搬船」『朝日新聞』1899年12月8日（朝刊）、4ページ。
53 「水族館の大海驢」『朝日新聞』1901年12月25日（朝刊）、4ページ、「水族館の巨鰐」1903年5月28日（朝刊）、4ページ。
54 鈴木　2003年、100〜107ページ。
55 農商務省編『第五回内国勧業博覧会事務報告』（下）東京国文社、1904年、84ページ。
56 内村義城編『堺水族館記』堺史談会編集局、1903年、45〜48ページ。
57 内村　1903年、9〜13ページ。
58 農商務省　1904年、6、108ページ。
59 内村　1903年、10ページ、農商務省　1904年、9ページ。
60 内村　1903年、25ページ。
61 内村　1903年、30ページ。
62 農商務省　1904年、13〜14ページ、第五回内国勧業博覧会堺水族館事務所編『堺水族館図解』金港堂、1903年、59ページ。
63 農商務省　1904年、11〜15、71ページ。
64 内村　1903年、24ページ、農商務省　1904年、9ページ前の上面図。
65 内村　1903年、10、64ページ。
66 農商務省　1904年、25ページ。
67 農商務省　1904年、7、56ページ。
68 農商務省　1904年、26〜47ページ。
69 農商務省　1904年、49〜64ページ。
70 内村　1903年、50ページ。
71 農商務省　1904年、69ページ。
72 鈴木　2003年、120〜125ページ。
73 農商務省水産局　1898年、1〜3ページ、藤野　1899年、1〜5ページ。
74 第五回内国勧業博覧会堺水族館事務所編　1903年、4ページ。
75 第五回内国勧業博覧会堺水族館事務所編　1903年、60、65ページ。

76 藤野　１８９９年、17～18ページ。
77 農商務省水産局　１８９８年、72ページ。
78 農商務省　１９０４年、９ページ前の地図、13～20、56ページ。なお、明治期の水族館に西洋の機械が用いられていたことは、鎌形慎太郎も着目している。鎌形　２０１４年、86ページ。
79 内村　１９０３年、33～35ページ。
80 伊藤真実子『明治日本と万国博覧会』吉川弘文館、２００８年、１０２～１１２ページ、山路勝彦『大阪、賑わいの日々――二つの万国博覧会の解剖学』関西学院大学出版会、２０１４年、１０２ページ。
81 山路２０１４年、１０５～１１４ページ。
82 松田京子『帝国の視線――博覧会と異文化表象』吉川弘文館、２００３年、75ページ。
83 吉見　２０１０年、２２０ページ。
84 内村　１９０３年、11ページ。
85 内村　１９０３年、43～44ページ。
86 吉見　２０１０年、１５４ページ。
87 内村　１９０３年、12ページ。
88 諏訪智美「日本の絵画における遊魚表現――『大日本魚類画集』の解釈について」『芸術学研究』18、２０１３年、56～57ページ。
89 諏訪　２０１３年、52、59ページ。
90 姫路市立美術館編『大野麥風と大日本魚類画集』姫路市立美術館友の会、２０１０年、98～99ページ。
91 前田純一「阪神パークと水族館」阪神電気鉄道株式会社臨時社史編纂室編『輸送奉仕の五十年』阪神電気鉄道、１９５５年、１１８～１１９ページ。
92 堀家邦男『水族館の魚達――ある館長のお魚との対話』秦流社、１９７５年、98ページ。
93 鎌形慎太郎「昭和初期における水族館実践論の萌芽――堀家父子の業績を中心に」『博物館学雑誌』41（１）、２０１５年、58～67ページ、堀家　１９７５年、55～63ページ。
94 堀家　１９７５年、24ページ。
95 前田　１９５５年、１２０ページ。
96 堀家　１９７５年、24ページ。
97 前田　１９５５年、１２０ページ。
98 『博物館研究』９（10）、１９３６年、１９３ページ。
99 堀家邦男「裏から見た水族館」『博物館研究』９（２）、１９３６年、１３９ページ。
100 前田　１９５５年、１２０ページ。
101 堀家　１９７５年、99ページ。
102 堀家　１９７５年、１０２～１０８ページ。
103 「博物館ニュース」『博物館研究』10（７／８）、１９３７、２６８ページ。
104 前田　１９５５年、１２０ページ。
105 前田　１９５５年、１２１ページ。
106 堀家　１９７５年、１１２～１１６ページ。
107 前田　１９５５年、１２３ページ。
108 「社業の足あと」阪神電気鉄道株式会社臨時社史編纂室　１９５５年、39ページ。
109 堀家　１９７５年、１１８ページ。
110 堀家　１９７５年、１１８ページ。
111 堀家　１９７５年、１１９ページ。
112 Hill, Ralph Nading. *Window in the Sea*. New York: Rinehart & Company, 1956, p. 23.
113 Hill 1956, pp. 13–27.
114 Hill 1956, pp. 23, 41–49.
115 Hill 1956, pp. 31–38, 45.
116 Hill 1956, pp. 51–52, 177–182.

117 Mitman, Gregg. 'Cinematic Nature: Hollywood Technology, Popular Culture, and the American Museum of Natural History.' *Isis*. 84.4 (1993): p. 643.

118 White Jr., Richard S. 'Papago Springs Cave, Pronghorns and Paleontology: Red Fields and the Burden of Proof.' *Neogene Mammals*. 44 (2008): p. 366.

119 Mitman 1993, p. 644.

120 Rosen, Dan. 'The Movie-Star Komodo Dragons That Inspired "King Kong".' 30 November 2012. *The Vault*. 4 December 2017 <http://www.slate.com/blogs/the_vault/2012/11/30/komodo_dragons_1926_celebrity_of_the_beasts_inspired_king_kong_filmmaker.html>.

121 Mitman 1993, pp. 644–646.

122 Mitman 1993, p. 656, Hill 1956, p. 17.

123 Mitman 1993, p. 657.

124 Mitman 1993, p. 657.

125 Mitman 1993, pp. 657–658, Hill 1956, p. 59.

126 Hill 1956, pp. 60–64.

127 Mitman 1993, p. 658.

128 Hill 1956, pp. 52–56.

129 Hill 1956, pp. 64–65.

130 Hill 1956, pp. 67–79.

131 Guillery, Peter. *The Buildings of London Zoo*. London: Royal Commission on the Historical Monuments of England, 1993, pp. 65–67.

132 mpalmer. 'ZSL London Zoo during World War Two.' 1 September 2013. *ZSL*. 28 January 2017 <https://www.zsl.org/blogs/artefact-of-the-month/zsl-london-zoo-during-world-war-two>.

133 Lachapelle and Mistry 2014, pp. 17–20.

134 Klös and Lange 1985, pp. 19–23.

135 Klös and Lange 1985, pp. 25–35.

136 Klös and Lange 1985, pp. 37–41.

137 鈴木克美「神奈川県の水族館史——首都近郊における明治23年（１８９０）以降の水族館の発展」『東海大学博物館研究報告』４、２００２年、14ページ。

138 鈴木　２００２年、14〜15ページ。

139 鈴木　２００２年、15ページ。

140 Speranza, Marcello La. *Flakturm-Archäologie: Ein Fundbuch zu den Wiener Festungsbauwerken*. Berlin: Berliner Unterwelten. 2012, pp. 25–26, 70.

141 Speranza 2012, pp. 46–47.

142 Speranza 2012, pp. 96–97.

143 Speranza 2012, pp. 134–140.

144 Speranza 2012, pp. 137–146.

145 Speranza 2012, pp. 99–100, 155.

146 Speranza 2012, p. 141.

147 Speranza 2012, p. 101.

148 宇治谷　２０１５年、３１０ページ。

149 三舟隆之『浦島太郎の日本史』吉川弘文館、２０１５年、20〜21ページ。

150 三舟　２０１５年、22〜１０４ページ。

151 小松和彦『異界と日本人——絵物語の想像力』角川書店、２００３年、79ページ。

152 三舟　２０１５年、99ページ。

153 小松　２００３年、80ページ。

154 小松　２００３年、80ページ。

155 三舟　２０１５年、１６４〜１６８、１８５〜１９５ページ。

156 小松　２００３年、82〜85ページ。

第4章

非日常体験を求めて

「テーマアクアリウム」の世紀

独特の美しさをもつジェノバ水族館の内部

1　新しい展示、新しい海のイメージ

オセアナリウムと回遊水槽

戦中・戦後の混乱期が終わると、水族館はさらなる進化をとげる。展示法の工夫、新しい素材の導入、国際的なアイデア交換のおかげである。だが、展示に物語をそえる「テーマ化」が進み、以前にもまして「非日常体験」の提供に熱心になったことはもっと重要である。まずは、展示法の発展と新素材についてかんたんに見ておこう。

マリンスタジオがオセアナリウムを導入し、海中風景を見せるとともに、イルカショーをおこなうようになったことは第3章‐3で見たとおりだが、戦後日本においてもさっそく模倣されるようになった。

まず1957年4月に、みさき公園自然動物園水族館（以下、みさき水族館と表記）が日本初のオセアナリウムを公開した。みさき水族館は3つの大水槽からなり、ひとつ目（9×15メートル、水深2～3メートル）はサメ、エイ、ウミガメ、ハマチ、シマアジなどを飼育した。2つ目（7・5×13・5メートル、水深は同様）は、岩礁を再現してブダイ、フグ、カワハギ、コウイカなどがおり、3つ目（16・5×24メートル、水深3メートル）はイルカプールだった。

これらの大水槽には、マリンスタジオのようにのぞき窓があって、水族の群泳する姿を満喫することができた。阪神パーク水族館で活躍し、みさき水族館の館長もつとめた堀家邦男によると、それは「今までの、小型水槽を併列した汽車の〝窓式水槽〟から脱して、大水槽に多種多数の魚類を

収容すると同時に、魚たちの自由な〝自然生態〟を展示しようという意欲的なものだった[2]。

おなじ年の5月、江ノ島水族館の第2号館として、江ノ島マリンランドというオセアナリウムがオープンする。江ノ島水族館は、1954年に開館し、本格的な水温調整機能を備え、配管にサビや腐食に強い塩化ビニール管を採用するなど、後続の水族館の参考になるところが大きかったという。新設されたオセアナリウムは、地上3階、地下1階の建物で、内部に表面積1000平方メートル、深さ3~5メートルのプールをもち、イルカの曲芸をおこなわせた。

鈴木によれば、それまで日本の水族館はアカデミックな雰囲気を重んじ、かようなアメリカ式のショーには冷淡だった。だが江ノ島マリンランドの成功によって、むしろこれを熱心にとり入れるようになったのだという[3]。

さらに、やはり1957年の5月にオープンした神戸市立須磨水族館にも、「アクアランド」というオセアナリウム(容水量400トン)があった。これも側面のガラス窓から、自然な魚の姿を見せようというものだった[4]。この年、オセアナリウムをもった水族館は、9館かそれ以上にのぼるという[5]。

オセアナリウムは、アメリカから日本に展示法が「輸入」された展示法だが、逆に「輸出」された例もある。回遊水槽がそれである。回遊水槽は、内部の水を循環させるドーナツ型水槽で、来館者は、ドーナツの外側か内側に立って、魚が回遊するさまをながめる。それは「個々の魚類を識別して見せるということよりも、魚群の回遊の動的魅力に酔わせるところに効果を見出す[6]」ものであった。さらに、オセアナリウムとは異なり、中央部は空っぽなので水量が少なくてすみ、経済的だった[7]。

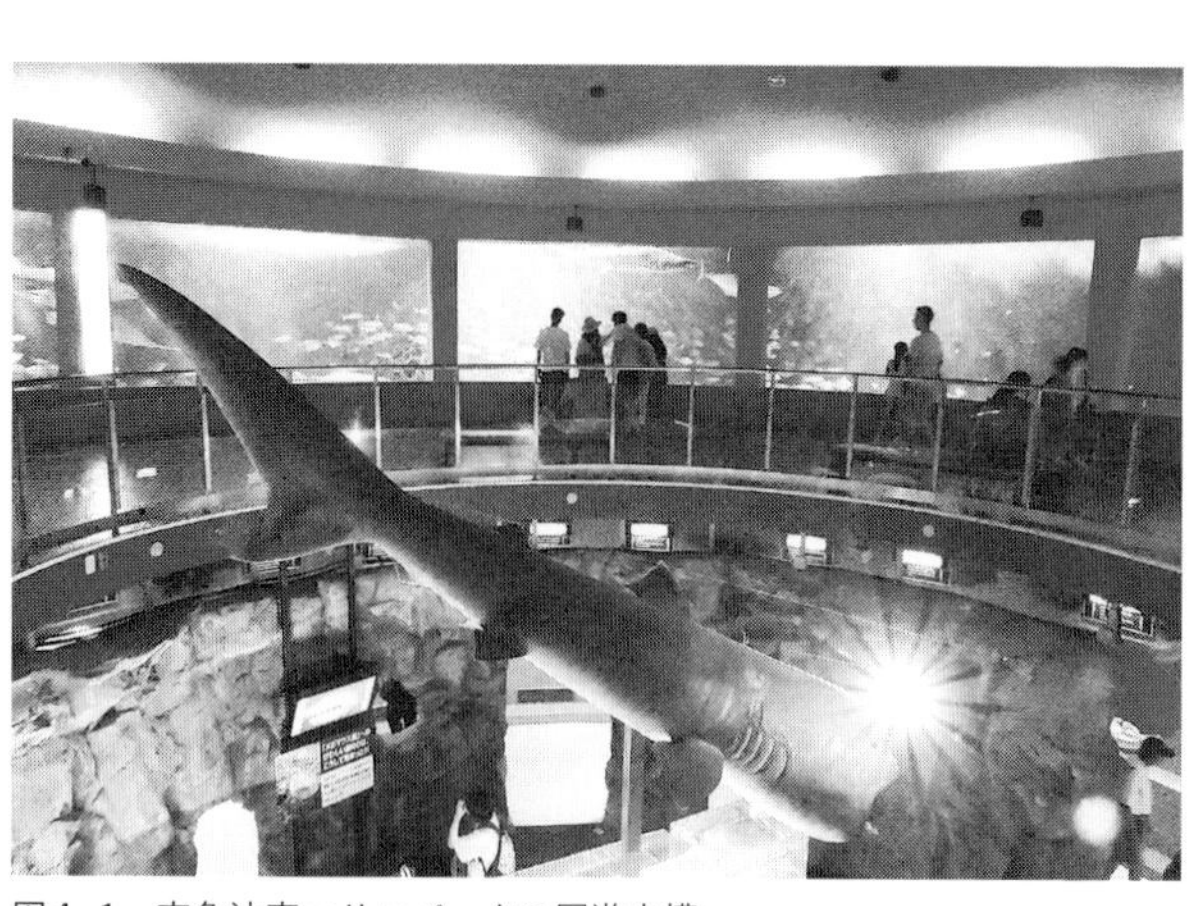

図4-1　京急油壺マリンパークの回遊水槽

このタイプの水槽は、鳥羽水族館などである種のプロトタイプがつくられたのち、大分生態水族館（1964）に本格的なものが誕生した。それは深さ1・6メートル、奥行き2・7メートル、周囲61メートルあって、ガラス板36枚がはめこまれていた。230トンの水は、エアーリフト循環方式によって、本物の海流のように流れ、そのなかを60種、2000尾におよぶ魚たち、すなわちブリ、カンパチ、マダイ、クエ、ハタ、カレイなどが元気に泳いでいた。

ちなみに、大分生態水族館の回遊水槽は、外側から魚を眺めるタイプであった。回遊水槽は、外側から眺めるか、内側から眺めるかでずいぶんと印象が異なってくる。やはり内側に立ったほうが、没入感を得やすい。後述する京急油壺マリンパーク（1968、図4-1）などが導入したのは、このタイプの水槽であった。

やがて、同館や志摩マリンランド（1970）の回遊水槽が、スタインハート水族館を率いていたアール・ヘラルドの目にとまる。それが契機となって、1977年、水族館の南西部に位置する立方体の建物のなかに、直径約18メートル、水深約3メートル、10万ガロン（約38万リットル）の水を収容できる回遊水槽が生まれ、その年のうちに180

万人の来館者を集めた。この水槽は、これまで飼育困難だったエビスザメやイコクエイラクブカ、さらには『ジョーズ』（1975）で有名なホホジロザメを一定期間飼育したことでも知られる。また回遊水槽は、ボルティモアのナショナル水族館（1981、後述）でも採用されることになる。[10]

アクリルパネルの導入

なお1960年代においては、大型水槽にはまだガラスが主として使用されていた。大分生態水族館の回遊水槽や、みさき水族館のオセアナリウムは、イギリスのピルキントン社製のガラスを使っていた（同社は、戦前にも堺水族館、阪神パーク水族館にガラスを納入している）。[11]

しかし、ガラスは破損の危険がつねにある。おまけに、水槽が大型化すると、ガラスを分厚くする必要があるが（3メートルの水深で7〜8センチの厚みとなる）、そうなると重いうえに高価になる。そこで、これにかわって導入されたのがアクリル樹脂である。

1901年、ドイツのテュービンゲン大学で化学者オットー・レームは「アクリル酸とその派生物」にかんする博士論文を提出、これが基礎となって、1932年に「有機ガラス」の開発に成功する。彼とビジネスマンのオットー・ハースは、アメリカに会社、ドイツに工場をもっており、やがて軍用機のキャノピー用にアクリルを提供するようになった。おなじころ、デュポン社や日本の三菱重工もアクリルの生産をはじめ、軍用機に提供している。日本は、ドイツをとおして新素材について学んだのである。

しかし戦争が終わると、この透明で頑丈な素材が水槽にもうってつけであることがわかってきた。1960年には、マリンランド・オブ・フロリダ（マリンスタジオ）がアクリルパネルを導入している。日本では、上野動物園の水族爬虫類館（1964）が、高さ2メートル、幅18メートルの大型水槽にアクリルパネルを採用した。[12]

ワイキキ水族館の元館長レイトン・テイラーが、1993年の時点で、水族館の主な受注先として紹介しているのは、三菱レイヨンとレイノルズ・ポリマー・テクノロジーである。前者は、アクリルシートを何枚も重ね張りすることで厚みを増す技術に、後者は鋳型そのものに厚みをもたせて、頑丈なアクリルパネルをつくる技術に長けているという。[13]

だが今日、水族館のアクリルパネルメーカーといえば、日プラ（1969創業）がやはり有名だ。いまや水族館用大型アクリルパネルの世界シェアの7割を誇るとされるが、[14] その先駆けとなったのは、屋島山上水族館（1969）にアクリル製回遊水槽を納入したことであった。かの水族館では、ガラス間の支柱を全部撤去するためにアクリルを選んだのである。また世界に進出するきっかけとなったのは、モントレーベイ水族館（1984、第5章‐4）が、増築のさい日プラのアクリルパネルを採用したためだという。[15]

なおアクリルは強靭（きょうじん）なだけでなく、曲げ加工をしやすい。そのため、ドーム型、シリンダー型、トンネル型、ハングオーバー型といったふうに、必要に応じてさまざまな水槽をデザインすることが可能となり、あとで紹介する「海洋パーク」や「テーマアクアリウム」の隆盛を支えることになった。

クストーの示した海の世界

オセアナリウム、回遊水槽、アクリルパネル。これらはしかし、水族館が、あくまでも来館者の期待にこたえようとするプロセスにおいて導入されたものだということを、忘れてはならない。かつて、神戸市立須磨水族館、いおワールドかごしま水族館の館長を歴任した吉田啓正は、こう述べている。

1960年代になってテレビが普及し始め、情報化時代を迎える頃から、珍奇なもの、不思議なことの秘密のベールが次々と剝がされる。水族の興味深い生態の映像がお茶の間で放映され出すと、情報を豊富に持った観客が水族館に来るようになる。水族館も、いろいろな種類の生き物を見せているだけでは魅力の乏しいものになっていく。[16]

つまり、マスメディアをつうじて海の景色に触れるようになったことで、人びとは水族館にもそれに近いものを期待しはじめたのである。第2次世界大戦後、ディズニー制作の自然ドキュメンタリー映画『トゥルーライフ・アドベンチャー』シリーズが人気を博すると、動物園はより自然に忠実な展示するよう求められたといわれる。同様のことが、水族館にも起こったのだ。[17]

図4-2　ジャック＝イヴ・クストー

世界中の人びとが海の映像に親しむきっかけをつくった人物といえば、ジャック＝イヴ・クストー（1910～97、図4-2）がまっ先に思いうかぶ。「一般の人たちだけでなく、私たち水族館関係者にも大きな感動[18]」を与えたと堀家も認める男である。

クストーはフランス海軍出身で、かつて練習艦「ジャンヌ・ダルク」の士官として、日本を含む世界各地をまわったことがある。撮影技術にも関心があったので、このとき異国のダンスや「ゲイシャ」の短い映像をとったりもしている。

彼は、一度は飛行士を志すも、車の事故で大けがをし、トゥーロンで療養することになった。このとき転機が訪れる。友人が、素潜り用のゴーグルを彼にプレゼントしたのだ。これをつけて海へ潜ったとき、クストーはそこに色鮮やかな別世界が広がっているのを発見する。そして仲間たちとともに、海中を自由に移動し、撮影する技術の開発にとりくむようになったのだ[19]。

ヘルメットとスーツをつけて潜水する方法そのものは、1700年代に開発されていた。ただし、船や陸につないだホースから空気を送りこんでもらわないといけないため、移動が著しく制限されていた。1920〜30年代、イヴ・ル・プリウールが、圧縮空気をつめたタンクと顔全体をおおうゴーグルをホースでつなぎ、バルブで空気の流入を調整するシステムを発明する。

クストーはこれを改善して、目と鼻のみをゴーグルでおおい、マウスピースを使って呼吸できるようにした。彼のシステムがすぐれていたのは、舌でバルブを動かして空気流入をコントロールできる点と、吐息をそのまま水中に吐きだせる点であった。やがてこの装置には、「アクアラング」という名前がついた。

こうしたクストーの実験は、ナチス・ドイツによってフランスが占領されていた時期にこっそりおこなわれた。戦争が終わると、クストーは海軍の上司に映像を見せてその価値を認めさせ、「海中調査グループ」をつくることに成功する[20]。

また、彼は早くからアメリカのメディアと接触するようになった。たとえば『ライフ』は、海中調査グループのメンバーがタコとダンスしたり、サメから身を守ったりする写真を掲載している。[21]

クストーはやがて、アイルランドの政治家ロエル・ギネスをつうじて掃海艇を入手し、海洋調査船に改造して「カリプソ」と命名した（図4－3）。「カリプソ」は、世界に類をみないユニークな船で、水面下の船首部に、ガラスをとおして海中を観察できる空間があった。クストーの伝記作家キャスリーン・オルムステッドがいうように、まさに「ノーチラス」の窓を想起させるものであった。クストーは1951～53年のあいだ、「カリプソ」に乗って紅海のファラサン諸島を調査したり、古代ローマの沈没船の発掘をおこなったりしている。[22] さらにこうした活動は、『ナショナル・ジオグラフィック』で紹介された。[23]

図4-3　海洋調査船「カリプソ」

彼はやがて海軍をやめ、モナコ海洋博物館（第2章－3）の館長に就任する（1957～88）。このころ、伝統ある海洋博物館からは、かつての面影が失われていた。アルベール1世の後継者ルイが海洋学に興味がなかったからで、研究者たちは去り、ラボも朽ちていくにまかされていたのである。だがその息子レーニエがその立て直しをはかり、クストーを招待したのであった（ちなみにレーニエは、俳優グレース・ケリーの夫としても有名である）。科学者としての訓練を受けていないクストーの就任は、少なからず周囲を驚かしたようだ。だが彼は、博物館付属の水族館でイルカを飼育したり、ラボや展示エリアの改善をおこなうなど力をつくした。[24]

同時に彼は、「カリプソ」の冒険をあつかった『沈黙の世界』（1

956）や、海底居住施設「コンシェルフII」での生活を描いた『太陽のとどかぬ世界』（1964）といった映画を撮影し、アカデミー賞を獲得している[25]。

さらに、『クストーの海底世界』というアメリカのテレビシリーズも手がけ、水中映像を文字どおり「お茶の間」に届けた。「ご存知のように、一晩のうちに、3500万から4000万の人たちが、イルカを見ようとするんだからね[26]」と、あるとき彼は語ったという。『クストーの海底世界』は1968年にはじまり、9年間にわたって放映されつづけた[27]。その影響力たるや推して知るべしである。

戦後はこれ以外にも、水中世界をテーマにした映像作品がつぎつぎと制作され人気を博した。たとえば1954年には、ダイビングをあつかった科学ドキュメンタリー『ハンターズ・オブ・ザ・ディープ』や、ヴェルヌの小説をディズニーが映画化した『海底二万哩（マイル）』（海底2万マイル）が公開されている[28]。

こうした映像に人びとが触れるようになったことは、水族館の「進化」をうながした一因とみなしうるわけだが、もちろん、ほかにも要因があってしかるべきだ。たとえば、生活環境の変化がある。

戦後、産業国において都市化が進むと、汚染やぎすぎすした人間関係が問題になりはじめた。するとどうぜん、そんなうっとうしい日常を離れて、どこか平和で美しい世界に逃避したいという願いも芽生えてくる。映画『海底二万哩』で、ネモ艦長は「上では、飢えと恐怖があって、人間はいまだに不正な法を行使する。連中は戦い、相手をバラバラに引き裂く。だが、波の下わずか数フィートのところで、彼らの支配は終わり、悪も溺れてしまう。この海底にこそ独立がある。ここでこそ、わたしは自由なのだ」とつぶやく。これは、もちろんヴェルヌの小説にもみられるセリフだが、1950〜60年代の欧米人、日本人の心境を吐露したものでもあったはずだ。

2 「海洋パーク」と「テーマアクアリウム」の出現

魚の見物から「非日常体験」の提供へ——シーワールドの誕生

少なくとも、サンディエゴに誕生したシーワールド（1964、図4-4）は、逃避を求める人びとをはじめからターゲットにしていた。

図4-4　シーワールド・サンディエゴの上空図

シーワールドは、ディズニーランドに代表されるテーマパークの海洋版である（本書では、そうした施設を「海洋パーク（マリン）」と呼ぶ）。ディズニーランド（1955）が画期的だったのは、ウォルト・ディズニー（1901〜66）のつくりだした2次元のアニメ世界を、3次元で表現したことだとされる。[29]だが、もうひとつ重要な点は、各エリアを「メインストリートUSA」、「フロンティアランド」、「ファンタジーランド」、「アドベンチャーランド」、「トゥモローランド」に分け、それぞれを「テーマ化」していたことだ。

先述したように、「テーマ化」とは、特定の場所に物語をあてはめることだ。たとえばフロンティアランドには「西部開拓史」、ファンタジーランドには「ヨーロッパ伝統文化」、アドベンチャーランドには「ジャングル探検」にまつわる物語が適用されている。そして各エリアの建築、従業員の衣装、音、商品、食べものが、みごとにそのテーマに沿ってデザインされているのだ。[30]

またディズニーランドが、ライドごとに金を払う都市部の遊園地と異なり、最初に多めの入場料を支払えばあとは遊び放題というシステムを導入したことや、遠隔地に設けられていたことも新しかった。その目的は、車を使えて、最初にまとまった金を払うことのできる中産階級（多くは白人の家族）のみが入れるようにすることである。さらに、「パッケージ化された体験」を提供するうえでも効果的だった。[31]

シーワールドも、テーマ化され、パッケージ化された体験を提供することをめざしていた。その構想は、複数の野心的な人びと、すなわちディズニーランドの広報責任者だったエド・エッティンガー、マリンランド・オブ・ザ・パシフィック（1954年につくられたオセアナリウム）にいた海洋哺乳類専門家ケネス・ノリス、魚類学者カール・ハブス、レストラン支配人で、かつて「海中レストラン」計画をたてたこともあるジョージ・ミレーといった面々のもとで生まれた。1962年に建設がはじまり、64年に完成している。[32]

シーワールドは、かつての万博を思わせるエキゾチックな「ポリネシアン日本様式」をとり入れた。さかさまになったカヌーをモチーフにした入場門、トーテム・ポールを思わせる柱、「ハワイアン・パンチ・パビリオン」、「日本村」などがあって、日本の海女が真珠をとったり、イルカが船員を救出するパフォーマンスもおこなわれた。

なぜ、かようなテーマが選ばれたのか。シーワールドの運営と展示について徹底的な調査をおこなったスーザン・デーヴィスによると、これらはすべて、当時のアメリカ人にとって異郷めいていて、ファンタジックなものとみなされたからである。また1959年にハワイが州として認められてからは、テレビ、音楽、ファッションなどをつうじて大衆の関心が高まり、ツーリズムの対象になりはじめたことも、太平洋風のデザインをとり入れるきっかけとなった。シーワールドは、太平洋の一部を、島や動物もろとも切りとって、本土にもってきたようなものだったのだ。[33]

図4-5 「ペンギン・エンカウンター」の様子

とはいえ、シーワールドのデザインは時代とともに変化している。70年代以降は、青と白を基調にした、機能的かつ現代的な建物が増加し、海女のパフォーマンスなども消えていった。また動物園の生態展示に影響されて、ひとつのまとまった生態系を見せようという機運も高まった。その皮切りとなったのは「ペンギン・エンカウンター」(図4-5)で、ペンギンのすむ氷の世界を、ひとつの建物内でできるだけリアルに再現しようとした。その後も、「禁断のリーフ」、「シャーク・エンカウンター」、「ロッキー・ポイント保護区」といったアトラクションが生まれている。[34]

しかし、文化的な表現はかわっても、シーワールドにおいていちばん大切なのが「自然」であるのはまちがいない。それは、人びとが束縛と衝突と汚染に満ちた社会を逃れてやってくる世界、「遠くにあり、深くてエンドレスで、境界も制限もない」[35]すてきな世界として表象される。

そして、その別世界を旅する気分をもりあげる工夫が、シーワールドの各施設にはほどこされている。たとえば「シャーク・エンカウンター」では、来園者は小さなサメの泳ぐプールや熱帯の風景画を見たあと、トンネルをくぐってビデオルームに入る。そして映像鑑賞の後、水中トンネルへ移動するが、そこはサメのうようよする異界というわけだ。

多くのアトラクションは「縦の移動」を重視していて、オルカショーのおこなわれる「シャムー・スタジアム」もそのひとつだ。すなわち観客は、まずうえのほうからシャチを見学し、そのあと下方へ歩いていってシャチが泳ぐさまをアクリル越しにのぞく。そこにあるのは、境界線のない無限の世界である（図4-6、7）。

先述の「ペンギン・エンカウンター」も、異界に来ているのだという幻想を高めるために気温、サウンドトラック、背景画、岩、雪、氷山などが活用される。さらに映像や展示パネルが空白を埋めるが、これは場を白けさせないための工夫である。[36]

しかし、ただ生きものを眺めているだけでは、「異界体験」が不十分であることを、シーワールドの運営者たちは知っていた。いま自分が別世界にいることを確信するには、そこの住人とコンタクトをとることが重要である。デーヴィスは書いている：「シーワールドのマネージャーたちは、わたしに何度も何度も語った。『われわれはインタラクティブだ』、『われわれは参加型だ』、『われわれは触れることができる』と」[37]。

これを可能とするのが「タッチプール」だ。そこでは子どもたちはヒトデや棘を抜いたエイにさわることができる。別のプールでは、イルカに餌づけができる。来園者がエサをあげたら、ときどきイルカはお返しとばかりに水をバシャッとやる。「この水のはねかけは、種の境界をこえたコンタクトの一形態、やりとりの一種であり、子どもはこういうのを喜ぶのだ[38]」。とはいえ、シーワールドでコントロール下にないものはひとつもなく、こうした「交流」もそうである。来園者にはいろんなタイプがいて、たまに服を脱いでプールに飛びこんだりするから、常に係員が見張っているのだ[39]。

図4-6、7　上と横から見た「シャムー・スタジアム」

シーワールド最大の目玉、「シャムー・ショー」（シャチのパフォーマンス）でも、「コンタクト」は重要な要素である。人びとは、トレーナーの姿をとおして、まるで自分たちがシャチと触れあっているかのように感じる。さらに、来園者のなかから数人（子どもも含まれる）をステージに招待し、シャチと交流させることがあるし、ことあるごとにシャチは盛大な波をたてて、はしゃぎまわる来園者たちをずぶぬれにする。[40]

冷戦期における「海の征服」

このようにシーワールドは、異界探訪をフィーチャーした巨大な消費の場であったが、ここにはもうひとつ重要なテーマがあった。「海の征服」である。

開園当時、アクアラングと音声装置をつけた女性たちが、イルカとパフォーマンスしたり、魚について解説するというプログラムがあった。科学的な装備を身につけた人間が、ミステリアスな海の世界を訪問するプロセスを演出していたのである。デーヴィスは、これは1960年代に推進されていた、海底居住計画とパラレルな関係にあったと指摘する。[41]

ここでふたたび、クストーに目を向けてみよう。彼は、みずからを決して「海洋生物学者」とか「科学者」と呼ぶことはせず、「海洋学的技術者」と呼んでいた。彼によれば、人類はホモ・サピエンスから、海底に居住する「ホモ・アクアティクス」への進化の途上にある。「ホモ・アクアティクス」は、水族を飼いならし、海洋牧場を開くであろう。それは、深刻になりつつある人口問題を解決するだろうし、しかも海は、石油、ガス、宝石、マンガンなどももたらしてくれる。だが、ひとを自然の制約から解放し、「海を支配する」には技術が必要であり、その開発者こそクストーというわけだ。[42] かような理想は、ネモ艦長（第2章-2）のそれと共鳴しあう。クストーは、ヴェルヌの描いた「技術の進歩」とか「海洋資源の徹底活用」といった夢を継承していたのである。

だからクストーの、とくに初期の活動が、海洋開発をもくろむ企業に支援されていたのは驚くべきことではない。たとえば、「カリプソ」によるペルシア湾調査（1954）を支援したのはブリティッシュ石油会社（BP）で、海底の石油の調査をおこなわせている。[43]

クストーはさらに、海底居住施設の建設を推進した。彼は１９６２年、初の海底居住施設「コンシェルフⅠ」（この名は「大陸棚(コンティネンタル・シェルフ)」に由来する）をつくって実験を開始、ついで「コンシェルフⅡ」（１９６３）、「コンシェルフⅢ」（１９６５）を生みだしていく。「コンシェルフⅠ」を支援したのは、鉱員が海底で活動できる可能性に期待したガス・石油会社であったし、[44]「コンシェルフⅡ」、「コンシェルフⅢ」にはフランス国家石油局が出資している。なお、「コンシェルフⅡ」をフィーチャーした映画『太陽のとどかぬ世界』は、もともとのタイトルを『海の征服』といった。

「コンシェルフⅢ」は、海面下約１００メートルのところにつくられた居住施設だが、そこに住む人びとの生理機能、脳波、忍耐、社会性にかんするデータが集められたり、石油の坑口を設置する作業が試みられたりしている。海底居住を実現するために、かなり本気でとりくんでいたのだ。[45]

歴史家ゲイリー・クロルは、こうしたクストーの活動は、アメリカが大陸棚や深海の経済的、軍事的利用価値に目覚め、征服にのりだした時期と軌を一にすると指摘する。１９６６年の時点で、アメリカは海洋軍備に40億ドルを投じた。石油会社も20億ドルを投資し、さらに30億ドルが海洋レジャーのために投じられていたのだ。

当時、ソビエト連邦としのぎを削っていたアメリカにとって、海洋開発は、宇宙開発とおなじくらい重要であった。最初に海底居住を可能とした国こそが、海をコントロールすることになり、ひいては世界をコントロールすることになると、ソ連もアメリカも考えていたからである。

「コンシェルフ」のいわばアメリカ海軍版が、「シーラブ」シリーズ（１９６４〜69）であった。カプセルかタンクみたいな外観で、およそなかに入りたいとは思わない代物だが、とにかく人びとを

図4-8 「シーラブII」の外観

熱狂させた。なお「シーラブII」（図4−8）には、海底居住施設と海上を結ぶ連絡係として、「タフィ」という名のイルカも参加している。さらに「シーラブIII」のためにも8頭のイルカが使われることになり、その訓練を引きうけたのがマイアミ海洋水族館だった。

ただし、「コンシェルフIII」も「シーラブIII」も機械の不調や水漏れに悩まされた。「シーラブIII」にいたっては死者が出るにおよんで、技術の限界が露呈することとなる。それはやがて、海洋開発そのものが疑問視される結果をまねくことになるが、それでもこれらの計画が、海を「最後のフロンティア」として人びとに印象づける原動力となったことはたしかである。

天空と海底をめざした西洋文明の「縦の膨張」は、19世紀にはじまり、第2次大戦後にピークを迎えた。そして、アクアラングをつけたスタッフや「家畜化」したシャチにパフォーマンスをさせるシーワールドは、軍と企業がとりくむ「海の征服」を、大衆にわかりやすいかたちでテーマ化した施設でもあったのだ。

ピーター・シャマイエフの水族館

海洋パークが人気を博するいっぽう、教育と研究をうたった「従来型」の水族館も、1960～90年代にかけて性格を変えていった。本書では、そうした新世代の水族館を、水族館経営シミュレーションゲーム（1998）の名前を借りて、「テーマアクアリウム」と呼んでおきたい（このゲームについてはコラム7参照)。

「テーマアクアリウム」の特徴は、展示の「テーマ化」にこだわっていること、そして、個々の魚を見せるよりも、非日常体験を提供することに主眼を置いていることだ。それには水槽の配置の工夫が欠かせないが、照明、音、造波装置などを駆使する場合もある。テーマアクアリウムは、海洋パーク同様、「体験を消費する場」である。

戦後水族館の「テーマ化」の流れを決定づけたのは、建築家ピーター・シャマイエフ(1936〜)だ。

彼のデザインは、父サージ(1900〜96)に負うところが大きい。サージはもともとグロズヌイ(いまのチェチェン共和国首都)の出身で、姓もイサコヴィッチといった。彼は10歳のときイギリスの学校に通いはじめたが、ロシア革命(1917)のせいで家族の資金援助をあてにできなくなった。そこでやむなく舞踏会のダンサー、ついで家具や建築のデザイナーとなって、姓もシャマイエフにあらためる。彼は建築家として正式な訓練を受けていなかったにもかかわらず、たちまち頭角をあらわし、王立英国建築家協会のメンバーになっている。

ヨーロッパで第2次世界大戦が勃発すると、サージは妻と息子ピーター、イワンを連れて、アメリカへわたることを決意する。やがてハーヴァード大学で「環境デザイン」を教えることになるが、これは建築、都市計画、造園といった、従来バラバラだった分野を統合した新しいアプローチで、やがて全米のデザインプログラムの基礎となっていく。

ピーターとイワンは、ハーヴァード大で父のもとで学んだことがきっかけとなって、ルイス・バカノースキー、ポール・ディートリヒ、オルデン・クリスティ、トーマス・ガイスマー、テリー・

ランキンとともに、建築、グラフィックデザイン、展示デザイン、風景デザイン、さらには映像製作にいたるさまざまな技術を駆使する新会社の構想を立てる。[48]

ちょうどそのころ、ボストンに新しいタイプの水族館をつくる計画があった。それは、小さな水槽を並べただけの、博物館然としたものとは一線を画するものとなるはずであったが、ピーターらはその設計を請けおうことに成功、新会社「ケンブリッジ・セブン・アソシエーツ」をつくる。[49]

ピーター・シャマイエフらの担当した水族館は、どれも似たような構造をもっている。複数の階をもち、来館者は一方通行の通路を、水族館の用意した「物語」にしたがって、上層から下層へ、あるいはその逆へと移動していくのだ。

ボストンのニューイングランド水族館(1969、図4-9)は、すでにその特徴を備えていた。来館者はまず、中央のシリンダー型の「ジャイアント・オーシャン水槽」(図4-10)を遠巻きにとり囲む通路をたどって、下層から上層へと歩いていく。通路沿いには、サイズや明るさが異なる展示がリズミカルに配置され、来館者の体験に変化をつける。やがて、中央の4階にまたがる「ジャイアント・オーシャン水槽」(直径12メートル、約76万リットル)に達すると、その周囲にある通路をらせん状に下りていくというわけだ。[50] 生きものたちは、「一貫して暗いスペースにおいて、橋から、傾斜路から、バルコニーから観察される」。[51] このようにさまざまな角度から水族を眺めることで、人びとの感情がゆさぶられることを期待したのである。

その結果は大成功であった。「こうした空間に、人びとが夢中になることに魅了されたね」とシャマイエフはインタビューで語っている。「わたしは、彼ら[来館者]を日常の環境から引っぱりだしたいんだよ。野生を経験してもらうために、自然の影響を見せるために」。[52]

ここに彼の水族館の特徴がある。シーワールド同様、ただ水族を見るのではなく、海中散歩の「体験」を人びとに提供するのだ。また展示をストーリー仕立てにし、これにしたがって水槽や通路を配置する「テーマ化」をはかっている点も目を引く。

これ以後、ケンブリッジ・セブンはさまざまな仕事を請けおうが、水族館プロジェクトはシャマイエフが率いた。「水の魔法使い」が、彼につけられたあだ名である。[53] 彼らがつぎに設計をまかされたのは、ボルティモアのナショナル水族館（1981）であった。基本構造はニューイングランド水族館とおなじだが、「われわれは展示の多くをより大きく、ドラマチックにして、自然の生息地をシミュレートすることで、来館者が生きものに囲まれた別世界に入っていくと感じられるようにした」。[54]

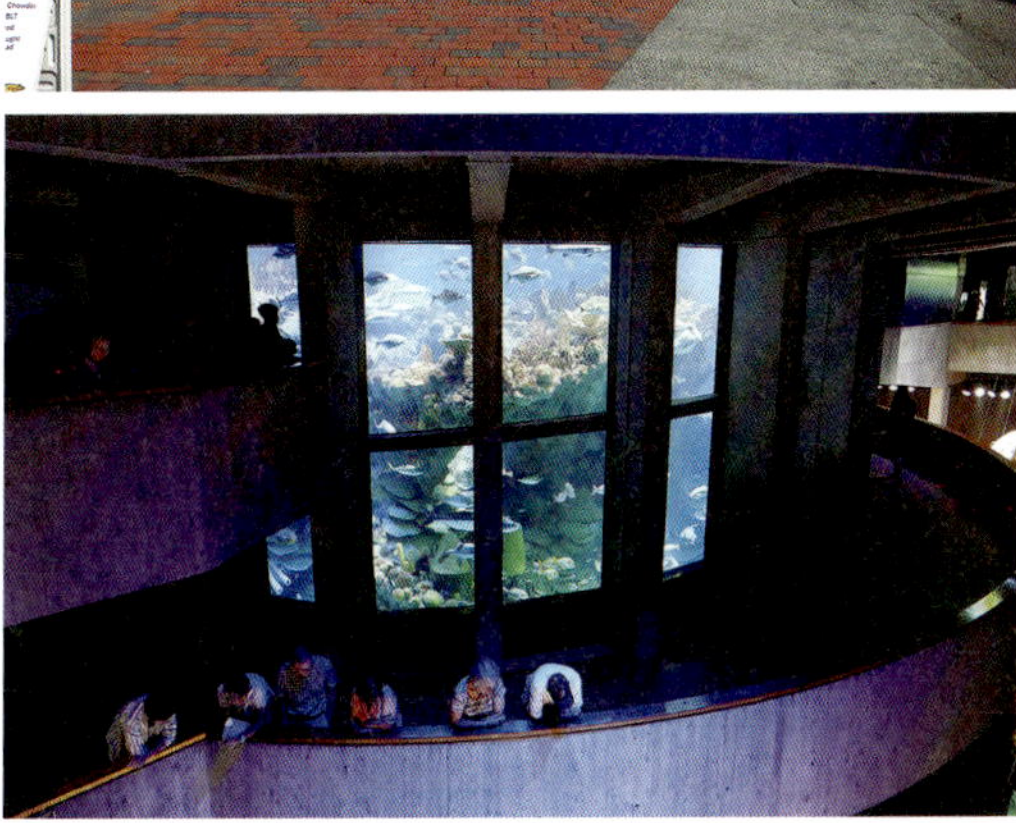

図4-9、10　ニューイングランド水族館と「ジャイアント・オーシャン水槽」

通路はやはり一方通行で、「カリブのサンゴ礁」、「外

図4-11、12　ボルティモア・ナショナル水族館の地上展示と水中展示

洋のサメ」、「アマゾンのジャングル」といった、「地球環境のストーリー」を語る、一連の『章』[55]を見学しつつ移動することになる。来館者は、水槽を見ながら地上展示（図4-11）のある最上階へとのぼっていき、ついでふたたび下層へと移動し、浅瀬から大型のサメがうようよするダークな水中世界（回遊水槽、図4-12）へと入っていく。ここでも、「浮上→上陸→沈降」の動きが織りこまれていることがわかるだろう。

こうしたシャマイエフの水族館は、あくまでも「内側から外側へ」[56]デザインされたものである。つまり、外観ありきで設計されたシェッド水族館などとは異なり、内部の展示を先に考えてから、外側を包んでいるというわけだ。

またその内部ですら、建築が主張するようであってはいけないと、シャマイエフはあるインタビューで述べている。「水族館は没入体験をもたらすためのもので、そこでは来館者は生きものたちにとり囲まれ、彼らがいたるところにいると感じる。われわれは、内装建築がまるで消えたかに思えるほど副次的なものにしようともくろんだんだ」[57]（強調引用者）。

ここで私たちは、19世紀の没入型展示とおなじ原則を見いだす。それは、違和感をなくすため、人工物をできるだけ目につかなくするというものだ。

ところでシャマイエフは、日本の水族館設計にもかかわっている。大阪の海遊館（１９９０）がそれだ。同館について、彼はこう説明する。

プレートテクトニクス［地震や火山の形成を説明する理論］と、環太平洋火山帯（リング・オブ・ファイア）と呼ばれる海を囲む火山帯が、一連の展示に一貫性を与えている。北西の日本から北東のカリフォルニア、南東のニュージーランドにいたる、太平洋の生物地理学的な分布図が建物プランにもりこまれ、それらすべての中央に開けた太平洋がある。［……］来館者は、透明アクリルの巨大壁をもちいた新技術のおかげで、水中生息圏に「没入させられる」[58]。

この水族館では、来館者は２階の「アクアゲート」（トンネル水槽）をくぐって象徴的に「別世界」へ入っていく。そして、エスカレーターで直接最上階に向かい、そこの地上展示「日本の森」を見てから海の世界へと「潜水」していく。ついで「グレート・バリアリーフ」、「モントレー湾」、「瀬戸内海」といった各海域の展示と、３階にまたがる巨大な「太平洋水槽」（図４－13）を見ながら歩くことになる。

ちなみに海遊館は、開館した当初から大変な人気で、オープン40日目にして１００万人、１０１

図4-13　海遊館の「太平洋水槽」は海底都市のような雰囲気をもつ

日目で２００万人の来館者が訪れた。そして２００８年には５０００万人を記録している。[59]

さらにシャマイエフは、テネシー水族館（１９９２）をデザインしたあと、ヨーロッパにも進出している。テネシー水族館は、アメリカ大陸の淡水系をテーマにしていて、たとえばマスなどが生息する川を、岩や植物を使用しながらできるだけリアルに再現するとともに、川沿いに住む人びとと水のかかわりもフィーチャーしている。

これに続くイタリアのジェノバ水族館（１９９２、図４-14）は、同市のコロンブス博覧会にあわせて設計されたもので、コロンブスが発見した「新大陸」の自然と、彼の出身地である「旧大陸」の自然をテーマとする。来館者は、まずコロンブスのたどった「西方への旅」をおこない、生きものの横に飾られた民芸品や絵画などをとおしてヨーロッパとアメリカ原住民の自然観の違いを学習する。ついで「遭遇ルーム」にやってくると、そこにはコロンブスも見たであろう、イグアナやデンキウナギのような「新大陸」の生きものがいる。そして、来館者は水族を観賞しつつ、ヨーロッパへの「帰還の旅」をおこなう。[60]

なおジェノバ水族館は、東西の旅を演出した展示コンセプトにしたがい、シャマイエフの水族館にしては珍しく、垂直移動より水平移動がメインとなっている。また外装を担当したのは、レンゾ・ピアノである。

図4-14　ジェノバ水族館のスペースシップのような外観

これに比して、リスボン・オセアナリウム（1998、図4-15、16）はボストンや大阪のそれに近いデザインとなっていて、来館者はまず、水上に浮かぶ（ように見える）水族館まで橋をとおってなかに入る。そして大西洋、太平洋、南極海、インド洋を再現した水槽を、まず水のうえから見学する。ついで下の階に移動して、おなじ海を水面下からのぞくことになる。また、館の中央は地球の海全体を表象する巨大水槽となっていて、サメやエイなど大型の生きものが泳ぐのを見ることができる。[61]

このほかに、計画倒れに終わった水族館も存在する。なかでも興味を引くのは「オーシャン・ワールド」構想だろう。これは、かのクストーをパートナーとして、ニューヨークのラジオシティ・ミュージックホールを水族館につくりかえよ

図4-15、16　リスボン・オセアナリウムは、橋をとおって「異界」への入場を印象づけ、さらに水に潜っていく過程を演出する

うというものだった。1998年、シャマイエフはケンブリッジ・セブンを去り、水族館デザインに特化したオフィス「CSP」を設立する。同時に、水族館ならびに自然をテーマにしたアトラクションのデザイン、建設、運営をする会社「IDEA」のトップもつとめている。[62]

また彼の水族館は、リニューアルを経て没入感をいっそう高めつつある。たとえばニューイングランド水族館の「ジャイアント・オーシャン水槽」は、そのすぐうえに設置されていたごつい照明がとりのぞかれて丸天井となり、そこへLEDが埋めこまれた（2013、図4－17）。この利点は、ただ来館者が水槽をうえからのぞけるようになったことだけではない。LEDの光の強さを常に変えることによって、太陽光を再現できるばかりか、頭上を雲がとおりすぎているかのような演出すらできるのだ。

さらにボルティモアのナショナル水族館も、2013年の改装で、入口に幻想的な「バブリング・タワー」（いくつものアクリルの柱のなかを泡がのぼっていくしかけ、図4－18）を導入するとともに、カリブのサンゴ礁展示をグレート・バリアリーフ展示に変えている。サンゴは人工で、ケバケバしい塗装が施されているが、これのおかげで、水中ではかえって自然に見えるのだという。[63]

いずれにせよ、生きもの、水槽、通路、照明、解説版がひとつの「物語」を演出するシャマイエフの水族館は、さながらひとりの指揮者にしたがって演奏されるクラシック音楽だ。ち密な計算のもと配置された水中風景が、曲がり角や階段の向こうにつぎつぎとあらわれ、奥へ、奥へといざなう。

ただ、人工物を目立たなくし、かつ「浮上・沈降」の動きを意識した展示は、没入感を追求したパリ万博付属水族館やベルリン水族館（第2章－1）においても見られたことは、ここで指摘しておかねばならない。また、彼の水族館の多くは、できるだけ広い海域の、できるだけ多くの種を展示しようとする傾向があり、これも19世紀の水族館を想起させる。

図4-17、18　改装後の「ジャイアント・オーシャン水槽」（ニューイングランド水族館）と新たに追加された「バブリング・タワー」（ナショナル水族館）

ディズニーワールドの「水族館」

ほかならぬディズニー・テーマパーク内にも、典型的なテーマアクアリウムがある。フロリダにあるディズニーワールドの「ザ・リヴィング・シーズ」（いまの「ザ・シーズ・ウィズ・ニモ・アンド・フレンズ」）がそれである。

ザ・リヴィング・シーズは、「実験型未来都市」をうたう「エプコット」というエリアに設けられた。航空機エンジンの生産を手がけるユナイテッド・テクノロジーズがスポンサーとなり、1986年にオープンしている。メインとなる展示は直径約62メートル、深さ約8メートルの大型水槽と、2030年の海底基地をイメージした「シーベース・アルファ」である。[64]

ザ・リヴィング・シーズのテーマは、「ひとと海のかかわりの過去と未来」であり、ディズニーワールドにふさわしく徹底的に物語化されていた。来館者はパビリオンに入ると、潜水艦「ノーチラス」の模型や過去のダイビングスーツなどを見ながら暗いジグザグ通路を歩んでいく。やがて彼らは、水面が投影されたスペースへたどりつき、「紳士淑女の皆様、ユナイテッド・テクノロジーズは、ザ・リヴィング・シーズへお迎えできることを誇りに思います。まもなく皆様は、地球のもっとも偉大なフロンティア、海へ入ってゆくことになるのです［……］」というナレーションが流れる。[65]

ついで「ブリーフィングルーム」に入ると、短い映像が流れ、最後にワイヤーフレームで描かれたパビリオンが映される。そして「シーベース・アルファへようこそ」の音声とともに、「ハイドロレーター」に入る。ハイドロレーターは来館者を収容すると、エレベーターのように「下降」して海底へと連れていく。じっさいはその場を動いていないのだが、窓から見える風景や振動、表示板の動きのせいで、来館者は何十メートルも下降したと錯覚した。まれに「気圧の変化で耳がおかしくなった」と苦情をいう者もいたという。

ハイドロレーターを降りると、そこに待っているのは通称「シーキャブ」（海中タクシー）と呼ばれる乗りもので、大型水槽内に設置されたトンネルを走ってゆく。トンネルの上と横には窓があって、海中風景や基地の様子を見ることができた。シーキャブは、来館者をシーベース・アルファへと導く。

「シーベース・アルファ」は2階建てで、切り離しできる（ように見える）円形モジュールで構成されており、中央には注水・排水可能なダイバー用ロックアウトがある。また各モジュールには、海の生態系、海が気象にもたらす影響、ロボットの役割、魚の養殖、イルカとのコミュニケーションなどについて学ぶコーナーがあった。ハイライトは「中央展望デッキ」（図4-19、20）である。これは大型水槽の中央にあって、イルカのほか、サメ、エイ、チョウチョウウオ、フエダイなど6０００尾の魚が人工サンゴのあいだを群泳するさまが観察できる。来館者は、ここで海底居住の雰囲気を楽しんだあと、ハイドロレーターに乗って基地をあとにする。[99]

要するに、ザ・リヴィング・シーズは、危険を冒さず楽しめる、クストーの「コンシェルフ」や「シーラブ」の大衆版みたいなものだった。また展示の物語性もはっきりしており、まさに「テーマパークのなかにあるテーマアクアリウム」であった。

ザ・リヴィング・シーズは、オープン当時そのすばらしい技術が絶賛され、１９８７年には米国土木学会から賞をもらっている。だが１９９８年にユナイテッド・テクノロジーズがスポンサーをやめたあと老朽化が進み、２００２年にはシーキャブも動かなくなった。しかしディズニー映画

図4-19、20　ザ・シーズ・ウィズ・ニモ・アンド・フレンズの水中風景と未来的な「中央展望デッキ」

『ファインディング・ニモ』（２００３）が公開されると、そのストーリー――失踪したクマノミのニモを父親が捜索する――を施設全体にあてはめることが試みられ、「ザ・シーズ・ウィズ・ニモ・アンド・フレンズ」（２００６）として再スタートする。[67]その内容については、第5章－３でとりあげることにしよう。

３　日本における「テーマアクアリウム」の発展

末広恭雄の「サーカス水族館」

日本においても、物語と体験を重視した水族館の建設が進んだ。時代は少しさかのぼるが、回遊水槽のところで紹介した大分生態水族館や京急油壷マリンパークには、すでにその兆しが認められる。たとえば前者を構想した上田保（元大分市長）は、「世界のどこにもない水族館」をつくる、つまり差別化をはかることに熱心であり、それが回遊水槽、魚に餌づけする「マリンガール」、イシダイの輪くぐりのようなパフォーマンスへとつながった。[68]

さらに、京急油壷マリンパークには、基幹となる「物語」（小説）が存在した。それは、魚類生理学者で初代館長だった末広恭雄（やすお）（１９０４～88）が書いた『サーカス水族館』（１９５６）である。内容を紹介すると、原爆で両親を失った少年が、一度は不良グループに加わるが、高徳の牧師のもとへ身を寄せ、やがてある動物習性学者と知りあう。その学者は、魚の感覚の優秀性を示すため、光や音を使って調教する実験をおこなっており、少年はそのノウハウを学んで、やがて水族館を開く。そこではボラのジャンプや、トビハゼの綱渡り、ウナギの滝登りなどが実演され、人びとは目を丸くする……というものだ。[69]

いったんは荒廃した日本が、平和と科学のおかげで明るい未来へと歩んでいく。水族館はいわばその象徴となっているわけだが、これを読んだ京浜急行電鉄専務の石井千明が感銘を受け、「サーカス水族館」構想を実現することにした。鈴木によると、末広はすでに大分生態水族館で顧問をつとめ、魚の芸を開発していた。[70]そして京急油壺マリンパークでも、これがメイン展示に選ばれたのである。

魚の「実演水槽」（1970年完成、図4－21）は6つの水槽から成りたっており、右から順に魚を擬人化したパフォーマンスを見せていく。筆者が2017年に見たものを紹介すると、ひとつ目の水槽では、イシダイの「シマシチ君」は学校へゆくが、そのとき赤信号と青信号を見分けて横断歩道をわたる。つぎの水槽にはデンキウナギの校長先生がいて、発電するとヴィヴァルディの『春』が流れる。「1時間目」と書かれた3つ目の水槽では、シマシチ君は算数をする。来館者が選んだ数式の答えを、シマシチ君はみごとに選ぶ（図4－22）。「2時間目」は国語の時間で、シマシチ君は単語を選んで作文する。「3時間目」の体育

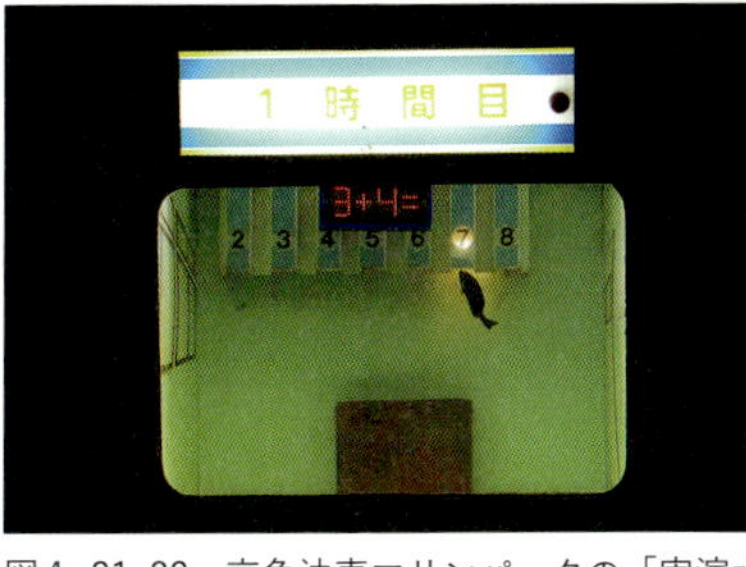

図4－21、22　京急油壺マリンパークの「実演水槽」と「シマシチ君の算数」

では輪くぐりを披露し、最後の水槽で帰宅する。

じつをいうと、これを見た筆者は思わず感動してしまった。なんとなく昭和的なパフォーマンスに興奮したのかもしれないが、それだけではない。たんに魚に芸をやらせるのではなくて、直後に説明係がきちんと科学的な解説をおこなうことで、人びとに魚の能力について知ってもらおうという意図を感じとったからである。たとえばシマシチ君が「算数」をしたあとは、イシダイが本当に計算をしたのではなく、正解の答えに紫外線をあててスタッフが魚を誘導したことが説明される。そこに、熱心な教育者だった末広の人柄を見る思いがしたのだ。

もっとも、鈴木が指摘するように、「サーカス水族館」のコンセプトは一貫しておらず、回遊水槽あり、珍しい世界の生きものありといった感じの、「なんでもある水族館」[71]の様相を呈することになった。それでも、柱になる物語があったという意味で、京急油壺マリンパークは日本の「テーマアクアリウム」の走りであったといえよう。ちなみにこの水族館は、惜しくも2021年をもって閉館している。

「海をようかんのように切りとった」水族館

沖縄国際海洋博覧会（1975）のために建設された水族館（のちの沖縄美ら海水族館。ただし現在のものの前身にあたる）も、テーマアクアリウム的な性質をもっていた。

沖縄海洋博は、アメリカ占領下にあった沖縄が日本へ返還されたのを記念して、道路、港湾、空港なども含めて約4300億円を投じて開催された。「海——その望ましい未来」をテーマに、日本、韓国、アメリカ、ソビエト連邦（ロシア）、ヨーロッパ諸国などが展示をおこなった。[72]

水族館はアーチ群からなる凸型建築で、海洋哺乳類のいる「いるかの国」[73]とともに、政府出展の「海洋生物圏」を構成していた。海洋生物圏の目的は、「人と海の生物の〈出会いの場〉」をつくることにあり、「できうる限りリアルな体験」[74]を提供しようとしたと、水族館の総合プロデューサーだった槇文彦は語っている。

すなわち、来館者が入口をくぐって薄暗いホールへ入ると、潮騒や水鳥の鳴き声に出迎えられる。そして2本の円柱水槽のあいだを抜けて奥へ進むと、まず目にするのが縦横12メートル、高さ3・5メートルの「さんごの海」水槽だ。そこでは、チョウチョウウオ、ハタタテダイ、ナンヨウハギなど約7000尾が泳ぎまわっていた。さらに進むと、何やら暗くて異様な雰囲気になってくるが、そこにあらわれるのが、タカアシガニのいる「深層の海」（3・3×2メートル）である。このように浅い海、深い海を見たあとに待っているのが、縦12メートル、横28メートル、高さ3・5メートルの「黒潮の海」水槽だ。そこではブリ、イサキ、アジ、サメ、エイなどが約8000尾いて、壮大な海中風景が見られたという。[75]

「さんごの海」と「黒潮の海」においては、「海水ごと四角く〝ようかん〟のように切取って、水の断面をそのまま」[76]見せることが重視された。そのため厚さ20センチ、幅4・5メートル、高さ3・5メートルのアクリル板を重合接着して使っている。[77]ただし、工夫はそれにとどまらない。「観客が外部の水そうの中の魚を〝見る〟のではなく、観客みずからが水中にいて、魚と相対するようなふん囲気を作り出す」[78]ために、照明や温度にもこだわった。たとえば、浅瀬から深海へ潜っていく感覚を演出するため、しだいに展示室の気温が下がるように設定していたのである。

いっぽう「いるかの国」には、イルカの「オキちゃん」がパフォーマンスをおこなう「オキちゃん劇場」（図4－23）、ダイバーがイルカと「対話」し、その音声や反応動作がモニターに映る「いるかスタジオ」、「じゅごんプール」があった。[79] ちなみにこれらの施設は、海洋開発の推進が強調されるなかで建設されたものだったが、これについてはコラム8を参照されたい。

図4－23 「オキちゃん劇場」の様子

2つの水族園と非日常体験

さて、一貫したテーマに沿って建てられただけでなく、非日常体験の提供をめざした例として、須磨水族館を全面改装してリニューアルオープンした須磨海浜水族園（1987～2023）と、上野動物園に付属してつくられた観魚室の末裔である葛西臨海水族園（1989）も無視するわけにはいかない。

まず須磨の水族園だが、ここの園長をつとめ、設計にもかかわった吉田啓正が、当時を想起して書いていることはじつに興味深い。たとえば、1983年に東京ディズニーランドがオープンし、それが非日常の演出という点で強い印象を与えていた。また1987年当時、日本の施設は類似したままであることをやめ、差別化を模索しはじめていたという。[80]

新水族園では、おなじサイズの水槽を配列する「汽車窓展示」をおこなうのではなく、展示の前後に脈絡をもたせるとともに変化をつけ、来館者をして「異次元の空間を行く気持ち」[81]をいだかせることが肝要だと吉田は直感していた。では、どのようなテーマを採用すべきか。彼が思いついたのは、生きものが「個体を維持」するさまを見せること、つまり彼らの「生きざま」を展示することであった。

この「生きざま」という言葉には、神戸市の教育関係者が難色を示したらしい。「自分もしたいが出来ないことを『あいつがやらかした』場合、人は羨望と微かな賛辞を込めて『けしからんが、あれがあいつの「生きざま」だ』という。特に『生きざま』は道徳観、倫理観を無視した生き方に対する問題で使われることが多い」[82]からだった。

しかし吉田はこの言葉こそ、都会人を魅了してやまないものだと信じていた。なぜ、動物をあつかったテレビ番組に人気があるのか、と彼は問う。いまの産業社会は、便利で快適かもしれない。だが、自然のリズムが感じられない密閉空間であくせくと働いても、どこか物足りない気分をかかえたまま家路につくことになる。だが、家でテレビのスイッチを入れると、動物がたくましく生きる様子が映しだされ、それについ見入ってしまう。吉田は、生きものたちがひたすら生きている姿、つまり「生きざま」を抽出・展示することこそ、非日常体験をもたらす鍵であると考えた。[83]

須磨海浜水族園の「波の大水槽」(幅25メートル、奥行き15メートル、深さ3メートル)は、このテーマをもとにつくられた。水槽には特殊な造波装置が用意され、大きな波と小さな波をおりまぜてダイナミックな波をつくりだす。この水槽がある区画のモデルとなったのは、豪華ホテルのエントランスホールである。子どもだけでなく、大人も楽しめるデザインが必要と考えられたためだ。[84]

ホールの間口は、水槽とおなじ25メートル、奥行きも25メートルとし、視界を邪魔する柱も排除した。上層部は、こんな広い空間をつくったら市民から贅沢だといわれるのではないかと不安視し、吹き抜けに船を吊ることを要求してきたが、それは吉田の望まないところだった。「薄暗い大空間ですべては波に集中されなければならない」[85]からだった（図4‐24、25）。

かくて、須磨海浜水族園はオープンした。吉田はそのときの様子をこう記す。

観客が入って来た。正面の幅二五メートルの水槽に起こる波を見て「オーッ！」と声を上げた。そのあと、観客は、つと目を上げ、何もない空間を見上げる…。わたしはホーッと胸をなで下ろした。[86]

なお須磨海浜水族園は、「さかなライブ館」、「世界のさかな館」、「森の水槽北館・南館」、「ラッコ館」、「イルカ館」、「和楽園展示館」（和楽園は和田岬水族館のあったところ）など、小テーマにもとづくエリアに分かれていた。また、水槽ごとにガラス面の高さを変えて変化が出るようにするなどの工夫がほどこされた。

もちろん、吉田は魚の「生きざま」を示す展示の開発にも熱心で、照明のある水槽とない水槽で魚の昼、夜の行動の違いを見せたり、「ピラニア・トンネル」でピラニアがアジを食べるさまを見せたりした。また、前身の須磨水族館で開発された、デンキウナギの放電展示もあった。生きたドジョウを与えて放電させ、電気が走るとガガガッキュウーッと音が鳴る装置がついていたのだ。[87]

吉田のもくろみは成功し、オープンから1年で316万人の来館者を記録、そのうち70パーセント以上が大人であった。[88]

さて須磨海浜水族園の2年後に、おなじ「水族園」の名称をもつ施設が、東京都江戸川区でオー

図4-24、25　須磨海浜水族園のホールと「波の大水槽」

プンする。葛西臨海水族園である。同園は、上野動物園開園100周年を記念して企画された水族館であり、東京ディズニーランドの向かいにある葛西臨海公園の一部をなす。それもあってか、いやでもディズニーランドを意識しないわけにはいかなかったようだ。水族園の設計を手がけた建築家・谷口吉生も、非日常感の演出が鍵になると考えたが、ディズニーとは異なるアプローチをとることにした。「すなわち、水族園においては敷地と周辺の自然を密接に関係づけ、東京湾の景観を積極的に取り込みながら、東京の固有な風景の中で非日常的な空間構成を演出しようとする試みであった」[89]。

具体的には、来館者はチケットカウンターのあるゲート広場をとおって階段をのぼると、八角形のガラス張りのドーム(図4-26)を目にする。ドームは噴水池にとりかこまれていて、さらに池は向こうに見える海と一体化しているような感覚を生みだす。そして「入場者は、白い霧と虹が水面に立ち昇り、遠方には海に面した広場のテントの上部だけがヨットの帆のようにはためく幻想的な雰囲気の中を、館内に向かって降下していく」[90]。

要するに、シャマイエフの水族館同様、垂直移動を動線にとりこむことで、海のなかに「潜っていく」感覚を提供しているのだ。生きものは、南極洋、北極洋、太平洋(南・北)、大西洋(南・北)、インド洋、さらには深海から収集された生きものを展示した。重要なのは、当時「三種の神器」と呼ばれていたイルカショー、ラッコ展示、女性ダイバーによる餌付けをなくし、かわりにマグロなどのダイナミックな泳ぎや、海藻も含む生態系を重視した展示をめざしたことだ。イルカ飼育については、当時オーストラリアで高まっていた批判を考慮してとりやめたというが、いまから思えば先見の明があったといえる[91]。

かわりに目玉となったのは、水流に向かってクロマグロ、キハダ、カツオ、スマが泳ぐ「アクアシアター」（図4－27）である。内径19メートル、外径30メートル、深さ最大7メートルの巨大な回遊水槽で、[92]その名からもわかるように、照明が暗いなかシートにすわって、まるで映画鑑賞するように周囲の魚たちを見ることができる。

また生態系を重視した展示としては、たとえば擬岩を配置して波を起こし、フンボルトペンギンやフェアリーペンギンを泳がせる屋外水槽や、カリフォルニア沿岸のジャイアントケルプに焦点をあてた水槽などがある。[93]後者はモントレーベイ水族館（第5章－4）をモデルにしたものだろう。

図4-26、27　葛西臨海水族園のガラスドームと「アクアシアター」

ちなみに同園がもつ、もうひとつの興味深い展示に「水辺の自然」エリアがある。東京に暮らす生きものを、できるだけ自然なかたちで展示する空間で、屋外には250メートルの水の流れが再現され、四季それぞれの植物を見ることができる。さらに、併設された半地下の施設では、美しい水草とともに渓流や池沼の魚たちが観察可能となっていた。[94]ただしここは、2024年に水族園の更新のためクローズされたので、いまは見ることができない。

第5章で述べるように、水族館の

未来を考えるにあたって、「地元の自然」と「海草・海藻」（を含む多様な水の生きもの）にスポットライトをあてることはきわめて重要と筆者は考えているが、その走りとなるような展示を葛西臨海水族園がおこなっていた点は注目に値する。

同園も、開園当初から人気は上々で、ある新聞記事（1989年11月9日）では入口から下の階へと向かうのがまるで「異次元の世界に降りていく感じ」、アクアシアターも「映画を見ている錯覚がした」[95]と評価されている。『エコノミスト』（1990年5月8日）の記事では、ディズニーランドが「徹底した自然に対する憎悪から成り立って」おり、すべての自然物を人工物に置きかえるのにたいし、「水槽で繰り広げられる人工の演出では計量できないサカナたちのパフォーマンスは美しく、見ていても、終日飽きない」[96]と書かれている。

テーマパークは「人工物」を、水族館は「自然」をあつかうというのは、やや単純な対比である。じっさいには、水族館は19世紀以来、人工物を自然と融合させることで、非日常世界をつくりだしてきた。しかも、テーマパークにおいて典型的とされる「人工の自然」は、いずれ水族館にも突破口を見いだすと考えられるが、それについては第5章でとりあげよう。

4 「体験消費の場」としての水族館

シーワールドと「ディズニーゼーション」

水族館のテーマ化は、非日常体験の提供に欠かせないものだが、いっぽうでこれを館内における
ほかの消費活動――お土産を買ったり、飲み食いすること――と効果的に結びつけ、収益をあげよ

うという動きにもつながる。ここで重要になる概念が、組織・社会調査を専門とするアラン・ブライマンのいう「ディズニー化」（ディズニーゼーション）だ。

ディズニー化とは、「ディズニー・テーマパークの諸原理がアメリカ社会および世界の様々な分野に波及するようになってきているプロセス」[97]（強調原文）のことである。「ディズニー化」には4つの次元が含まれる。「テーマ化」、「ハイブリッド消費」、「マーチャンダイジング」、「パフォーマティブ労働」がそれだ。

「テーマ化」は、くりかえしてきたように組織や場所に物語を適用することだ。「ハイブリッド消費」とは、異なる消費活動を融合させることである。たとえば、ある施設にやってきて、入場料を払うだけでなく、ショッピングしたりレストランで食べたりするのがこれにあたる。「マーチャンダイジング」は、各施設にみあったイメージやロゴをフィーチャーした商品を、販売促進することだ。そして「パフォーマティブ労働」は、従業員が楽しい感情やよい外見を保ちつつ働くこと、つまりパフォーマンスしながら働くことである。[98]

「ディズニー化」した場所では、これら4つの次元は、密接にからみあっている。「テーマ化」は、ある施設を類似施設から差別化し、非日常的な世界を演出することで消費者を楽しい気分にさせる。[99]「ハイブリッド消費」は、さまざまな消費機会を提供することで、消費者ができるだけ長い時間そこにとどまり金を落とすようしむける。[100] この環境でライセンス生産した商品を販売すれば、さらに収益があがることはいうまでもない。ただし、そうした「楽しい消費」を台無しにするような態度を従業員がとったら、せっかくの雰囲気づくりがパーになるから、「パフォーマティブ労働」が推奨されるわけだ。

「私たちは消費者にとって愉快で心に残る経験を作り出すサービスが求められている経験経済(experience economy)の中で生活するようになってきている」[101](強調原文)とブライマンはいう。「ディズニー化」した施設が商品として差しだすのは、まさに「経験」(体験)なのだ。

ところで、「テーマ化」、「ハイブリッド消費」、「マーチャンダイジング」、「パフォーマティブ労働」のいずれも、ディズニーランド誕生以前から存在していた。水族館がいい例だ。19〜20世紀初頭において、すでにテーマ化されていたし、レストランもあったし、スタッフによるパフォーマンスもおこなわれている。それでも、ブライマンがこれらをまとめて「ディズニー化」と呼ぶのは、ディズニー社がこれら4つを巧妙に組みあわせたビジネスモデルをつくることに成功したからである[102]。

さて、この「ディズニー化」現象にみごとあてはまるのは、シーワールドだ。デーヴィスによれば、シーワールドは動物ショーのスケジュールを工夫し、興奮のあいだに静かなひとときをさしはさむことによって、来園者が食べものやグッズを買う時間をつくる。グッズショップもテーマ化されていて、「シャムー・スタジアム」(オルカスタジアム)の付近にはオルカ関連のグッズが、「ペンギン・エンカウンター」の付近にはペンギン・グッズが売られている。

さらにシーワールドのスタッフは、来園者といるときは「オンステージ」であることを意識し、身だしなみに気をつけ、いつも快活でニコニコし、かつお客さんに「攻撃的」なほど親切にふるまうよう指示されている[103]。

なお「テーマ化」、「ハイブリッド消費」、「マーチャンダイジング」、「パフォーマティブ労働」は、消費者と従業員の管理・監視があってはじめて機能するという[104]。事実シーワールドでは、建物デザインなどによって来園者の経験は管理されているし、従業員も規則を破ることがないよう、監督者によって監視されている。[105] シーワールドのような施設では、そこにいる生きものも人間も、さらにはその体験も、厳格なコントロールのもとにある。

またブライマンは、シーワールドのような施設では、人間だけでなく動物にも「パフォーマティブ労働」をおこなわせるとし、「シャムー・ショー」（オルカショー）の例を挙げている。ショーは、動物たちのコミカルなしぐさによって人びとを魅了し、ぬいぐるみのような関連グッズの売り上げを促進することができる。[106]

ちなみに、動物ショーは来園者の滞在期間を長引かせるうえでも有効だという。シーワールドの理論によれば、来園者は受け身の立場でいるよりも、物理的に何かに参加しているほうがより長く滞在する傾向があり、[107] ひいてはその分だけ金を落とすことになる。タッチプールにもとうぜん、そのような効果が見こまれている。

ディズニー化する水族館

「ディズニー化」しはじめているのは、海洋パークばかりではない。程度に差はあるものの、水族館もやはりそうだ。ブライマンは、「ディズニー化」は消費者を、ニーズを超えたさらなる消費へと駆りたてる過程で生じると指摘する。しかもこの現象は、ヒト、モノ、金、さらにはビジネスモデルまでもが国境を越えて移動するグローバル化にともない、博物館、ホテル、レストランといったさまざまな産業に波及する。[108]

水族館のなかには、「テーマ化」のみならず、「ハイブリッド消費」や「マーチャンダイジング」

をはじめから戦略としてとり入れているところもある。新江ノ島水族館（2004）はその一例だ。

この話を進めるうえでキーパーソンとなるのが、「展示およびセールスプロモーションのアドバイザー」としてかかわった中村元である。彼について少し解説しておくと、中村は、鳥羽水族館で副館長を務めたのち、水族館プロデューサーとして、ビルの最上階にあるサンシャイン水族館（1978）や、北海道の淡水魚を展示する山の水族館（1978）のリニューアルにかかわった。

彼は水族館をプロデュースするさい、「コンセプトコピー」を考えるという。前者の水族館のコンセプトコピーは「天空のオアシス」、後者は「北の大地の水族館」である。中村は、コンセプトコピーは、水族館の思想ないしコンセプトを端的にあらわすもので、「どの水族館にもある、いわゆる展示テーマは展示の切り口のことであり同じものではない」と主張する。しかし、コンセプトコピーが「水族館の主張や目標」を与え、「展示（水槽）づくりに一貫性をもたせ」[109]ると語るとき、やはり彼は、ある場所に一貫した意味を与えるという意味での「テーマ化」をめざしているように思われる。

中村がもうひとつ重視するのが、「水塊（すいかい）」という概念だ。水塊とは、「水槽による水中感のこと、海の奥行き感や浮遊感、清涼感、躍動感など、あたかもダイビングを楽しんでいるかのような〝非日常を体験できる光景〟のこと」[110]である。水塊を感じるには、かならずしも大型水槽が必要なわけではないと中村はいう。たとえば山の水族館のばあい、来館者が滝つぼに潜っているかのような感覚を与える「滝壺水槽」をつくって、「水塊」を再現している。[111]

つまり中村は、水族館に物語をそえ、非日常体験をつくることに長（た）けており、その彼が新たにかかわったのが新江ノ島水族館だった。

図4-28　新江ノ島水族館の「相模湾大水槽」

『レジャー産業資料』のインタビューで、彼は、日本の水族館がどれも「日本の海」、「サンゴ礁」の展示をしたり、イルカ、ラッコ、ペンギンなどの人気動物を飼育するなど画一的であると感じ、差別化することに腐心したと述べている。そこで採用したテーマが、「相模の海」を中心にすえ、「東洋的なアニミズムの味」がする「ニッポンの水族館」であった（図4－28）。

具体的には、擬岩や照明によって陰影をつけ、海の怖さや凄みを際だたせました。造波装置も多用しています。単純に波を起こすためだけでなく、海中の潮の動きで、海藻（草）を動かし、豊かで底知れない日本の海を表わしています。[12]

ほんとうは、イルカショーにも和太鼓と

笛をモチーフに、浴衣姿のトレーナーがパフォーマンスするという案をもっていたが、こちらは採用にいたらなかった（テーマの一貫性という意味では、中村の案が正しかったといえる）。またディズニーランドやジブリ映画を念頭に、展示は「大人が楽しめるクオリティ」がなければ子どもも魅了されないと述べているのは、[113]須磨海浜水族園をデザインした吉田とおなじだ。

新江ノ島水族館は、「消費リーダー」と中村が呼ぶ水族館マニアの人びとや、マスコミ、ケーブルテレビ、インターネットをつうじた情報発信に力を入れ、来館者の維持につとめた。これと結びついて効果をあげたのが、関連商品の販売だ。海洋堂に水族フィギュアをデザインさせ、セブン－イレブンの販促キャンペーンのオマケとして650万個が使用された。その結果、「新江ノ島水族館オープンを全国に知らしめる」こととなったのである。さらにこの「オマケ付き商品は瞬く間に完売し、その後の販売は、新江ノ島水族館でしか行なわれていないため、いまでは新江ノ島水族館に全国のフィギュアマニアがやってきて」[114]購入するようになった。

このフィギュアは、カプセル玩具として販売されている。第1弾はシロワニ、モンガラカワハギ、カノコイセエビなどを、[115]第2弾はブルージェリーフィッシュ、イワトビペンギン、オウムガイなどを再現し、[116]いずれも本物そっくりである。「展示物を精巧にコピーしたフィギュアを買えば、自宅のテーブルに博物館や水族館の感動・喜びをそのまま持って帰れる」[117]と海洋堂関係者はいうが、テーマ化した空間で「遊びの感覚」を倍増させ、「ハイブリッド消費」と「マーチャンダイジング」で売り上げを伸ばす手法は、ブライマンのいう「ディズニー化」そのものである。

ほかの水族館も、国を問わず、関連グッズの販売や、入場料以外に収益をあげるあの手この手を試みている。たとえばモントレーベイ水族館（第5章－4）は、大きなお土産ショップがあって、ロゴをあしらったジャンパー、シャツ、帽子、水筒、ノート、キーホルダー、同館のマスコット的存在であるラッコのぬいぐるみを売っているし、見晴らしのいいレストランも備えている。

年次報告書によると、2022年、ニューイングランド水族館は、商品、食事、イベントにより約446万ドル（同年12月のレートでいうと約6億円）の利益をあげた[118]。葛西臨海水族園の2021年度の事業報告書によると、売店や飲食店などによる収入は約2億3000万円となっている[119]（同館のグッズがフィーチャーするのは、もちろんクロマグロだ）。なお、新型コロナウイルスのパンデミックの影響がなければ、これをずっと上まわっていたはずである。

もっとも、水族館によって運営者、入館料、寄付の有無などが異なるので、こうした収入が全体に占めるウェイトがどれほどかを一概にいうのは難しい。たとえば2024年の大人料金ひとつとっても、ニューイングランド水族館は39ドル（1ドル150円で5850円）、イギリスのプリマス・ナショナル水族館（後述）が25ポンド（1ポンド190円で4750円）もするのにたいし、葛西臨海水族園は700円しかとっていない。

だが、いかなる経営スタイルでも、売店やレストランからの収入が貴重であることには変わりないし、より重要なのは、買い物をすることで楽しい気分がいっそう高められる点だ。宣伝の観点からも、グッズの販売は不可欠である。

なお、ここで断っておかなければならないのは、水族館の「ディズニー化」は、経営を安定させる努力をするなかで生じるもので、「善いか、悪いか」という基準で判断するのは保留したほうがよいということだ。それに、「水族館が財政上の義務を果たさずして、楽しい体験、教育、保全、調査を提供するという本来のミッションにとりかかることはできない[120]」のである。

いっぽうで、これらミッション——とくに研究、教育、動物保全——をおろそかにするか、表面的におこなうのみで、ひたすら集客に熱心な水族館があれば、一部の人びとのあいだに、「生きものたちは、しょせん金もうけの手段にすぎないのではないか」という疑念を生じさせる。そしてこの疑念こそは、第5章であつかう水族館批判を強力にあとおしするものなのだ。

水族館のハイパーリアリティ

さてここまで、海洋パークとテーマアクアリウムの隆盛、さらにはその「ディズニー化」という流れを見てきたうえで、あらためて「水族館におけるリアリティとは何か」を問うことにしたい。ヴェルヌやクストーこのかた、さまざまなメディアをつうじて、私たちは海につきもの（であるはず）の冒険や風景にかんするイメージをはぐくんできた。海には透きとおった青い水、美しいサンゴ礁、魚の大群、サメの襲撃、イルカとの「ふれあい」があることになっているし、むしろそうでなければならない。

そんな私たちが本物の海中風景を見ても、「リアル」だと感じるとはかぎらない。海中展望台（本物の海中風景を見せる施設で、海岸部にある）に入ってみたら、思ったより視界が悪く、生きものも少ないうえに地味でがっかりした、という経験をおもちの方もおられるだろう。海中展望台は気象や水のコンディションの影響を受けやすい。それに引き換え、水族館の水はなんと透きとおっていて、スター性のある生きものがたくさんいることか。

しかも水族館は、自然のなかにある（はずの）「ハイライト」をピックアップし、つなげて来館者に提供する。古くは、1900年パリ万博の水族館が、『海底2万海里』の各場面をつぎからつ

図4-29　水族館の風景は、どこまで「リアル」なのか（ジョージア水族館）

ぎへとくりだしてみせた。マリンスタジオや美ら海水族館では、「本物の海中風景」を、前者はフィルムのように、後者はようかんのように「切りとって」みせ、人びとを陶酔させた。ディズニーの「ザ・リヴィング・シーズ」も同様である（こちらも、本物の海中展望台にくらべて、ずっとたくさん魚がいるし、見晴らしも素敵だ）。そしてジョージア水族館（コラム9）のような巨大水族館では、複数のジンベエザメが飛翔し、マンタが旋回し、無数の魚が入り乱れる（図4-29）。

だがそれらは、マリンスタジオのところでも述べたように「編集された自然」にすぎず、幻滅をさそう要素は注意深く「カット」されている。

ブライマンは、「ディズニー化」した施設には「無菌化」が生じがちだという。「無菌化」とは、万人受けしようと欲するあまり、あるテーマから不快な要素をとりのぞいてしまうこと

[121]だ。水族館のばあい、水中の不純物は文字どおり除去されているが、ほかにも見せたくないものがある。それは生きものの「病気」、とくに「死」である。

もちろん、ジンベエザメやシャチのようなスター性の高い生きものが死んだり、大量死が発生すれば、人びとの目にとまらざるをえない。第5章-2で見るように、シーワールドでシャチがトレーナーを殺した事件は大変な反響を呼んだ。

しかしほかの、タイ、ブリ、イワシのようなありふれた、海中風景の一部としかあつかわれない生きものにも目を向けてみよう。彼らは、弱ったり死んだりすればただちに予備槽に移されるか除去され、かわりに新しい個体が補充される。しかし来館者はめったにこのプロセスを見ないうえに、古顔と新顔の区別もつかないので、彼らは死を超越した存在のように見えてしまう。魚たちは、水槽に入れられた時点で実態を半分失った、一種の記号と化すのだ。

水族館が生きものたちの「病気」や「死」を見せたがらないのは、これらの要素が、彼らを閉じこめているという現実に人びとをたちかえらせ、幻滅を誘うからだ。彼らが苦しみを感じる「生きもの」であるということを、思いださせてしまうからだ（逆にいえば、病気になったり死んだりすることだけが、魚たちが本物の生きものであることを思いださせるよすがなのだ）。つまり、「実物」の展示を売りにするはずの水族館がもっとも恐れるのは、「現実」の介入なのである——少なくとも、非日常体験を強調するところほど、この傾向が強い。

魚たちが、水槽を泳ぐ記号のように見えてしまうのは、ガラス（アクリルパネル）のせいでもある。第2章-1でも書いたように、ガラスはその向こうにある本来の音、匂い、湿気などを遮断する。たしかに水族館は潮騒の音や気温の変化を演出するが、これらは体験を誘導するためのしかけにすぎない。

動物園にもガラスを使用した展示はあるが、多くの動物は屋外で飼育されていて、私たちは彼らとおなじ気温を肌で感じ、おなじ空気を吸い、あの独特の匂いをかぐ。彼らが本物であることを疑う余地はまったくない。いっぽうで水槽は、イメージのみを映すことによって、ガラスの向こうにいる「彼ら」の異質さをはからずも強調してしまう。現在、多くの水族館がタッチプールや動物ショーを導入しているのは、視覚だけでは足りない情報を提供するためでもある（図4－30）。

こうした問題を見ていくと、私たちが水族館の展示に「リアリティ」を見いだすばあい、それはむしろ「ハイパーリアリティ」ではないのか、と問わざるをえない。ハイパーリアリティとは、新井克弥（メディア学者）の言葉を借りると、「本物より、より本物らしい偽物が備えるリアリティー」、「本物ではなくても私たちが日常的に慣れ親しんでいるイメージのほうをむしろ本物と感じる感覚」[122]のことである。

図4-30　タッチプールは、いまや多くの施設で見られる（ニューイングランド水族館）

ハイパーリアリティは、ディズニーランドを例にとるとわかりやすい。たとえばカリフォルニアの元祖ディズニーランドには、「ジャングル・クルーズ」という人気のライドがある。そこでは、来園者はアマゾンの密林、ビルマのイラワジ川、ナイル川などをつぎつぎと訪問し、カバなどの動物と戦ったり、「首狩り族」に遭遇したりする。[123]

おもしろいのは、「ジャングル・クルーズ」を設計する段階で、ディズニーのスタッフがモデルとなる場所を求めて世界中をまわったところ、彼らのイメージに合致するものはほとんど見つからなかったことだ。「アマゾン流域の『本物の』ジャングルの船旅でさえ、片側に面白い景観が存在しても、その反対側はまったく単調という具合で、『絶え間なくスリルを提供する』というディズニーの娯楽精神に見合ったジャングルなど、どこにもなかった」[124]のだ。だから、結局それぞれの地域のハイライトとなる部分を切ってつなげて、アメリカ人が理想とするジャングルをつくるしかなかった。そんな場所をたずねて来園者が「本物らしい」と感じるとすれば、それはむしろハイパーリアリティということになる。

おなじような体験操作は、水族館にもつきものだ。それでは、最近流行の「バックヤード・ツアー」はどうだろう？　このツアーでは、病気の魚のいる予備槽や、生きものを治療する部屋も見学対象となるが、それでもやはり参加者の経験は管理されている（人びとは勝手にあちこちを見てまわれるわけではない）。

ところでハイパーリアリティの感覚は、「シミュラークル」につきものとされる。シミュラークルは、もともと「表象」を意味する言葉だが、フランスの社会学者ジャン・ボードリヤール（1929〜2007）は、それを「オリジナルとコピーの差異をあいまいにするもの」という意味でもちいた。[125]水野博介（メディア学者）の説明にしたがえば、シミュラークルは「『オリジナル』には似ているが、『コピー』でもなく、ある意味で『オリジナル』や『コピー』を超越した存在」[126]である。

哲学者の東浩紀は、ここ数十年のあいだ、オリジナルのマンガやアニメをもとに制作された同人誌などの「二次創作」（シミュラークル）が、オリジナルと等価なものとみなされ、消費されるようになったことに注目し、「オタク」たちの価値判断が、「オリジナルもコピーもない、シミュラークルのレベルで働いている」[127]と論じた。

水族館を同人誌のような「二次創作」としてあつかうことには抵抗があるかもしれない。しかし、もし人びとが見せられた風景の真偽にこだわらず、ハイパーリアルな世界に浸るだけで満足し、消費をくりかえす、つまりリピーター化してグッズを買うようになったら、水族館はもはや「オリジナル」か「コピー」かという次元を超えている。ちなみに、ボードリヤールが典型的なシミュラークルとみなすのはディズニー系テーマパークであり[128]、そこには水族館がある。

あるいは、こうもいえるかもしれない。水族館は、シミュラークルをとおして「自然」を知覚する、いわば「自然のシミュラークル化」ともいうべきプロセスの一翼を担っている、と。

もちろん、山や海で働いていなくても、現代人が釣り、海水浴、キャンプなどをとおして自然界に接することはある。レジャーが楽しめる場所の多くは管理されているが、自然の要素がないわけではなく、そこでの体験は比較的「リアル」である。

しかし、そうした行為が満たすことのできない空隙に、映像や動物グッズ、さらには水族館などが浸透し、一個人のなかで「リアル」と「ハイパーリアル」が融合する。これが「自然のシミュラークル化」である。

水野は、シミュラークルは『『本物』とか『オリジナル』』といった概念がもはや意味をもたない」[129]ポストモダン期（だいたい1970年代以降を指す）にふさわしいものだと指摘する。水族館には、初期のころから、本物の水中世界というよりむしろそのイメージを展示する傾向があった。その「偽物」と「本物」を超越する性格が、60年代以降の海洋パークやテーマアクアリウムの隆盛とともに、いっそう強められたのは確かである。近年、ヴァーチャル・リアリティ技術が導入されはじめたことも（第5章－3）、これと関連があるように思われる。

だが水族館のみならず、生活のさまざまな面で「虚」と「実」の境界があいまいになっていく現在の流れは、じつは水族館業全体を危機に陥れる可能性をもはらんでいるのだ。

コラム7　水族館シミュレーションゲーム『テーマアクアリウム』

『テーマアクアリウム』（1998、エレクトロニック・アーツ・スクウェア）は、水族館経営をあつかったシミュレーションゲームである。内容をかんたんにいうと、従業員をできるだけ低賃金で働かせながら、珍しい魚の捕獲とイルカショーに精を出し、収入を増やすというものだ（筆者自身もプレイしたことはあるが、ここでは1999年出版のガイドブックを参照しながら解説したい）。

このゲームでは、まず水族館の「テーマ性の確立」が求められる。たとえばひとつの海域に絞って生きものを収集・展示すればテーマ化したことになるし、あえて人気のない魚ばかり集めて「カルト水族館」になったりすることも可能だ。[130] 収入源は入場料だが、「ふうせん」、「ぼうし」、「ぬいぐるみ」を販売するショップを設置して収益アップをはかることもできる。[131]

同時に、水族館経営の鍵を握るのがスタッフの管理・監視である。スタッフは魚の捕獲や水槽掃除をする「アクアキーパー」、「ドクター」（獣医）、「スイーパー」（清掃員）、「コンパニオン」（接客係）がおり、それぞれ仕事の速さと能力にかんしパラメータが定められている。仮に館内や水槽が汚れていたり、接客のしかたに問題があったりすると、来館者の機嫌を損ねるから、雇用の時点でスタッフの選抜をし、「勉強会」をさせて能力アップをはかり、なおかつ勤労意欲が下がっていないかチェックしなければならない。サボリ屋のスタッフがいても、うかつにクビにすると従業員全体の忠誠度が下がるので、標的にしたスタッフの給料を下げて自主退職を迫るというブラックな手法もある。[132]

来館者とその体験も、もちろん管理・監視の対象となる。「いす」、「案内表示板」、「手すり」、「エスカレーター」などを駆使して、彼らをうまく誘導するとともに、混雑しているという印象や、疲労感をいだかせないようにするのだ。

とうぜん、水族のケアも忘れてはならない。そのためにはスタッフの充実はもちろん、「ろ過装置」、水温調整用の「サーモスタット」、空気を送りこむ「ブロアー」、水を循環させる「ポンプ」を設置し、アップグレードしていく（ちなみに本ゲームでは、魚が弱って死ぬという後味の悪い出来事は、「放流」とか「引退」といった言葉でごまかしている）。

水槽の形や大きさにもバリエーションがあり、「壁型水槽」、「机型水槽」、「ドーナツ型水槽」、「トンネル型水槽」などを使い分けてオリジナルの水族館をデザインすることができる。イルカトレーニングもゲームの目玉で、彼らの能力を見極め、なだめすかしながらジャンプや宙返りといった高度な技を身につけさせていく。これに成功すれば、来館者が増加し、さらなる収入を見こめるのだ。[133]

もちろん、これはゲームなので、客が1か月以上館内に閉じこめられるといった、通常は起こりえないアクシデントが生じることもある。いっぽうで、魚の「放流」が続くと「動物愛護団体」のデモをまねいたり、魚の保全にかかわったりするなど、第5章-1でもとりあげるような話題を盛りこんでいる。また訪問してきた役人が怒って帰るとか、部長が金を横領するといった、妙に人間臭いエピソードもある。[134]

このように本作品は、主に経営者の立場からではあるが、水族館についていろいろと考えさせる内容となっている。さらに「テーマ化」、「ハイブリッド消費」、「パフォーマンス労働」といった、本章－4で話題にした要素が入っている点も興味深い。

コラム8　沖縄国際海洋博覧会と海洋開発

過去の博覧会付属水族館と同様、沖縄海洋博の水族館は、ただ海中体験を提供するための場ではなかった。「アクアポリス」（図4－31）をはじめとするほかの建造物とあわせて訪問することで、海洋開発がもたらすメリットを複合的に実感してもらおうという意図もあったのである。

アクアポリスは、未来の海上都市を再現した巨大建造物であった。下部には4つのロワーハル（潜水体）がとりつけられており、台風が来ればアンカーチェーンをたぐりよせて沖合に移動し、ロワーハルに注水する。すると、全体が15メートル沈んで半潜水状態になることができた。これによって波風による動揺を抑えるのである。また自給自足の生活ができるように、発電装置、造水機、汚水処理装置、ごみ焼却炉などを備えていた。

また、これに隣接するかたちで設けられたのが「海洋牧場」である。5万2000平方メートルの海域を囲み、約5万尾の魚を放し飼いにしていた。このうち数尾には小型超音波発信機がとりつけられ、その行動がアクアポリス内のスクリーンに映しだされていた。[135]

ほかの施設も、海洋開発をテーマにしていた。たとえば「三菱海洋未来館」は、来館者が「ムービングシート」に乗って、液晶ディスプレイやホログラムをとおして過去、現在、未来の海の姿を見ていき、最後に海底牧場、海底居住、海上都市について学ぶという展示をおこなった[136]。マッコウクジラをかたどった「WOSくじら館」でも、来館者は「クラシック・サブマリン」というライドに乗って、怪魚がうごめき、沈没船が横たわる不気味な海から、最新技術によって開発された海底世界へと旅する。さらに、「芙蓉グループパビリオン」は、海洋開発に役立つはずの「機械生物」を30種展示した[137]。ここにも、科学技術の発展が「人類の進歩」をもたらすという旧来の思想が見てとれる。

海洋開発をテーマにしていたのは、規模を競いあった「アメリカ館」、「ソビエト館」もおなじで、前者ではダイバーが実演プールで実験をするさまや、水中探査装置などが公開された。「ソビエト館」には海底原子力発電所の模型が置かれ[138]、「海洋資源の利用分野での社会主義的方法による経済的管理の優越性が明らかにされる[139]」ことになっていた。

ただ、第5章で解説するように、1970年代も半ばになると、環境破壊の深刻さが認識され、とめどない開発には疑問符がつくようになっていた。だから、各館の代表は、「開発は海の危機をもたらす[140]」（イタリア）とか、「健全な管理がなされないかぎり、人口の爆発は海洋の食料資源枯渇の危機をもたらす[141]」（オーストラリア）と述べているし、当時首相であった三木武夫も、「海洋の利用とその自然の開発が必要不可欠であるが、これとともに魚類を保護し、美しい海を保全することもこれまたきわめて重要[142]」と書いている。

図4-31　国際情報社沖縄海洋博編集室編『EXPO'75——沖縄国際海洋博覧会　海——その望ましい未来』（国際情報社、1975年）のカバー。下の写真が「アクアポリス」

当時、建築家の一ノ宮憲治は、沖縄海洋博にはいまいち盛り上がりが欠けているように見えたと述べている。むしろ、このころ流行したのは『日本沈没』（1973）や『タワーリング・インフェルノ』（1974）、『新幹線大爆破』（1975）といったパニック映画であった。一ノ宮は、それは人びとが「ひとつの時代の終り」を感じとっているからだ、という『朝日新聞』の分析を挙げつつ、「確かに、環境汚染、工場災害、インフレなど、いずれに目を向けても、絶望的なものばかりである。人類存在のカギともいわれる海洋開発をテーマとした海洋博が、しらけムードなのも、その辺に原因があるのだろう」[143]と書く。

楽観主義の終わりと環境意識の変化、それはのちの水族館のありかたにも、無視できない影響をおよぼしていくことになる。

コラム9　ショッピングモールのような水族館

ここまで、海洋パーク、テーマアクアリウム、テーマパーク内の水族館とさまざまな種類を紹介してきたが、最後に、ショッピングモールそっくりな水族館のことを紹介しよう。アトランタのジョージア水族館（2005）である。

ジョージア水族館は、建築資材の小売チェーン、ザ・ホーム・デポの共同創設者のひとりバーニー・マーカスとその妻ビリが建築資金2億5000万ドルを出資し、さらにほかのスポンサーや個人から7000万ドルの寄付を募ってつくられた非営利の水族館である。マーカスは退職後、それまで得た金を慈善事業に費やすようになったが、モントレーベイ水族館を訪問したのを機に、ザ・ホーム・デポ創業の地となったアトランタにも同様の施設をつくることを思いついたのだ[144]。

ただ、地元の海にこだわったモントレーベイ水族館とは異なり、ジョージア水族館は「世界の海」をテーマとし、それぞれの水域の「ショーケース」を展示することをめざした。[145]

さらにこの水族館のマップを見てみると、ひとつの特徴が見えてくる。来館者は、チケット売り場をとおり、まず巨大なアトリウムにやってくる。そしてそこから、6つのエリアのいずれかを選択し、そこを見たあとアトリウムにもどってきて、また別のエリアへと移動する（図4－32）。

このしくみについて、ジョージア水族館の設計に参加したブルース・カールソンらはつぎのように述べる。

図4-32　ショッピングモールを連想させる館内

多くの水族館は、すべての展示を見せるために来館者に線状の通路をたどることを要求するが、周遊が終わるまで戻ってくるための道がない。ジョージア水族館は別のアプローチをとり、すべての展示を巨大な集合場所ないしアトリウムをとりかこむギャラリーへと編成する「モール・コンセプト」をもちいる。［……］また、個々のギャラリーは他から独立しており、それぞれが異なる生きものや生息圏にかんするユニークなストーリーを語ることを可能にしている。[146]

「モール・コンセプト」という言葉が示すように、この水族館はショッピングモール、たとえばミネアポリスのモール・

る。[147]

オブ・アメリカの設計を連想させる。モール・オブ・アメリカは、中央の広場をテーマ化した4つのエリア、すなわちシックな雰囲気の「サウス・アベニュー」、木の生い茂る「ノース・ガーデン」、ヨーロッパ風の「ウェスト・マーケット」、安酒場風の「イースト・ブロードウェイ」がとり囲む。そしてそれぞれのエリアで、消費者は異なる雰囲気に浸りながらショッピングを楽しむことになる。[147]

ショッピングモールが各エリアをテーマ化するのは、ショッピング体験を活性化するためである。興味のわく環境にいると、消費者はなんでもない商品にまで魅力を感じるようになる。つまり、「テーマ化された環境にいる消費者は、購入する際、商品やサービスそのものと同じくらいその環境も消費している」[148]のだ。

いっぽうのジョージア水族館はというと、中央の広場を、外洋の海をテーマにした「オーシャン・ヴォイジャー」（図4-33）、サンゴ礁がある「トロピカル・ダイバー」、寒冷な海を再現する「コールドウォーター・クエスト」、世界の淡水系をあつかった「リバー・スカウト」（図4-34）、ジョージア州沿岸をテーマにした「ジョージア・エクスプローラー」、映像シアター「ディーポス・アンダーシー・3D・ワンダーショー」が囲んでいる。そして、それぞれのエリアで、来館者は異なる体験を楽しむことになる。

さらに、この水族館のショッピングモール的な印象は、各エリアが異なるスポンサーによって提供されているためにいっそう強くなる。すなわち、「オーシャン・ヴォイジャー」はザ・ホーム・デポ、「トロピカル・ダイバー」はエアトラン航空、「コールドウォーター・クエスト」は木製品メーカーのジョージア・パシフィック、「リバー・スカウト」はエネルギー会社のサザン・カンパニー、「ジョージア・エクスプローラー」はサントラスト銀行、さらに「ディーポス・アンダーシー・3D・ワンダーショー」は電話会社AT&Tが出資しているのだ。[149] つまり各エリアは、ただ生きものを展示するだけでなく、これら企業の宣伝もおこなう、ある種のショールームのような役割をもたされている。

図4-33、34 「オーシャン・ヴォイジャー」と「リバー・スカウト」

もちろん、企業に各展示の出資をしてもらうのは珍しいことではない。たとえばシーワールドでは、「ペンギン・エンカウンター」は石油会社アルコ、「スカイタワー・ライド」はサウスウェスト航空、「シャーク・エンカウンター」はam／pmというふうに、一部のアトラクションの建設を、広告権や販売権を見返りにほかの企業にまかせることで、出費の抑制をはかっている。[150]

結局、ジョージア水族館の性格は、「ショッピングモール的であり、テーマパーク的でもある」ということだ。ショッピングモールもテーマパークも、テーマ化された空間を通じて「遊びの感覚」を刺激し、環境や商品の消費をうながす。[151] ジョージア水族館は非営利組織だが、それでもこうした「消費の場」ではぐくまれたノウハウの恩恵を少なからずこうむっている。

注

1 堀家　1975年、120〜121ページ。
2 堀家　1975年、155ページ。
3 鈴木　2003年、222〜224ページ。
4 堀家　1975年、157ページ。
5 鈴木　2003年、231ページ。
6 山本和夫「水族館における大水槽と回遊水槽」『建築界』21（9）、1972年、32ページ。
7 山本和夫「回遊水槽について」『建築界』29（9）、1980年、28ページ。
8 山本　1972年、30〜31ページ。
9 堀家　1975年、162、182〜189ページ。
10 McCosker 1999, pp. 93–95.
11 山本和夫「水族館の展示水槽に関する実践的研究——水槽用板ガラスとアクリル樹脂板との比較について（その1）」『福井工業大学研究紀要』9、1979年、55ページ。
12 Taylor, Leighton. *Aquariums: Windows to Nature*. New York: Prentice Hall General Reference, 1993, pp. 29–30. 鈴木　2003年、188ページ。
13 Taylor 1993, pp. 30–31.
14 敷山哲洋「『水族館用アクリル水槽』にこだわり続け世界五〇か国」に進出」『ニュートップL』42、2013年、18ページ。
15 敷山哲洋「アクリルがつくる夢の器」『水の文化——しびれる水族館』44、ミツカン水の文化センター、2013年、26〜27ページ。

16 吉田啓正「21世紀へ変わる水族館」『近代建築』54、２０００年、67ページ。
17 Mitman 1993, p. 661.
18 堀家　１９７５年、１２１〜１２２ページ。
19 Olmstead, Kathleen. *Jacques Cousteau: A Life Under the Sea*. New York: Sterling, 2008, pp. 8–13.
20 Olmstead 2008, pp. 15–39.
21 Kroll, Gary. *America's Ocean Wilderness: A Cultural History of Twentieth-Century Exploration*. Lawrence: University Press of Kansas, 2008, p. 171.
22 Olmstead 2008, pp. 50–60.
23 Kroll 2008, p. 172.
24 Olmstead 2008, pp. 70–71.
25 Kroll 2008, pp. 173–176.
26 Olmstead 2008, p. 85.
27 Olmstead 2008, pp. 88–89.
28 Richardson, Drew. 'A Brief History of Scuba Diving in the United States.' *SPUMS*. 29.3. (1999): p. 175.
29 Davis, Susan G. *Spectacular Nature: Corporate Culture and the Sea World Experience*. Berkeley: University of California Press, 1997, p. 21.
30 ブライマン、アラン（能登路雅子監訳）『ディズニー化する社会——文化・消費・労働とグローバリゼーション』明石書店、２００８年、47ページ、能登路雅子『ディズニーランドという聖地』岩波書店、２０１５年、36ページ。
31 Davis 1997, pp. 22–23.
32 Davis 1997, pp. 49–51.
33 Davis 1997, pp. 51–53.
34 Davis 1997, pp. 70–71.
35 Davis 1997, p. 30.
36 Davis 1997, pp. 99–102.
37 Davis 1997, p. 103.
38 Davis 1997, p. 105.
39 Davis 1997, pp. 105–106.
40 Davis 1997, pp. 206–209, 215.
41 Davis 1997, p. 53.
42 Kroll 2008, pp. 170–176.
43 Kroll 2008, pp. 172–173.
44 Olmstead 2008, pp. 77–79.
45 Kroll 2008, pp. 176–177.
46 Kroll 2008, pp. 177–181.
47 Chan, Carson. 'The Chermayeff Century.' 2011/12. *032c*. 16 July 2016 <http://032c. com/2014/the-chermayeff-century/>.
48 Chan 2011/12/16 July 2016 <http://032c.com/2014/the-chermayeff-century/>, Gunts, Edward. 'High-water Mark.' 12 August 2001 *The Baltimore Sun*. 21 December 2017 <http://www.baltimoresun.com/news/maryland/bal-as.aquarium0812-story.html>.
49 Gunts 2001/21 December 2017 <http://www.baltimoresun.com/news/maryland/bal-as.aquarium0812-story.html>.
50 Peter Chermayeff LLC. 'New England Aquarium, Boston, Mass 1962–1969–1994.' 16 July 2016 <http://www.peterchermayeff.com>. Dickinson, Elizabeth Evitts. 'Deep Dive at Two Aquariums by Cambridge Seven Associates.' 14 April 2014. *Architectural Lighting*. 16 July 2016 <http://www.archlighting.com/projects/deep-dive-at-two-aquariums-by-cambridge-seven-associates_o>.
51 Chermayeff, Peter. 'The Age of Aquariums.' *World Monitor*. 5.8 (1992): p. 54.

52 Chan 2011/12/16 July 2016 <http://032c.com/2014/the-chermayeff-century/>.
53 Chan 2011/12/16 July 2016 <http://032c.com/2014/the-chermayeff-century/>.
54 Chermayeff 1992, p. 54.
55 Peter Chermayeff LLC. 'National Aquarium, Baltimore, Maryland 1975–1981.' 16 July 2016 <http://www.peterchermayeff.com>.
56 Peter Chermayeff LLC. 'National Aquarium, Baltimore, Maryland 1975–1981.' 16 July 2016 <http://www.peterchermayeff.com>.
57 Gunts 2001/21 December 2017 <http://www.baltimoresun.com/news/maryland/bal-as.aquarium0812-story.html>.
58 Chermayeff 1992, p. 54.
59 海遊館「海遊館ヒストリー」<http://www.kaiyukan.com/kaiyukan25th/> ２０１７年12月22日アクセス。
60 Chermayeff 1992, p. 54.
61 Peter Chermayeff LLC. 'Lisbon Oceanarium, Lisbon, Portugal 1994–1998.' 16 July 2016 <http://www.peterchermayeff.com>.
62 Gunts 2001/21 December 2017 <http://www.baltimoresun.com/news/maryland/bal-as.aquarium0812-story.html>.
63 Dickinson 2014/16 July 2016 <http://www.archlighting.com/projects/deep-dive-at-two-aquariums-by-cambridge-seven-associates_o>.
64 Pedersen, R. A. *The Epcot Explorer's Encyclopedia: A Guide to Walt Disney World's Greatest Theme Park.* Epcyclopedia Press, 2012, pp. 149–150.
65 Pedersen 2012, p. 151.
66 Pedersen 2012, pp. 152–157.
67 Pedersen 2012, pp. 157–159.
68 鈴木　２００３年、２３７～２４２ページ。
69 末広恭雄『サーカス水族館』河出書房、１９５６年。
70 鈴木　２００２年、23ページ。
71 鈴木　２００２年、25ページ。
72 国際情報社沖縄海洋博編集室編『ＥＸＰＯ'75――沖縄国際海洋博覧会　海――その望ましい未来』国際情報社、１９７５年、９ページ。
73 『沖縄国際海洋博覧会公式ガイドブック』沖縄国際海洋博覧会協会、１９７５年、１００ページ。
74 槇文彦「風土と幻想――特に水族館について」『新建築』50（9）、１９７５年、２０３ページ。
75 ここは、以下の資料の情報を組みあわせて記述した。『沖縄国際海洋博覧会公式ガイドブック』１９７５年、97～99ページ、槇　１９７５年、２０４ページ、国際情報社沖縄海洋博編集室　１９７５年、42～44ページ、木村俊彦「水族館の構造――大水槽・アーチ型ＰＣ板・魚網のシェルター」『新建築』50（9）、１９７５年、２０５ページ。
76 木村　１９７５年、２０５ページ。
77 槇　１９７５年、２０４ページ。
78 荒井一男、町田紘一、丸吉栄尚「水族館」『空気調和・衛生工学』50（1）、１９７６年、１２５ページ。
79 国際情報社沖縄海洋博編集室　１９７５年、76ページ、『沖縄国際海洋博覧会公式ガイドブック』１９７５年、93ページ。
80 吉田啓正『ジンベエザメの命　メダカの命――水族館・限りなく生きることに迫る』信山社サイテック、１９９９年、17、65ページ。
81 吉田　１９９９年、24ページ。
82 吉田　１９９９年、31ページ。
83 吉田　１９９９年、28～30ページ。
84 吉田　１９９９年、11～24ページ。

85 吉田 1999年、14ページ。
86 吉田 1999年、15ページ。
87 吉田 1999年、32〜57ページ。
88 吉田 1999年、34ページ。
89 谷口吉生「東京葛西臨海水族園」建築思潮研究所編『建築設計資料110 水族館』建築資料研究社、2017年、82ページ。
90 谷口 2017年、83ページ。
91 安部義孝『水族館をつくる――うおのぞきから環境展示へ』成山堂書店、2011年、82〜89ページ。
92 安部 2011年、126〜127ページ。
93 葛西臨海水族園『Tokyo Sea Life Park』出版社未記載、2018年、17〜20ページ。
94 葛西臨海水族園 2018年、27〜28ページ。
95 「水族園 神秘的な海を体験」『朝日新聞』1989年11月9日（朝刊）<https://xsearch-asahi-com.lib-kansai-u.idm.oclc.org/kiji/detail/?1733101087573>2024年12月2日アクセス。
96 高谷尚志「サカナたちが美しい姿態で迫る」『エコノミスト』第68巻第19号、1990年5月8日、34ページ。
97 ブライマン 2008年、14ページ。
98 ブライマン 2008年、15ページ。
99 ブライマン 2008年、40〜42ページ。
100 ブライマン 2008年、114ページ。
101 ブライマン 2008年、42ページ。
102 ブライマン 2008年、14ページ。
103 Davis 1997, pp. 87–91.
104 ブライマン 2008年、236〜246ページ。
105 Davis 1997, p. 91.
106 ブライマン 2008年、218ページ。
107 Davis 1997, p. 103.
108 ブライマン 2008年、282〜289ページ。
109 中村元「水族館事業の展望――水族館の〝マスカルチャー化〟時代における集客」『レジャー産業資料』45（10）、2012年、61ページ。
110 中村 2012年、59〜60ページ。
111 中村 2012年、61ページ。
112 中村元「大型水族館から、多機能・メディア型水族館へ――集客性を生む、コア・コンピタンス創造にいかに取り組んだか」『レジャー産業資料』37（6）、2004年、9〜10ページ。
113 中村 2004年、10ページ。
114 中村 2004年、11ページ。
115 「アクアフィギュア〜カプセルアクアリウム〜『日本水族館立体生物図録 第一巻』発売中!」<http://www.enosui.com/special/goods_rsb4.html>2017年12月24日アクセス。
116 「アクアフィギュア〜カプセルアクアリウム〜『日本水族館立体生物図録 第2巻』発売中!」<http://www.enosui.com/special/goods_rsb3.html>2017年12月24日アクセス。
117 中村 2004年、11ページ。
118 New England Aquarium. *2022 Annual Report*. 28 October 2024 <https://www.neaq.org/wp-content/uploads/2023/11/2022-Annual-Report.pdf>.
119 東京動物園協会「令和3年度事業報告書」<https://www.tzps.or.jp/pdf_files/business_reiwa03_jigyohoukoku.pdf>2024年10月28日アクセス。
120 Carlson, Bruce A. and Steve M. Shindell. *Bringing the Ocean to Atlanta: The Creation of the Georgia Aquarium*. Atlanta: Georgia Aquarium, 2007, p. 19.
121 ブライマン 2008年、311ページ。
122 新井克弥『ディズニーランドの社会学』青弓社、2016年、89

ページ。
123 能登路雅子『ディズニーランドという聖地』岩波書店、2015年、180〜183ページ。
124 能登路 2015年、182ページ。
125 ボードリヤール、ジャン（竹原あき子）『シミュラークルとシミュレーション』法政大学出版局、2013年、1〜16ページ。
126 水野博介『ポストモダンのメディア論2・0――ハイブリッド化するメディア・産業・文化』学文社、2017年、204ページ。
127 東浩紀『動物化するポストモダン――オタクから見た日本社会』講談社、2001年、41ページ。
128 ボードリヤール 2013年、16〜19ページ。
129 水野 2017年、202ページ。
130 加山竜司、肥田明久編『テーマアクアリウム 完全攻略ガイド』コーエー、1999年、60〜63ページ。
131 加山、肥田 1999年、22ページ。
132 加山、肥田 1999年、10〜21ページ。
133 加山、肥田 1999年、12〜39、132ページ。
134 加山、肥田 1999年、13〜14、154〜157ページ。
135 『沖縄国際海洋博覧会公式ガイドブック』1975年、117〜121ページ。
136 『沖縄国際海洋博覧会公式ガイドブック』1975年、60〜61ページ。
137 『沖縄国際海洋博覧会公式ガイドブック』1975年、122〜127ページ。
138 国際情報社沖縄海洋博編集室 1975年、34〜46ページ。
139 『沖縄国際海洋博覧会公式ガイドブック』1975年、135ページ。
140 国際情報社沖縄海洋博編集室 1975年、94ページ。
141 国際情報社沖縄海洋博編集室 1975年、95ページ。
142 国際情報社沖縄海洋博編集室 1975年、89ページ。
143 一宮（一ノ宮）賢治「海上都市の話」『新建築』50（9）、1975年、305ページ。
144 Carlson 2007, pp. 6-19.
145 Carlson 2007, p. 35.
146 Carlson 2007, p. 34.
147 ブライマン 2008年、72〜73ページ。
148 ブライマン 2008年、76ページ。
149 Carlson 2007, p. 49.
150 Davis 1997, pp. 28-29, 59.
151 ブライマン 2008年、286ページ。

第 5 章

水族館は境界をこえて

生きもの展示の未来

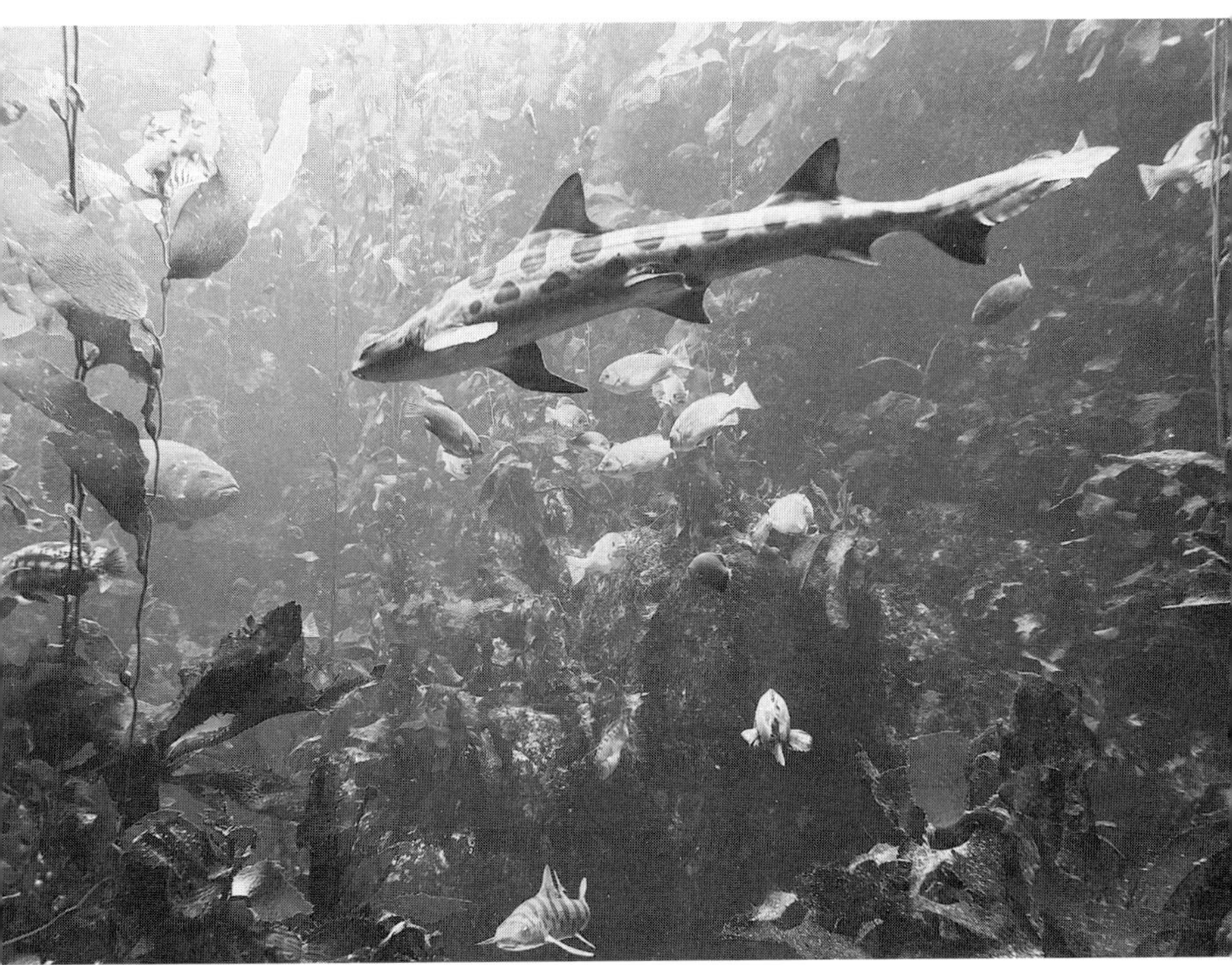

すぐれた展示は未来への道しるべとなる（写真はモントレーベイ水族館）

1 動揺する水族館

「イルカ捕獲禁止」ショック

２０１５年４月、世界動物園水族館協会（ＷＡＺＡ）が日本動物園水族館協会（ＪＡＺＡ）にたいして、資格停止を申しわたした。その理由は、ＷＡＺＡが「残酷」とみなす太地町の追い込み漁をとおして、ＪＡＺＡのメンバーがイルカを捕獲しつづけているから、というものであった。しかも１か月以内に改善が見られなければ除名するという。当時ＪＡＺＡに加盟していたのは動物園89、水族館63で、そのうち34施設がイルカを飼育、また少なくとも19施設が太地町からイルカを入手していた。[1]

ＷＡＺＡのルーツは、１９３５年設立の国際動物園長協会である。当協会は１９４６年に国際動物園長連合（ＩＵＤＺＧ）として再スタートし、２０００年に現在の名前となった。動物の飼育繁殖ならびに保全活動における協力を目的とし、現在動物園・水族館はじめ４００近いメンバーで構成されている。[2] 動物園は、いまは野生動物の捕獲を極力おこなわず、互いに飼育動物を融通しあってコレクションを充実させているので、ＷＡＺＡのネットワークに参加することが欠かせない（いっぽうの水族館は、国内、国外を問わず、大半の生きものを捕獲あるいは購入している）。だから、ＷＡＺＡから除名されれば、日本中の動物園が立ちゆかなくなる。

同年５月、ＪＡＺＡは理事会を開いてＷＡＺＡに残留するか離脱するかで投票をおこなった。結果は有効票１４２のうち残留99、離脱43で、残留が決まった。もちろん、ＪＡＺＡのメンバーは動物園のほうが多いから、驚くべきことではない。結果として、JAZAに加盟している水族館は、追い込み漁によって捕獲されたイルカを入手できなくなった。[3]

とうぜん、反発する声があがった。人気動物のイルカがいなくなれば倒産するとか、繁殖は設備、技術の面で困難だという意見もあったし、イルカ漁の何が残酷なのか、WAZAからの説明はなかった、今回の通告はWAZAによる「だまし討ち」で「いじめ」みたいだと怒りをあらわにする館長もいた（その後、新江ノ島水族館、くじらの博物館など、JAZAを退会するところもあらわれた）。そのうえ、イルカ入手禁止の問題を、反捕鯨運動や日本の伝統文化にたいする批判と結びつける論調も目立った。[4]

いっぽうで、「エルザ自然保護の会」や「海・イルカ・人」など、日本の5つの動物保護団体はJAZAの決定を歓迎した。また彼らは、WAZAによる資格停止処分は「外圧」の結果では決してなく、日本人みずからがおこなっていた運動に、WAZA本部のあるスイスの市民が協力したためである、とも明言している。[5]

ことの経緯は、伴野準一（ノンフィクション・ライター）の『イルカ漁は残酷か』においてくわしく描かれている。ここではその概略を記しておこう。

2004年、WAZAの総会において、追い込み漁によるイルカ捕獲にたいする非難決議が可決された。きっかけは、WAZAの関係者が、別地域の凄惨（せいさん）な追い込み漁を写した古いフィルムを見て、太地町のものだと勘違いしたためだというが、とにかく追い込み漁はWAZAの倫理規定に反するということになった。

漁の実態はともかく、多くのひとはイルカが感覚、知能ともに優れた生きものだと信じているから、捕獲して群れから引きはなすこととそれじたいが残酷とみなされうる。日本の市民団体も、JAZAやWAZAにたいし追い込み漁の中止を働きかけるようになった。2014年3月には、「エルザ自然保護の会」の辺見栄、著名なイルカ解放運動家リチャード（リック）・オバリーなど4人がWAZA専務理事ジェラルド・ディックに会い、JAZAの除名を求めて国内168団体の署名のある請願書をわたした。

これを受けてディックは8月に来日し、JAZA幹部と会合をもった。JAZA側は、2年間追い込み漁を中止し、代替の捕獲法を考えるというディックの提案を拒否した。そのかわりに漁師が捕まえたイルカをJAZA会員用としたばあいは、1頭も殺さず、売れのこったものをリリースする案を示した。

これでいったん問題は解決するかに思われたが、イルカ保護団体オーストラリア・フォー・ドルフィンズのサラ・ルーカスの活動によって事態が一気に動いた。

ルーカスは2015年3月、フェイスブックに動画をアップロードし、そのなかでWAZAの会員が、イルカを「暴力的にさらっている」ことを強調した。さらにはWAZAをジュネーブ民事裁判所に訴えようとしたが、このキャンペーンは効果的で、WAZAは訴えられる前に降参、JAZAの会員停止処分となったのだった。

この最後の流れが大きく報道されたため、多くの人びとの目にはいかにも「外圧」と映ったし、その結果、捕鯨問題と結びつけられたのは無理からぬところもあった。

しかし、ここで強調しなければならないのは、JAZAの会員資格停止をめぐる事件は、直近の流れだけを見ていても理解できない、ということだ。この事件について考えるには、20世紀後半に生じた環境意識の変化と、それにともなう動物園・水族館の「再テーマ化」の流れを理解する必要がある。

環境意識の変化

前章で見たように、1960〜70年代は、海洋パークとテーマアクアリウムが発展した時代である。だがいっぽうで、絶え間ない乱獲、開発、公害、核実験によって、われわれ人間が環境にとりかえしのつかないダメージを与えてしまうのではないかと真剣に考えられはじめたころにもあたる。当時の人びとの意識改革に多大な影響を及ぼしたとされるのが、海洋学者レイチェル・カーソンの『沈黙の春』（1962）である。これは、カーソン自身の調査にもとづいて化学薬品と農薬の危険性を訴えたもので、半年のうちに50万部が売れた。さらに1969年には、カヤホガ川に垂れ流しにされてきた産業廃棄物の火災や、サンタ・バーバラにおける石油流出事故があいついで、公害問題がいっそう深刻にとらえられるようになった。

これを受けて、ウィスコンシン州選出の上院議員ゲイロード・ネルソン（1916〜2005）が環境保護を訴える「アース・デー」を計画、1970年4月22日にはじめて実施される。2000万にのぼる合衆国市民がこれに参加したという。当時、反ベトナム戦争運動や人権運動が盛んであったが、これにかかわっていた人びとが環境に目を向けるようになったことにくわえ、反戦運動から国民の気をそらしたい政府も「アース・デー」を援助した結果だという[8]。

もちろん、環境破壊にたいする危機感はアメリカにとどまらず、第23回国連総会（1968）の決議をもとに、1972年、ストックホルムで「国連人間環境会議」が開かれ、日本を含む113

か国と主要国際機関が参加する。そこでは、天然資源の合理的管理、汚染物質の管理、開発と環境といった諸問題が、「人間環境」(Human Environment)という枠組みのもとではじめて国際的に議論された。そして、この流れを受けて「廃棄物その他の物の投棄による海洋汚染の防止に関する条約」(ロンドン条約、1972)や、「絶滅のおそれのある野生動植物の種の国際取引に関する条約」(ワシントン条約、1973)が採択される。[9]

国連人間環境会議では、クジラの乱獲にも注目が集まった。そして10年間にわたりクジラの仲間全種の捕獲を中止すること、すなわち「商業捕鯨モラトリアム」が勧告案として出され、採択される。しかもこれを機に、クジラは野生動物保護運動のシンボルとなっていった。[10]

捕鯨は、第2次世界大戦後、荒廃した国ぐにの経済を再建する切り札として、日本、ノルウェー、ロシア(ソビエト連邦)、イギリスを中心に再スタートした。だが、国際捕鯨委員会(IWC)の規制がうまく機能しなかったこともあって、漁期が来ると各国は早いもの勝ちでクジラをとるようになり、すさまじい乱獲を引きおこした。「後の七〇年代、八〇年代の反捕鯨運動の背後には、この黒い捕鯨産業の記憶がある」[11]と、海事文化史家の森田勝昭はいう。なお1971年の時点で、IWCはコククジラ、セミクジラ、ホッキョククジラ、シロナガスクジラ、ザトウクジラを捕獲禁止にした。[12]

国連人間環境会議において、(クジラ全種にたいする)商業捕鯨のモラトリアムが勧告されるべく積極的に動いたのはアメリカ政府であった。アメリカでは、1966年、ワシントン条約の原型とされる「絶滅のおそれのある種の保存にかんする法」が制定され、69年に強化されている。70年、IWCで捕獲禁止になっている5種と、ナガスクジラ、イワシクジラ、マッコウクジラの3種が

「絶滅のおそれのある種のリスト」に記載され、これらクジラの製品のアメリカへの輸入が禁止となった。さらに翌年、商務省が、おなじ種類のクジラをアメリカ人やアメリカ企業が捕獲することを禁止してしまう。そして、なおもクジラの保護は不十分との見解から、アメリカ政府は国連人間環境会議で商業捕鯨モラトリアムの勧告案を可決させるべく、イニシアチブをとるようになったのだ。

6月8〜9日の審議の前日、ストックホルム近郊のスカールネックで、クジラの保護をめざす青年たちの「クジラ集会」が開かれ、国連人間環境会議事務局長や前アメリカ内務長官ウォルター・ヒッケルが登壇して激励した。8日にはヒッケルが先頭にたって盛大な「クジラ・デモ」がおこなわれ、その異様な熱気のなかでクジラは危機に瀕する野生動物のシンボルと化した。こうしたパフォーマンスは少なからぬインパクトを与え、結局、クジラ全種の商業捕鯨モラトリアム勧告案が可決されるはこびとなった（10年後、IWCにおいても商業捕鯨のモラトリアムが決まる）。[13]

このように、1960〜70年代に環境の破壊から保護へ、という転換が生じた。そしてこの転換を、身をもって示した人物が、先述のクストー（第2章-1）である。クロルによると、テレビ番組『クストーの海底世界』は、1968〜69年のうちは、環境保全にかんする言及がほとんどなかった。だがその後、人口増加、汚染、浪費、人間の思慮の浅さ、傲慢さが海を破壊しているというメッセージを発するようになる。

そのきっかけは、クストー自身が、海で環境破壊を目の当たりにしたためだといわれる。しかし、彼が以前からそのことに気づいていなかったはずはない。むしろ1970年の「アース・デー」をきっかけに、環境問題こそが、みずからの海洋探検に人びとの関心を集める「完璧なテーマ」と悟ったのではないかとクロルは示唆している。[14] いずれにせよ、彼は海洋保護と教育をうたった非営利団体「クストー協会」（1973）を組織し、その会員から得られた資金で「カリプソ」の探検をおこなうようになった。[15]

このほかにも、環境保護や動物保護を目的とした団体がつぎつぎと結成されている。1969年、アリューシャン列島海域で計画されていた地下核実験を阻止すべく「波を立てるな委員会」が結成された。やがてこの団体は「グリーンピース」となり、反核運動のみならず大型海洋哺乳類の保護にもとりくみはじめる。グリーンピースは1975年に「プロジェクト・エイハブ」を始動、ソ連や日本の捕鯨船とクジラのあいだにゴムボートを割りこませる戦術をとるようになった。

これよりずっと過激な団体も登場する。その代表格は「シー・シェパード」だが、これはポール・ワトソンが、当初所属していたグリーンピースの仲間たちと意見が合わず、脱退して新たに結成したもので、80年代にスペインの捕鯨船を沈めたり、アイスランドの捕鯨関連施設を襲ったりするまでになっていく。[16]

もうひとつ有名なのは、1976年にイギリスで結成された「動物解放戦線」で、動物実験や毛皮産業を主な標的とし、関連施設を襲って動物を「解放」するという直接行動を何度もくりかえしている。浜野喬士（たかし）（環境思想史家）によると、動物解放戦線は、誰でも「直接行動」をとったあと、団体報道局に連絡すれば運動に参加したことになるという「細胞組織戦術」を採用しており、いまやアメリカ、ドイツ、フランスなど世界20か国に勢力を拡大している。アメリカでは、ほかにもシー・シェパードの陸上版ともいうべき「アース・ファースト！」（1980）が結成されており、その暴力性が薄まると、そこから分派するかたちで「地球解放戦線」が誕生した。[17]

「動物の福祉」と「動物の権利」

おなじころ、並行して声高に叫ばれるようになったのが、「動物の福祉」（アニマル・ウェルフェア）や「動物の権利」（アニマル・ライツ）である。これらの概念は、厳密にいえば重なるところもあるが、通常は区別される。「動物の福祉」を求める運動は、動物の虐待を防ぐことを目的とする。これを支持する人びとの関心は、あくまでも動物の苦痛を和らげることにあり、動物の利用そのものは否定しない[18]。たとえば、あからさまに魚やイルカを苦しめるような環境で飼育していれば問題視するだろうが、だからといって水族館すべての閉鎖を求めることはない。

これにたいし、「動物の権利」を主張する人びとは、動物は人間に利用されるために存在するのではない、と説く。そして食料、衣料、実験、娯楽などのために動物を使うことに反対する[19]。これは、従来の西洋的自然観とは一線を画するものだ。

ここでは、「動物の権利」運動を理論的に支えてきた哲学者ピーター・シンガー（１９４６〜）の見解を紹介しておこう。シンガーは、人間とそれ以外の動物のあいだに境界線を引き、人間のみが「平等な配慮[20]」を受けることができる、という考えを否定した。「基本的な原則――その利益がどんなものであれ、他者の利益を考慮にいれるということ――は、平等の原則によって、黒人であれ白人であれ、男性であれ女性であれ、ヒトであれその他の動物であれ、すべての生きもの（ビーイング）へと拡張されねばならない[21]」。

それでは、人間も動物も平等にあつかうための基準は、どこに見いだせばいいのだろう。シンガーは、理性があるか、言語が使えるかといった基準ではなく、「苦しむことができるかどうか」を基準にすることを提案する。

> 平等の原理は、その苦しみが他の生きものの同様な苦しみと同等に——大ざっぱな苦しみの比較が成り立ちうる限りにおいて——考慮を与えられることを要求するのである。もしその当事者が苦しむことができなかったり、よろこびや幸福を享受することができないならば、何も考慮しなくてよい。だから、感覚（センティエンス）をもつということ［……］は、その生きものの利益を考慮するかどうかについての、唯一の妥当な判断基準である。[22]

彼にいわせれば、人間も動物もおなじぐらいの苦痛を感じているのなら、前者の苦痛だけ重んじるのは、「種にもとづく差別」だ。では、ある生きものが苦痛をおぼえるかどうかは、何を基準に判断すればいいのだろう。ひとつは、そのふるまい（身もだえ、悲鳴、苦痛を避けようとしたり恐怖をあらわにすることなど）である。もうひとつは、人間に類似した神経系をもつか否かである。

神経系について論じるとき、シンガーは「進化論」を引きあいにだす。「実際、進化史の上で人間と他の動物、とくに哺乳類が分かれたのは、われわれの神経系の主要な特徴がすでに確立されてからあとなのである」[23]。したがって、哺乳類は人間に感覚が近いということになり、水族館との関連でいえば、クジラやイルカがとうぜん「平等な配慮」の対象となってこよう。このような基準があるから、一部の活動家は「保護に値する動物とそうでない動物を区分することができてしまう」[24]（強調原文）のだ。とはいえ、苦しみを感ずるか否かをめぐるシンガーの考察は、鳥類や爬虫類はおろか魚、ロブスター、カニ、エビ、貝の仲間にまでおよんでいることもここで指摘しておきたい。[25]

ただ、人間と動物の境界をとりはらい、両者を平等にあつかうための新たな基準を設けようというシンガーの提言には不気味な側面もある。彼は、「当事者が苦しむことができなかったり、よろこびや幸福を享受することができないならば、何も考慮しなくてよい」という。では、一部の動物ほどに苦しみや喜びを感じることのできない人間、たとえば重度の障がいをもった人びとのあつかいはどうするのか。

苦痛を感じる能力であれ、知能の程度であれ、何かの基準を設けて動物の立場を人間に近づけようとすることは、人間の立場を動物に近づけることでもある。ヒトがただヒトであるという理由だけで無条件に与えられてきた保護が失われた社会。そこでは、一歩まちがうと、「動物以下」とみなされた人びとが、動物ほどの配慮も受けられないという事態が生じかねない。

そうした危険性があるにもかかわらず、シンガーの論が幅広く受け入れられたのはなぜか。それは、「ヒト以外の生物に対してであっても不必要な苦しみを与えるのはまちがっていると考えているということ、そしてわれわれは動物たちが人類によって、無慈悲で残酷なやり方で搾取されていると信じて」[26]いるという彼の言葉に、大勢の人びとが共鳴したからにほかならない。

『動物の解放』のなかで、彼が批判のターゲットとしたのは主に畜産業と動物実験であった。しかしもちろん、自分の論が動物をあつかうあらゆる産業、たとえば「サーカスやロデオや動物園のような娯楽の領域」[27]におよぶことも知っていた。

もうひとり、動物解放運動に大きな影響をおよぼした人物に哲学者トム・レーガン（1938〜2017）がいる。彼は、人間のみならず一部の動物も、興味、期待、願望、記憶、未来への感性などをもっており、人間とおなじくらいの配慮を受けるに値すると説いた。レーガンによれば、そうした生きものは集団ではなく「個体」として、あるいは「生の主体」として、本来備わった価値をもつ（ただし、生きものに自分の行動の責任を問うのは無理だから、権利を有しても責任はもたない幼児や知的障がい者の立場になぞらえている）[28]。この観点から、彼は動物園の正当性を論じたさい、「動物園は道徳的に弁護できるか？——権利の立場から答えれば、驚くべきことではないが、否。そうではない」[29]と断言している。

シンガーの『動物の解放』が刊行されたのが1975年、レーガンの『動物の権利論』が出たのは1983年である。この70年代から80年代のあいだに、「動物の権利」団体がいくつも結成されたが、そのひとつが世界的に有名な「動物の倫理的あつかいを求める人びとの会」（PETA）である[30]。

水族館にかんしていえば、PETAは、魚はイヌ・ネコに匹敵する知能・感覚を有しているだけでなく、海で暮らすために生まれてきたのだとし、「最大の、もっともよく運営されている水族館でさえ、外洋とは比較にならない」[31]と主張するのを忘れていない。また、海洋哺乳類の飼育には、はっきり反対の立場をとっている。

もちろん、「動物の権利」の範囲は人びとの解釈によって異なってくる。ドナルド・リンドバーグによると、アメリカ人の80パーセントは動物には権利があると答えているが、それはただ、動物は敬意をもってあつかわれるべきというレベルのようだ[32]。もともと「動物の福祉」と「動物の権利」には、境界があいまいなところもある。「少なくとも私たちが動物の権利を『苦痛を受けないことの保障』という意味で用いるのであれば、動物の存在を重要だと思う者は動物の権利についてもまた重要だと思っていることになる」[33]からだ。

それでも、「動物の権利」の意味をよく吟味し、自明のものとしてみずからの価値観に組みこんでしまったら、水族館をはじめ動物を利用する産業は、とてつもなく理不尽なものと映るだろう。すると、それらを保護する法律は、もはや順守すべきものではなく、乗りこえるべきものに見えてくる。

法律が正義を守っていないと考えられるとき、不服従あるいは暴力的な直接行動に訴えるという伝統が、とりわけアメリカ文化に根差したものであることを浜野は指摘する。たとえばイギリスの「茶法」に抗議して、東インド会社の茶を海に投げ入れたとき、黒人解放のためにジョン・ブラウン大尉が武器庫を襲撃したとき——それらはいずれも独立戦争、南北戦争へとつながる——に見られる発想は、ある権利が踏みにじられれば、法を犯し財産破壊することもやむなしというものだ。[34]

アメリカ独立や黒人解放にかかわった活動家たちは、当時どれほど非難されようとも、いまや英雄あつかいである。そして、一部活動家たちが、「動物の権利、自然の権利を擁護せんとして暴力的手段に訴え出るときに否応なしに受ける、道徳的非難や法的制裁に主観的に耐え得るのは、自分たちの被る苦しみが、一九世紀以前に黒人の権利を訴える者に与えられたであろう非難に伴う苦しみと同質のものだと考えているからである[35]」。

つまり、「動物の権利」を奉じる人びとがときに暴力的な行為も辞さないのは、それがいずれ正しい行為と認められるという信念があるからなのだ。

水族館の「ポストモダン」

環境保護運動や「動物の権利」運動が盛んになり、人間を中心にすえる自然観が支持を失ったのは、ちょうど「モダン」期から「ポストモダン」期へ移行した時期にもあたる。モダン期は、ルネサンス（15世紀）から20世紀後半までの時代を、ポストモダン期はだいたい1970年代以降の時代を指すが、国や地域によって多少のずれがある。[36]

モダン期を特色づけるのは、「大きな物語」が存在したこととされる。「大きな物語」とは何か。それは、「時代が進むにつれて、人間や社会は一方向的に『進化』あるいは『進歩』する」[37]と人びとが信じることによって、社会の基盤となるものだ。

この概念をとなえたのは、フランスの哲学者ジャン＝フランソワ・リオタール（1924〜98）だ。彼によると「大きな物語」を支える基盤となったのは、キリスト教、啓蒙主義、社会主義、資本主義などだが、彼のいうことを筆者なりに汲みとっていいなおすと、こうなろうか。キリスト教や資本主義は、科学技術が人間を自然の支配者たらしめ、最終的にみなが豊かになる、という「大きな物語」をサポートしてきた。そしてこのような「大きな物語」は、（水族館を含む）さまざまな制度、法律、思考パターンを正当化したのである、と。[38]

モダン期がピークを迎えたのは、19世紀半ばから1950年代ないし60年代のあたりであったと水野博介はいう。「19世紀には、多くの国で『産業革命』が成し遂げられ［……］20世紀にも科学や技術が急速に進歩し、そのような『科学技術』への『信仰』とも言えるような機運があった。科学や技術の進歩によって、人びとの暮らしや社会は良くなるものと考えられた」[39]。

ここで、あらためて水族館の歴史をふりかえってみよう。水族館は、まさに19世紀半ばに登場し、「科学技術の進歩」という「大きな物語」のもとで大いに繁栄した。おなじころ『海底2万海里』が出版されるが、それは最新の科学のおかげで、未知なる領域、すなわち深海へと人類が進出するという内容であり、のちに水族館展示の「テーマ化」にも利用されることになる。そして大戦後も、水族館は（初期の）クストーの海洋探検や居住計画の夢と連動するかたちで、人類の明るい未来をうたうことができた。

もうひとつ重要なのは、モダン期においては、情報が統制されていたことである。新聞やテレビといったマスメディアが情報の収集、編集、発信をおこなういっぽうで、大衆は基本的に受け身であった。だからマスメディアは「政治的、経済的、文化的な『権力』による『大衆操作』[40]」にうってつけだったのである。水族館関係者も、その道のエキスパートとして、それらをつうじて情報発信することが可能だったし、そもそも水族館じたい、情報を収集、編集、発信する強力なメディアだった。

だが「科学技術の進歩」の夢は、1960年代の「月面征服」のあと、宇宙開発に膨大な国家予算を使うことへの批判が高まったこともあり、しだいに冷めていく[41]。「海洋征服」にたいしても、「シーラブIII」の事故（第4章-2）あたりから、疑問の声が上がりはじめた[42]。かわって、自然環境や動物が搾取されることに抵抗をおぼえる人びとが増加した。水族館は、みずからを正当化できる「大きな物語」を失っていったのである。

水族館の立場に変化をもたらす第2の波は、1990年代にやってきた。インターネットの浸透である。インターネットは、人びとを上下関係ではなく、対等な関係で結びつける。それは「マスメディアのように既成の『権威』や『権力』を前提とはしていない。ネット上では、すべての人は〝平等〟である[43]」。もちろん、水族館もインターネットをつうじて情報を発信することが可能だ。だが水族館を批判するグループの意見はもちろん、個人の意見ですら同時に参照されることになる。

あとで見るように、動物保護団体が水族館にたいしておこなった調査報告が、インターネット上で公開されるようなことが現実に起こっている。水族館が一方通行の情報を流すことはもはや不可能なのだ。

さらにいまでは、展示の様子を撮影しSNS（ソーシャル・ネットワーキング・サービス。ユーチューブ、フェイスブック、X（旧ツイッター）、インスタグラムなどのこと）にアップロードすることも容易なうえに、誰でもスマートフォン内蔵のカメラをもっているから、不祥事があると——どんなにコントロールを強めても、動物も人間も予測不可能なところがあるから——たちまち拡散されてしまう。水族館はいまや「生きものを見る場所」であると同時に、不特定多数の人びとから「監視される場所」なのだ。

くりかえすように、インターネットでは誰もが情報発信者となりうる。2016年のアメリカ大統領選において、マスメディアの流す情報とは別に、真偽の判断がつきにくい情報がインターネットを席巻し、それが結果的にドナルド・トランプの当選をあとおししたといわれるが、それがこのわかりやすい事例であろう。[44]新型コロナウイルスのパンデミック、ウクライナ戦争、さらに2020、24年のアメリカ大統領選を経たいまとなれば、マスメディアやSNSで氾濫する情報のどれが正しいのか、当惑することは日常茶飯事だ。

ただこうした現象は、対立する情報が拡散しやすくなったというよりは、「『大きな物語』がなくなると同時に、『大きな物語』のように、本来、画一的で一元的なものも〝細分化〟あるいは〝分裂〟し、〝多元化〟[45]」したその結果だといえる。われわれがいま生きる世界、それは価値観が分裂し増殖し、ひとによって見えかたが異なる世界だ。そこでは、いっぽうが「事実」を提示すれば、もういっぽうが「もうひとつの事実（オルタナティブ・ファクト）」を提示する。このカオス的状況を端的にあらわすのが、映画『ブラックフィッシュ』とシーワールドのあいだで勃発した「戦争」だと筆者は思うのだが、これについては後述したい。

「再テーマ化」する水族館

「虚」と「実」が入りみだれる現状はさておくとしても、環境保護や動物保護の高まりが、世界中の動物園・水族館関係者に危機感をいだかせたことはまちがいない。

須磨海浜水族館（第4章-3）や、いおワールドかごしま水族館（本章-4）を設計した吉田啓正は、「1980年代の始めでも水族館の存在を批判し、水生動物を飼育展示すべきではないという意見は自然保護論者から出されてはいたが、市民一般に浸透しているとはいえなかった」[46]と書いている。だが、水族の乱獲が問題視され、1992年のワシントン条約会議でマグロの捕獲禁止が議論されたりする過程で、魚介類もたんなる食べ物ではなく「生きもの」であるという認識が、市民レベルでも根づいていった。そして「水族館でも水族の捕獲・展示が問題になり出し、外洋性のサメなどの大型魚類、サンゴなどの希少水族の扱いが難しくなり、やがては水族全般に広がる傾向にある」[47]と説明する。

こうした状況下で求められたのは、動物園や水族館に新しい物語を付与すること、すなわち「再テーマ化」であった。かんたんにいえば、「われわれはいまや、動物と環境を救う拠点となった」と人びとに周知させるのだ。

水族館の「再テーマ化」について考えるうえで参考となるのは、『インターナショナル・ズー・

イヤーブック』（各国の動物園・水族館の活動について情報交換することを目的とした定期刊行物）に掲載された、保全生物学者マイケル・ハッチンスの「動物園と水族館における動物管理と保全——現在の傾向と未来への挑戦」という論文（２００３）だ。これはずいぶん前に書かれたもので、北米での事例を中心に話が進められている。しかし、ハッチンスが15年間アメリカ動物園水族館協会（ＡＺＡ）にいた経験をもとに指摘していることは、いまも通用する。

ハッチンスがまず提言するのは、動物園と水族館（以下、セットにして呼ぶときは「園館」と書く）が協力して動物コレクションを維持すること、そして動物たちが暮らす環境の保全につとめることだ。

野生から動物を捕まえてきて展示するのは、環境破壊や乱獲が問題となっている現代において、もはや難しくなりつつある。国際間での野生動物の取引も、規制されていくだろう。だから、園館が共同で個体数を管理していくのはもちろん、動物管理の専門家を養成する。また大学の研究者と協力して動物の行動、繁殖、健康、栄養について研究し、そのデータをインターネット等で共有する必要があるという。[48]

園館で、絶滅に瀕した生きものを繁殖させ個体数を維持することを「域外保全」という。生きものの生息域の「外」で保全にとりくむから、この名がついている。動物園は、早くからこの問題にとりくんできたおかげで、２００１年の時点で、国際種情報システム機構（ＩＳＩＳ）に登録されている哺乳類のうち90パーセント、鳥類のうち75パーセントの繁殖に成功している。[49]

もっとも、できるだけ繁殖で動物をまかなうべしとの提言を、水族館にもそのままあてはめるのは難しい。飼育動物の性質が異なっているからだ。

まず海洋哺乳類についてだが、アメリカの水族館はすでに繁殖にとりくんでおり、イルカのばあい、2015年の時点で飼育されているもののうち7割が繁殖で生まれたもので、3割が80年代に繁殖体制が整う前に野生から導入されたものだ。「つまり、アメリカでは現在は約570個体のイルカが飼育されているが、ほぼ完全に飼育下での繁殖によってまかなわれている」[50]。シャチにかんしても、たとえばシーワールドは、70年代に野生から導入しようと最後に試みたさいに猛烈な批判にさらされてのち、繁殖にとりくむようになる（あわせて、研究と保全活動にとりくんでいることをアピールするようになった）[51]。

さらに、水族館が飼育するのは海洋哺乳類だけではない。日本はもちろん、世界の水族館は、魚や無脊椎動物にかんしてはあいかわらず収集や業者からの購入に頼ったままだ。

国産淡水魚の繁殖については、じつは日本の水族館は誇るべき実績をもっており、ミヤコタナゴやイタセンパラといった希少淡水魚を、収集に頼らず、遺伝子の多様性を保持しつつ繁殖させる努

図5-1　グラバーズ・リーフにおける、水族館の保護活動を紹介する解説（写真はニューヨーク水族館）。いまではこうしたアピールが不可欠となっている

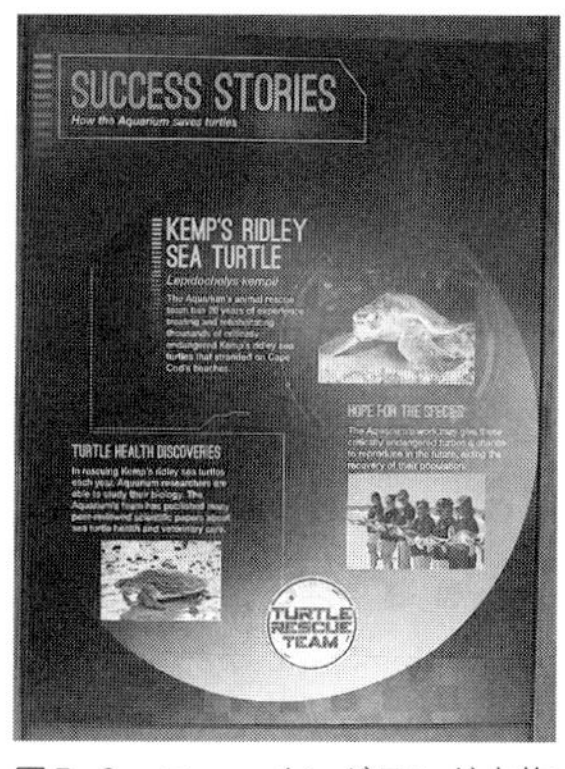

図5-2　ニューイングランド水族館のウミガメの救助と研究活動にかんする解説

力をしてきた（２０１５年の時点で、日本産希少淡水魚繁殖検討委員会は19種の淡水魚の繁殖にたずさわっている）。

海水魚や汽水魚の繁殖はさらに難しい、と世界淡水魚園水族館の池谷幸樹はいう。これらの魚の卵や稚魚は非常に小さく、管理が難しいからである。だいたい水族館じたいが保全目的でつくられた施設ではなく、展示水槽はあくまでも魚の観察用にできていて、高密度なうえ隠れ家も少なく、光や水温も繁殖用に調整されていない[52]。

しかし、「今後間接的に乱獲や環境破壊を助長するような行為は制限されるであろうし、輸出国も自国の生物・遺伝資源を簡単には国外に出さなくなることが予想される[53]」。そこで池谷は、まずは「１水族館1種累代繁殖」といった目標を決め、そこで得られたノウハウを「域内保全」、すなわち生息域内での保全活動に応用できるようにしてはどうかと提言する。

域内保全は、今後「域外保全」よりも重要になってくるとハッチンスも強調する。園館は、個体数の管理、生態系の回復、避妊、遺伝子の分析、獣医学的なケアについてのノウハウをもっており、これを生息圏内の野生動物に応用することが可能だ。さらに現地で保全スタッフを雇ってサポートすることができるはずだと述べているが、これは池谷のいうことと共鳴しあう。

またハッチンスは、水族館が仮に捕獲をつづけるとしても、それは個体群を滅ぼさない範囲でおこなう必要があるとし、できることなら地域経済もサポートしたほうがよいとする。

地域をサポートするとは、どういうことか。その一例として彼が紹介しているのは、「プロジェクト・ピアバ」である。これは、アマゾン川で飼育用の魚を減らさないように捕獲しつづけるプログラムで、現地の人びと1万人をサポートすることにより、彼らが森林破壊のもととなる焼き畑農業をせずにすむようにしているのだ[54]。

園館にとって、保全とならんで重要なのは人びとの教育だ。ただし、生きものの横に解説板を置いただけで「これぞ教育なり」というのは不完全で、人びとが保全の大切さを理解し、みずからその運動にかかわるようにできてこその教育だ、とハッチンスはいう。その一例として挙げられているのが、学生の協力を得てブリティッシュ・コロンビア沿岸を再生する、カナダのバンクーバー水族館の取り組みである。本章の終わりにとりあげるプリマス・ナショナル海洋水族館のとりくみもこれにあたる。

そして、決して軽んじてはならないのが、「動物の福祉」である。劣悪な環境で生きものを飼いつづければ、「動物の権利」どころか「動物の福祉」を追求する人びとすら敵にまわしてしまう。これからの展示が、生きものの心理的、物理的欲求にかなったものであることは不可欠で、デザイナーと動物行動学者がいっしょに計画することも珍しくなくなるだろう。

肝心なのは、動物がみずからの環境を「多少はコントロール」できること、つまり、各種の性質に応じたふるまいができるように、隠れたり、エサをとったり、運動したりできる余地を与えることだ[55]。こうした飼育環境の充実は、「環境エンリッチメント」と呼ばれる。近い将来、それはあらゆる園館に欠かせなくなってこよう。

ハッチンスの論でとくに興味深いのが、いかに園館と、「道ばた動物アトラクション」と呼ばれるだらしない飼育施設との差別化をはかるか、というものだ。AZAは、動物福祉と施設運営のための厳しい基準をアップデートしつづけており、その基準を満たせずAZAの認定を取り消された施設も存在する[56]。

こう説明すると、いかにも厳しいコントロールのように思えるかもしれないが、これはつまりAZAの「ブランド化」である。AZA加盟館の動物福祉の優秀さをアピールすることによって、お客が「金を払うことで動物虐待に加担しているのかもしれない」という不安をおぼえることなく、安心して訪問できるようになるのだ。

2　水族飼育をめぐる攻防——じっさいにあった事件が語ること

動物保護団体が「突撃調査」したイギリスの水族館

このように、動物園や水族館を保全、教育、動物福祉の向上を旗印に「再テーマ化」あるいは「ブランド化」することが推進されているが、それだけで水族館の未来が保証されるわけではない。これらの活動に実態がともなうことをアピールできなければ、そこを突かれて批判されることもありうる。ここでは、イギリスの飼育動物保護協会（Captive Animals' Protection Society、略してCAPS。2018年にフリーダム・フォー・アニマルズに改名）に隠密裏に調査された、シーライフ系列の水族館の事例を紹介しておこう。

シーライフ（図5－3）は、イギリスやドイツといったヨーロッパ諸国のほかに、日本を含むアジア、オーストラリア、アメリカなどにも進出している、50以上の施設をかかえる巨大な水族館チェーンである。

公式ホームページ（2017年当時）において、シーライフの精神は「繁殖し、救出し、保護する」だとうたっている。つまり、生きものの繁殖にとりくむとともに、ケガなどをした生きものを救出、保護しているという。シーライフは、2013年に「シーライフ・トラスト」を設立、海洋生物保護プロジェクトを援助している。なお、シーライフを所有するのはマーリン・エンターテインメンツといって、ほかにレゴランドなども運営する世界屈指の娯楽会社だ。[57]

いっぽうのCAPSは、囚われの動物たちの苦境を明らかにし、飼育に規制をかけるべく活動してきた動物保護団体である。1957年、元教師アイリーン・ヒートンによって設立され、はじめは主にサーカスにおける動物利用を禁ずるべく活動をおこなった。1980～90年代には、ブラックプール・タワー・サーカスの動物ショーを中止させるべく、動物福祉団体とともにキャンペーンをおこない、成功をおさめている。

図5-3　シーライフ・ロッホ・ローモンド

やがてその活動は、動物園やペット取引にも拡大し、「動物の権利」団体とも協力するようになった。2004年、初めて水族館の実態調査をおこなうが、その成果は政府によって各地の当局や動物園監査官に配布されるほどの評価を受けた。またCAPSは、一部政治家のバックアップを受け、伝統ある英国王立動物虐待防止協会（RSPCA）からも表彰されている。[58]

そして2013～14年に、CAPSは水族館のなかでもシーライフに絞って再度調査をおこなった。主なターゲットとなったのは、イギリスにあるシーライフ系列の12の水族館である。調査員たちは、一般来館者や学生を装って訪問し、スタッフへのインタビューをおこない、しかも会話をすべて記録した。バックヤード・ツアーにも参加し、会話、餌づけ、デモンストレーション、タッチプールの様子も記録している。展示、解説板、動物、来館者のふるまいも、写真や映像によって撮影されたという。あわせて、シーライフが発行する書籍、ガイド、マップ、ウェブサイトからの情報も収集された。[59]

これらのデータをもとに、ＣＡＰＳは報告書をまとめ、インターネットに掲載した。そこでは、シーライフの動物たちの由来、飼育環境、輸送、保全活動、教育効果、来館者の行動など幅広いテーマがあつかわれている。動物保護団体が、水族館のいかなるポイントをチェックするかを知るうえで参考になるという理由から、その内容を以下に紹介するが、この報告書はあくまでも活動家から見たシーライフの姿を記述したものである、という点を忘れないでいただきたい。

まずＣＡＰＳの報告書は、シーライフの生きもののほとんどが捕獲されたものであることを強調する。２０１３年、ＣＡＰＳの取材にたいし、シーライフは生きものの一部が野生で捕獲されたものであることを認めたが、その数やパーセンテージについて具体的な情報を教えようとしなかった。しかしＣＡＰＳは、２００４年におなじ問題を調査したことがあり、そのさいシーライフ・オーバンにいる生きものの85パーセントが捕獲されたものであったことがわかっている。ほかにグレート・ヤーマスとバーミンガムのシーライフが76パーセント、ウェイマスのものが66パーセント、ブラックプールのものが58パーセントとなっている。また平均すると、英国にある水族館の生物の79パーセントが捕獲されたものであり、後年においてもさほど割合は変わっていないはずだと推測する。

にもかかわらず、シーライフのスタッフに捕獲について質問してみると、その回答にはかなりバラツキがあった。ある館のスタッフが、それを事実と認めるかと思えば（「産業の一部なんだよ……

残念なことにね」）、他館ではあからさまに否定する（「私の知るかぎり、そんなことはやってない」）。おなじ館でも、多くの生きものが捕獲されていることを認めるスタッフと、否定するスタッフがいるばあいもあった。結局調査したシーライフ全館のうち58パーセントしか、捕獲に依存している事実を認めなかったという[60]。

CAPSはまた、シーライフの教育への取り組みにも目を向け、解説板が読みにくかったり、展示から離れすぎていたり、そもそも解説板がなかったりすることを問題視している。また解説板の情報が展示動物に一致しないこともしばしばで、そうした問題について質問すると、水槽内の生きものが着いたばかりだからとか、コンピュータのミスだといった答えが返ってきたという。スタッフの説明も頼りなくて、たとえばエイが水面から頭を出す理由についてたずねると、「好奇心があるから」というのから「来館者の心臓をモニターしてるんだよ」（!）というのまで、バラバラの答えが返ってくる。だから「シーライフの来館者にとっての教育的価値はきわめて乏しい[61]」と報告者は書く。

CAPSがとくに注目するのが、水族館における動物福祉と保全活動だが、彼らの目には、これはいずれも怪しいものと映る。

まず動物福祉だが、CAPSは魚が感覚や知能をもち、痛みや苦しみを感じるという前提で話を展開する[62]。そして問題ありと見た各館の水槽を列挙していくが、そのさいひんぱんに使われる形容詞は「小さい」、「不毛な」（barren）、「制限的」（restrictive）といったものだ。ほかには、水が汚かったり、隠れ場所がなかったり、生きものがあまりに密集して飼われたりしていることを問題視する。たとえばこんなぐあいだ。「ハンスタントン・シーライフでは、6尾のミノカサゴが、まったく不毛かつ制限的な水槽で飼育されている。2つの大きな陶製ポットが床に備品として置かれているだけだ。この環境はミノカサゴにはまったく不適であり……」[63]。

またシーライフの魚には、水槽内を行ったり来たりしたり、ぐるぐるまわったり、頭を前後左右にふったり、ガラスをよじのぼったり、頭だけ水面から出したり、体の片方を何かにこすりつけたりといった、野生では見られないような異常行動がしばしば認められるとする。

つぎに、来館者の行動である。禁止標識の有無にかかわらず、水槽内に食べものを投げ入れたり、ガラスをたたいたり、障壁をのぼったり、許可がないのに生きものや水に触ったり、フラッシュ撮影したりする来館者がいた[64]。

CAPSは、シーライフがおこなっている「救出活動」にも疑いの目を向ける。その例として挙げられているのが、タカアシガニのエピソードだ。日本周辺にいるきわめて大型のカニだが、シーライフはこれを漁師の手から「救出して」連れてきたのだと主張した。しかし「救出」したわりには、野生に戻す気配はなく、「クラブジラ」(カニの英名「クラブ」+「ゴジラ」)とか「クラブ・コング」とか変な名前をつけて、イギリス、ベルギー、ドイツにある同系列の水族館のあいだでたらいまわしにして展示していたという[65]。

そして、保全への取り組みはどうか。シーライフは、サメ、エイ、タツノオトシゴなどの保全にたずさわっていると宣伝する。しかしCAPSは、域内保全、域外保全ともに取り組みが不十分とみなす。まずシーライフは、ギリシアのカメ保護区に25万ポンドの援助をしたことを除いて、どれほどの資金を域内保全に投入しているか、具体的な数字を開示することを渋ったらしい[66](この対応はいろいろと勘繰られる結果をもたらすが、おそらく公表したら、今度はその金額が吟味されるだろう)。

なお、水族館内で生きものを繁殖させて野生に戻す「域外保全」をおこなうばあいは、飼育する生きものの近親交配を防ぎ、遺伝子の多様性を保つ必要がある。つまり、国際的な共同繁殖が不可欠だ。ヨーロッパ動物園水族館協会（EAZA）には、繁殖のためのヨーロッパ絶滅危惧種繁殖プログラム（EEP）とヨーロッパ血統台帳（ESBs）がある。シーライフにいる生きもの全種のうち0・7パーセント（メキシコサラマンダーなど5種）がIUCNレッドリストにおいて「絶滅危惧IA」に、2・6パーセント（アオウミガメなど11種）が「絶滅危惧IB」（IAほどではないが、絶滅が危惧される種）にカテゴライズされている。しかし、いずれもEEPのもとで共同繁殖しているわけではない（唯一、飼育されている種のうち2パーセントが、ESBsに属しているという）。

またシーライフは「絶滅が危惧されるエイ13種の世界的繁殖プログラム」にたずさわっているというが、CAPSはシーライフが具体的にどの公式プログラムに参加しているのかを確認できなかった[67]とする。

こうした調査にもとづいて、報告書は、シーライフの繁殖、救出プログラムは来館者をなだめる方便にすぎず、生きものの保護にも教育にも失敗しているとし、シーライフは保全や動物福祉などより利益を優先する企業にすぎないのではないか、と指摘する。そして「CAPSは水族館で生きものを監禁することや、われわれが今日知るような水族館産業の存続に反対する[68]」という言葉で締めくくっている。

くりかえしいうように、ここに紹介したことはすべてCAPS側の主張と情報にすぎない。しかし、彼らがどういう点を気にかけるのかはきわめて明瞭だ。飼育動物は、いったいどこから来たのか？　彼らの置かれている環境はどうか？　教育や保全への取り組みは本物か？　彼らはほかにも、生きものの輸送方法や、水族館での死亡率などにも関心を向けている。もうひとつ、CAPSの報告書が際立つのは、魚類、爬虫類、両生類、無脊椎動物など、従来は「動物の福祉」や「動物の権利」運動においてあまり注目を浴びてこなかった生きものたちに光を当てている点だ。イルカさえ飼っていなければ安全というわけではないのだ。

またこの報告書が暗に批判しているのは、水族館全体を支えている人間中心主義的な態度そのものであることも注目される。CAPSが、シーライフを批判するさいにしばしば用いる論法は、水槽内での生活は、さまざまな点で海中での生活より劣るというものだ。たとえば、ウミガメは広い海域を回遊するのが知られているのに、シーライフの水槽が提供できるのは、どれほど大きくてもその断片にすぎない、といったふうに。[69]

また、仮に来館者が問題行動をしなくても、そこにいるだけで生きものにとってはストレスだという指摘や、「たとえ最高の『ケア』を施したとしても、魚や他の生きものは水槽内での生活にうまく適応することはない。彼らの生活はもともと複雑で、飼育下で再現するのは不可能だからだ」[70]という文章は、水族館とCAPSのような市民団体とのあいだには越えがたい溝があることを示唆する。なぜなら水族館は、人間の利益のために、生きものにがまんを強いるのは避けがたいことという認識のうえになりたっているからだ。

海洋哺乳類の飼育とショー――その意義をめぐって

魚の飼育にたいする風当たりはしかし、大型海洋哺乳類の飼育・ショーに比べればまだましだ。もっともよく耳にするのは、狭いプールでイルカやシャチなど大型生物を飼育するのはおかしいという意見だ。さらに、彼らは群れで行動したりハントしたりするのに、飼育環境ではそれを再現できないとの批判もある。[71]

水族館発祥の地イギリスでは、1990年代以降、イルカ飼育はおこなわれなくなった。1970年代から90年代にかけて、イギリスには30以上のドルフィナリウム（イルカ飼育施設）が存在し、約300頭が飼育された。これに終止符を打ったのが「イントゥー・ザ・ブルー」という運動であった。活動家たちは、飼育施設の外で抗議運動をしたり、訴訟をおこしたり、リーフレットを配ったりしたのだが、これが世論の変化をもたらし、イギリス政府はイルカ飼育のためのより厳しい基準を設けた。そして、これを満たす施設はひとつもなかったために、すべて廃止に追いこまれたのだ。

この話題をとりあげた『BBC』の記事（2016年3月19日）において、シーライフ・ロンドン水族館ジェネラルマネージャーのトビー・フォラーは、クジラやイルカは「飼育するべきではない」といいきっている。彼らが複雑な社会をもち、感覚に優れ、移動距離が長いというのがその理由だ。[72]

また同記事は、動物園コンサルタントのジョン・ディネリーが運営するウェブサイト「連合王国ドルフィナリウム資料館」も参照している。そこには、かつてイギリスに存在したドルフィナリウム（ごく短期間に存在したものも含まれる）がリストアップされているが、代表的なのはフラミンゴランドという娯楽施設である。フラミンゴランドは、もとはヨークシャー動物園として1961年に出発、63年にイルカの展示をおこなう。またシロイルカ、ゴンドウクジラ、シャチなどをつぎつぎと飼育したが、93年に中止を決めた。プールの深さが政府の定める基準に満たなかったからであ

図5-4　ブライトン水族館（いまのシーライフ・ブライトン）は、このプールでかつてイルカを飼育していた

る（図5－4）[73]。

いっぽう、変わり種はロイアルティ・フォーリーズというヌードショーで、ストリップクラブ運営者ポール・レイモンド（1925～2008）が、ロンドンのロイアルティ・シアターで12週間開催したものであった。65トン水槽で「ピクシー」と「ペニー」というイルカを飼育し、女性の水着をくわえて引っぱるという変態芸をやらせていた。のちに、ロイアルティ・シアターはピーコック・シアターへと名称変更したが、ここにはイルカの亡霊が出るという妙な噂が流れた[74]。

じつをいえば、ヌードショーのあいだに死んだイルカはいなかったのだが、それは別にしても、飼育下にあるイルカの仲間は寿命が短くなるという意見はある。たとえば2009年、米国人道協会（動物保護団体）と世界動物保護協会（WSPA）は、野生イルカの年間死亡率が3・9パーセント、野生シャチの年間死亡率が2・3パーセントであるが、飼育イルカのばあいは5・6～7・4パーセント、飼育シャチは6・2～7パーセントという報告書を出した[75]。

こうした批判にたいし、いまもイルカ飼育をつづける水族館や海洋パークは、これらの生きものの展示は教育、保全、研究のいずれにも欠かせないものだと訴える。たとえば海洋哺乳類パーク水族館連合（AMMPA、1987年に設立された国際団体）は、自分たちが重視するのは、イルカ、ベルーガ、シャチなどの展示や出版物をつうじて、人びとが海洋生物学、海洋環境、保全活動などについて学ぶことだと説明する。また保全についいては、飼育をとおして得られた知識は、野生における個体数の維持に大切なものだとしている。[26]

さらに、水族館、海洋パーク、研究所におけるイルカ飼育が、輝かしい研究成果を生みだしてきたのも事実である。その草分けとなったのは脳科学者ジョン・リリーによる、マリンスタジオ（マリンランド・オブ・フロリダ、第3章－3）での研究である。彼はイルカの発するさまざまな音を分析し、知能がすぐれているばかりか、複雑なボキャブラリーすらもつことを指摘した。それは『フリッパー』（1963）をはじめとする映画作品にも影響を与えることになるが、リリーはのちにイルカが宇宙人とのコミュニケーションに役立つと主張したり、イルカにLSD（幻覚剤）を与えて会話を試みるなどの奇行におよんだ。

かわって華々しく登場したのがロウ・ハーマンで、空軍をリタイアしたあとホノルルにイルカ研究所（1970）をつくる。そしてイルカが電子音とジェスチャーにもとづく2通りの人工言語を理解し、文法・構文すらわかることを解明した。その後も飼育イルカの研究は続き、1998年には、認知心理学者ダイアナ・ライスがニューヨーク水族館のイルカ「タブ」と「プレスリー」を使って、彼らが鏡にうつった自分自身を認識できることを発見する。それはチンパンジーと人間だけが可能と思われていたことであった。

だが、飼育イルカの研究そのものが、反飼育運動のきっかけになるという皮肉な面もあった。生物心理学者ロリ・マリーノは、ライスの実験の成果を目の当たりにして、もしイルカに自意識があるのなら、彼らを狭いところに閉じこめるのは正しいことなのか、という疑念をもつようになった。

さらに実験に使ったタブとプレスリーが、ほかの水族館に譲渡されたあと感染症で死亡したことを知ると、彼女はイルカの解放運動へと舵を切る。

マリーノは、座礁して死んだイルカの脳をMRIやCTスキャンにかけ、自意識や感情をつかさどる新皮質があるとし、これを「動物の権利」運動と結びつけた。そしてアメリカ中の水族館、海洋パークにおけるクジラ類の展示を中止させるべく活動中である（なおマリーノは、反シーワールド映画『ブラックフィッシュ』でもキーパーソンとして登場し、脳にかんする知見をふたたび披露している）[77]。

もちろん、こうした主張には反論がつきものだ。前述のハーマンは、飼育イルカの死亡率が高いという意見は怪しいものがあると『サイエンス』誌で答え、マリーノについても「いったん政治と科学を混同したら、客観性を失うのさ[78]」と語っている。彼はまた、動物を調教し、基礎知識を集め、何か月も何年も観察することが彼らの理解には欠かせないとも主張する。「科学は、コントロールと反復を必要とするんだよ[79]」。

以上の議論にくわえて話をややこしくするのが、ショーの問題だ。批判者たちは、イルカやシャチがジャンプしてフープをくぐったり、トレーナーを引っぱったり、ボールを鼻先に乗せたりするショーが、彼らにかんする不適切なイメージを広めるだけでなく、ただの娯楽であり、教育や保全と関係がないと主張する[80]。

これにたいしては、イルカショーは飼育イルカにとっても欠かせないものだという意見がある。すなわち、イルカは遊びで刺激を得たり、考えてエサを手に入れたり、複数で行動することによって充足感を得られるが、ショーはこれらすべての要素を備えているのだという。「水族館でのショー（パフォーマンス）は何かと誤解を招くことも少なくないが、じつはそれは環境エンリッチメントの要素をいくつも包含した、動物にとっては刺激ある、もっとも適当な方策の1つなのである」[81]（村山司、海洋生物学者）。名古屋港水族館館長をつとめた祖一誠も、ショーは「ただ飼育しているだけの展示に比べてはるかに環境を豊かにし、動物へのストレスは軽減される」[82]と書いている。

だが、インターネットはもちろん、各種メディアの情報が氾濫する現在、イルカ飼育についてもショーについても、擁護派と反対派の意見のどちらがほんとうなのか、にわかに判別しがたいのが実情である。たとえば「飼育下のイルカの死亡率が高い」という米国人道協会の報告と、「それは怪しい」というイルカ研究者の意見のどちらを信じればよいのか。結局、大勢の人たちは、自分にとって「しっくりくる」ほうを選ぶしかないのだ。

オルカショーと『ブラックフィッシュ』――2つの「物語」の戦い

この「事実」と「もうひとつの事実」の入り乱れる混沌とした状況を象徴するのが、シーワールドと『ブラックフィッシュ』（ガブリエラ・カウパースウェイト監督、2013、図5－5）のあいだに生じた戦いだ。

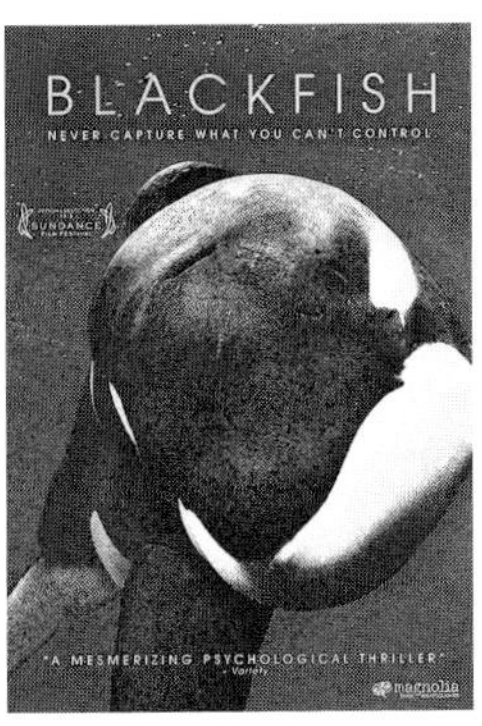

図5-5 『ブラックフィッシュ』のDVDジャケット

『ブラックフィッシュ』は、あるトレーナーがシャチによって殺された事件に焦点をあてた「ドキュメンタリー」映画である。そして、シーワールドが「シャムー・ショー」（オルカショー）をつうじて演出してきた「感動の物語」には信ぴょう性がないこと、従業員も動物も搾取されていることを「告発」しようとしたのだ。2013年1月にサンダンス映画祭で初上映され、10月までに約200万ドル（当時約2億円）の興行収入を記録した。[83]

はじめに、シーワールドの「シャムー・ショー」がどのような内容であったかを説明しておこう。8年をショーの観察に費やしたスーザン・デーヴィスによれば、シーワールドの演目はじょじょに変化してきたものの、核となるアイデアは変わっていない。彼女は1992〜95年にかけて上演された「シャム・ニュー・ヴィジョンズ」を例に挙げて、つぎのように説明する。まず、ショーにははっきりした「プログラム」があった。それは、はじめシャチにたいする畏怖の念を生じさせ、ついで彼らと人間の「友情」を演出するというものだ。

たとえば、最初シャチはダイナミックなジャンプをしたり、鋭い歯並びを観客に見せたりして、そのパワフルさをアピールする。だが、トレーナーが「偉大な巨人」のもとへ飛びこみ、呼吸のあったパフォーマンスをするようになると、恐れが一転、感動となる。[84]

もちろん、歯並びを見せるとか、人間と一緒に泳いだりするのは、シャチの自然な行動とはいえない。しかしこれらをとおして、「彼らは畏怖すべきもの」ないし「友好的な存在」であるという象徴的なメッセージが発され、観客もそれに熱狂するのだ。

かつて、この筋書きに利用されたのがアメリカ原住民の伝説である。それによると、かつて邪悪な兄弟によって溺れさせられそうになった少年が、シャチに助けられ、背中に乗って故郷に帰ったことがあるという。そして、「クジラとともに泳ぐことは、ひとつの夢なのです」[85]と語られた。

ただ、90年代にはシーワールドは教育や保全への取り組みを強調する必要があったので、上記のストーリーのなかにそれらにまつわるメッセージを織りこんでいった。そのさい重要な役割を果たすのが、プール上の巨大スクリーンである。スクリーンは、野生のシャチによるハンティング、プール内を泳ぐ姿、研究者たちの努力、飼育下でシャチの赤ちゃんが生まれる瞬間といった印象的なシーンを映しだす。パフォーマンスの一部を拡大したり、スローモーションでくりかえしたりするのにも使われた。くわえてサウンドトラックも、パフォーマンスの切り替えやムードづくりに不可欠なものとなっている。

さらに「シャムー・ショー」が巧妙だったのは、シャチが囚われの身であることを目立たなくするため、彼らにはまるで自由な決定権があるかのように演じさせたことである。すなわち、ご褒美の魚の量に納得しないで拒否したり、ステージ上の人物に水を吹きかける「いたずら」をしたりと、あらかじめ「反抗的な」しぐさをするように彼らは調教されていたのだ。[86]

つまり「シャムー・ショー」は、一連の象徴的な場面からなるひとつの物語であり、その目的は、シーワールドとシャチ飼育にかんする「感情的なリアリティ」を提供することにあった。

ところがシーワールドでは、観客を現実に引きもどす事故がたびたび発生してきた。『サンバーナーディーノ・カウンティ・サン』紙は1983年7月28日の記事で、当時おこなわれた120回のショーのうち6回、シャチたちが合図を無視したり、トレーナーをプールの端から端へと押しまくったり、口にくわえたりして進行妨害したことを報じている。[87] もっと有名なのは「オルキー」という名のシャチがジョン・シリックというトレーナーに体当たりした事件（1987年11月21日）で、このときシリックは肋骨、骨盤、大腿骨が折れる重傷を負った。[88]

2010年2月24日には、シーワールド・オーランドでドーン・ブランショーというトレーナーが死亡する痛ましい事故が発生している。ショーの直後、ブランショーが「ティリカム」というシャチをなでているとき、ティリカムがいきなり彼女の髪（ないし腕か肩）をくわえてプールへ引っぱりこんだのだ。ブランショーは必死に浮上しようとしたが、その都度ティリカムは体当たりしたりくわえたりして妨害した。

このとき、ティリカムが泳ぐ姿を撮影するために、来園者が大型アクリルガラスの前にいた。彼らは「ぞっとしましたね［……］彼［ティリカム］は荒れくるっていました」、「彼は彼女をおもちゃのように鼻先で押しはじめたんです」と証言している。スタッフらは、ブランショーを離さないティリカムを、リフトのあるプールまで誘導し、浮上させて両者をやっと引きはなしたが、彼女はすでに亡くなっていた。[89]

『ブラックフィッシュ』の制作者が、シーワールドの魔法を霧消させるべく選んだものこそ、こういった一連の事件であった。

「シャムー・ショー」と『ブラックフィッシュ』の戦いは、「2つの物語の戦い」といってもよい。すでに見たように、「シャムー・ショー」は、シーワールドの見せたい場面や情報をピックアップし、拡大・反復といった操作をくわえながらつなぎあわせた物語である。いっぽうの『ブラックフィッシュ』は、シーワールドがつねにカットしたがった場面を逆にピックアップする。中心となるのはブランショー死亡事件である。

あらすじはつぎのとおり。野生で暮らしていたシャチの子ども（ティリカム）が親から切りはなされ、はじめはシーランドという施設で飼育される。しかし仲間にいじめられたり、狭いプールに閉じこめられたりしているうちにフラストレーションがたまり、とうとうある女性トレーナーを殺してしまう。ところが、その危険性が認知されていたにもかかわらず、シーワールドはティリカムを引きとってショーや繁殖に利用した。しかしティリカムはブランショー相手にふたたび暴走し、彼女を死なせてしまう。

この映画が成功した理由は第1に、シャチの襲撃というセンセーショナルな事件をあつかっていること、第2に、元関係者や事件の目撃者に証言させていることにある。とくに大きなインパクトを与えるのは、シーワールドの元トレーナーたちの証言だろう。彼らは、ティリカムをはじめとするシャチたちに愛着をおぼえていたことを明言する。そのいっぽうで、ティリカムの危険性や、すでに起こった似たような事件について教えられていなかったり、故意に誤った情報を与えられていたと主張する。

元トレーナーのひとりは、「シャチもショーに自由意思で参加している」という、シーワールドの主張に疑義をさしはさむ。かつて自分も、「ナムー［シャチの名前］を見てください。ナムーがこれをするのは、しなければならないからではありません。彼女がほんとうにやりたがっているからです」などといっていたが、いまではそのことが恥ずかしいと語る。そして、「そのころは、わたしたちの関係は、エサをあげているという事実以上の、何か強いものからなりたっていると自分に思いこませていたんでしょうけど［……］でも、それが真実かはわからないわね」というのだ。

だが、この映画が成功した第3の、そしてもっとも重要な原因は、やはり映像の使いかたにある。捕獲作戦の様子、繁殖用の母シャチが子から切りはなされたときにあげる悲鳴、シャチに攻撃されて溺死しかけたり大けがをするトレーナー、それと対比するかたちで挿入される野生シャチの優美な姿。これらによって視聴者は心をゆさぶられ、シャチ飼育の正当性に疑問をもつよう誘導されていくのだ。

ちなみに、『ブラックフィッシュ』が繁殖プログラムにたいしアンチの姿勢をとっているのは明らかだ。「動物の権利」活動家は、動物園や水族館での繁殖に否定的だ。生きものを繁殖させたり、保全したりしようとすると、人工授精、麻酔薬の実験、血液などのサンプル収集、タグのとりつけなどをおこなう場面がでてくる。しかし、動物にも「個々の権利」があることを認める立場からすれば、これは許されないことだ。[90]「人類全体の繁栄のため」と称して、個人をむりやり隔離して人工授精させることが許されないのと同様というわけである。

とはいえ、『ブラックフィッシュ』もまた、筋書きにあった象徴的なシーンをピックアップしてつなげた、ひとつの物語であり、その目的は「感情的なリアリティ」を提供することにある。やり玉にあげられたシーワールドはホームページ上で、この映画がみずからの筋書きに沿うよう、「いかがわしい映画制作テクニック」を使って視聴者の感情を操作しようとしたと主張している。

いわく、この映画を見たら、シーワールドがいまだにシャチを捕まえているように思いかねないが、捕獲はとっくの昔に中止している。繁殖用のシャチから、生まれたばかりの子どもをとりあげることは、(「健全な社会構造」を保つ必要が生じたばあいは別として)めったにない。映画で証言した元トレーナーの大部分は、シャチと接した経験がほとんどなく、一部は20年近く前にシーワールドをやめている。映画に出てくる科学者は、飼育シャチについてほとんど知識がないか、「動物の権利」団体といっしょに運動している。シーワールドがトレーナーの安全に無関心だというのは誤りだ、うんぬん。そして『ブラックフィッシュ』はドキュメンタリーではなくプロパガンダ映画である、と締めくくっている。[91]

しかし、この戦いで注目すべきなのは、どちらの「物語」が事実にもとづいているか、という点ではない。重要なのは、どちらが現在の人びとの情感によりマッチした「真実」を語っているか、という点なのだ。『ブラックフィッシュ』の成功は、ショーを見ながら、これでシャチはほんとうに幸せなんだろうかと悩める人びとの心に訴える「真実」を提供したことにある。

結局シーワールドは、ショーと繁殖プログラムの中止に踏みきらざるをえなかった。『ウォール・ストリート・ジャーナル』によれば、『ブラックフィッシュ』が公開されたあと、来園者数ならびに業績が低迷した。またシーワールドは、サンディエゴの設備を拡大する予定だったが、カリフォルニア州沿岸委員会が、繁殖を中止しなければ工事を認可しないことに決めたという[92]。

ショーの中止にともない、シーワールドCEOのジョエル・マンビーはつぎのように語った。「われわれは、人びとがこの生きものたち［シャチ］を理解するのに寄与したことを誇りに思っています。社会のシャチにたいする理解が変化しつづけているため、シーワールドもそれにあわせて変化してゆくのです[93]」。

2017年1月、シーワールド・サンディエゴで最後のオルカショーが開催された。これにかわって、シャチの自然界における行動や能力を忠実に反映させた「オルカ・エンカウンター」へ切りかえることとなった[94]。「オルカ・エンカウンター」は、2024年現在、シャチの自然なふるまいを見せる「プレゼンテーション」として実施されている[95]。

現在起こっているのはこういうことだ。シーワールドは、前世紀に確立されたパフォーマンスが、もはや人びとが満足できる「物語」を提供できないことに気がついた。そこで、それにかわる新しいプログラムに切りかえつつある。

このようにポストモダン期（1970年代〜）になると、環境保護運動、「動物の福祉」ならびに「動物の権利」にかんする意識の発展、イルカ研究の進展と解放をめぐる動きがじょじょに積み重なってきた。しかも水族館側の発信する情報がかならずしも権威あるものとみなされなくなり、ネット上に氾濫する情報源のひとつとして再統合されてしまう。このままでは、水族館にとってもっとも欠かせない、市民の支持を失う可能性がある。

これに対応するために、多くの動物園や水族館は、「保全、教育、動物福祉」を中心とした「再テーマ化」にとりくんでいる。同時に、動物園水族館協会の「ブランド化」がすすめられ、そのためには、基準におよばない飼育施設を排除することさえ辞さない。WAZAが、活動家につきあげられてJAZAをあっさり切り捨てようとしたのも、イルカ捕獲騒動に巻き込まれてブランドイメージが傷つくことを恐れたからである。

JAZA会員停止事件は、独立した現象ないし「日本いじめ」とみなすべきではない。むしろ、CAPSのシーライフ調査や『ブラックフィッシュ』公開と同様に、生きもの飼育の是非をめぐる議論が白熱するなかで生じた出来事のひとつと理解すべきである。

3 「ハイブリッド水族館」への道

水族館とヴァーチャル・リアリティ

「大きな物語」が崩壊して価値観が分裂し、「虚」と「実」の見分けがつかなくなりつつある、いまの時代に水族館はどう対処すべきか。「再テーマ化」と「ブランド化」(あるいはブランド化した団体に属すること)はひとつの方法である。しかしいまのカオス的状況は、新しい水族展示を生み出す可能性も秘めている。いや、「水族」展示と呼ぶのは不適当かもしれない。なぜなら未来の水族館――あるいは類似施設――が展示するのは、「命あるもの」とは限らないからだ。

水野は、ポストモダン期には、生活のあらゆる側面において「ハイブリッド化」が進むと指摘する。複数のメディア、ジャンル、技術の融合が現在進みつつあるのだ。彼が具体的に挙げているのは、新聞がインターネット上で記事を配信したり、テレビ番組制作者がネット情報をニュース源にしたりする事例だ。自動車産業がIT産業と組んで「自動運転」を開発したりするのもこれに該当する（最近では、ドローンが兵士の目や手足となる事例もそうだろう）。そして文化的な面では、「初音ミク」とオーケストラの共演がある。

初音ミクは生身の人間ではなく、「ボーカロイド」といって、ユーザーが好きな音を入力して歌わせることのできるデジタル・キャラクターである。しかし冨田勲（いさお）のような作曲家たちは、フルオーケストラや合唱団と、初音ミクの歌を組みあわせて上演するという試みをおこなってみせた。[96]

水族館にも同様の波が押し寄せている。もちろん、「ハイブリッド化」がさす範囲は広いから、水族館がテレビとコラボしたり、ネットに映像をアップロードしたりするのもハイブリッド化だろう。しかし筆者がとくに注目しているのは、ヴァーチャル・リアリティ（VR）技術と従来型展示の融合だ。

VR技術がめざすのは、人工的な3次元空間において、ヴァーチャルな物体とひとがインタラクティブに作用しあうことである。「ヴァーチャル・リアリティ」はしばしば「仮想現実」と訳されるが、これは正しくないと工学者の舘暲（たちすすむ）はいう。ヴァーチャルとは「みかけや形は原物そのものではないが、本質的あるいは効果としては現実であり原物であること」[97]であり、「現実のエッセンス」を抽出し再現するのがVR技術だ。だから、「人工現実感」と呼ぶのがしっくりくるという（な

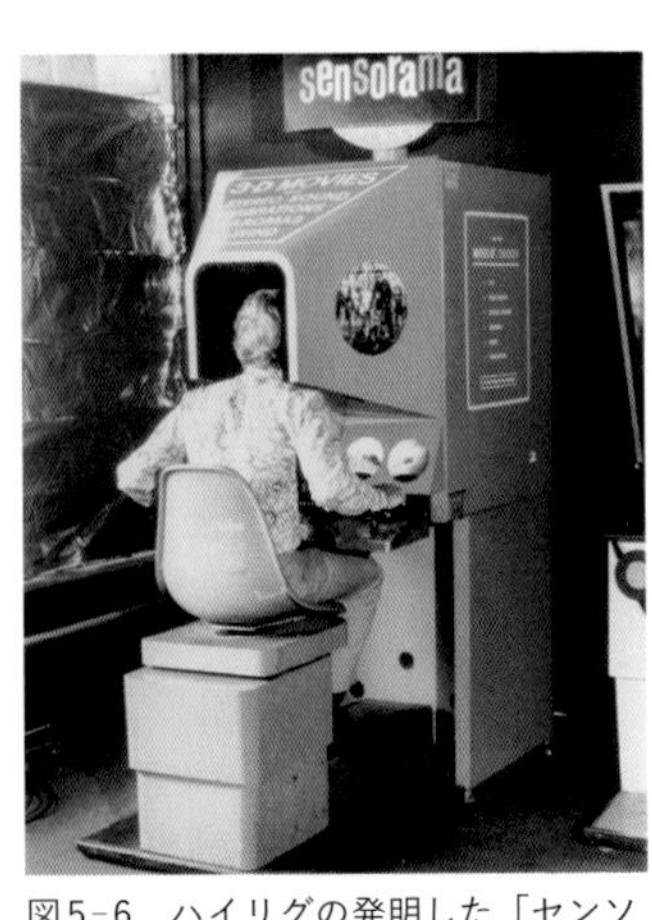

図5−6　ハイリグの発明した「センソラマ」

おVRは、「ヴァーチャル環境」（Virtual Environments）とか「ヴァーチャル世界」（Virtual Worlds）といいかえられることもある）。[98]

1989年、VPLという会社が「ヴァーチャル・リアリティ」という語を生んだとされるが、人工世界をつくろうという機運はそれ以前からあった。VR研究者は、VRのルーツを約1万8000年前に描かれたラスコー洞窟の壁画に見いだす。ラスコーの動物画は、洞窟へやってくる人間を現実世界から一種のヴァーチャルな世界へいざなうために描かれたといわれているからだ。また、18〜19世紀に流行したパノラマも元祖とされるが、[99] パノラマが、全方向見わたすことのできる空間に人びとを没入させるものであったことはすでに述べた（第2章−1）。

VR技術にもっと直接的な影響を与えたとされるのは、モートン・ハイリグの開発した「センソラマ」（1960〜62、図5−6）である。これは立体映像を見ながら、そこに登場するものの匂いをかいだり、適切なタイミングで振動を感じたりできるシステムであったが、このときはまだ映像内の事物とインタラクティブにかかわることはできなかった。[100]

1965年になると、科学者アイヴァン・サザランドが「究極のディスプレイ」を構想する。このディスプレイを開発すれば、ユーザーはコンピュータの提供するデジタル空間において、見たり聞いたり、嗅いだり味わったりすることが可能になる。

そしてこの構想の一環として生まれたのが、ヘッドセット型ディスプレイ（HMD、1970）だ。これをつければヴァーチャル世界が見えるのはもちろん、首をまわすとその方向にあるヴァーチャルな事物が見える。[101] いまではプレイステーションVRやメタ・クエストのような、ごく一般的なゲームツールとして家庭にも浸透している。

芸術分野では、マイロン・クルーガーが『メタプレイ』（1969）という作品を発表する。この作品では、鑑賞者は撮影されて映像内に投影され、作品のなかの事物を動かすことができた。[102]

その後数十年のあいだに、人びとはテーマ・パークなどでヴァーチャル世界にアクセスすることがますます容易になっていった。1990年代に、ナムコが油圧駆動のライドにプロジェクターとシューティングゲームの要素を組みあわせたアトラクション『ギャラクシアン』などの開発をおこなった。セガが、ハリウッドのSF技術者ダグラス・トランブルから得た知見をいかして開発した『スクランブル・トレーニング』（1993）も、宇宙空間でヴァーチャルな敵と撃ちあうというインタラクティブな内容であった。[103]

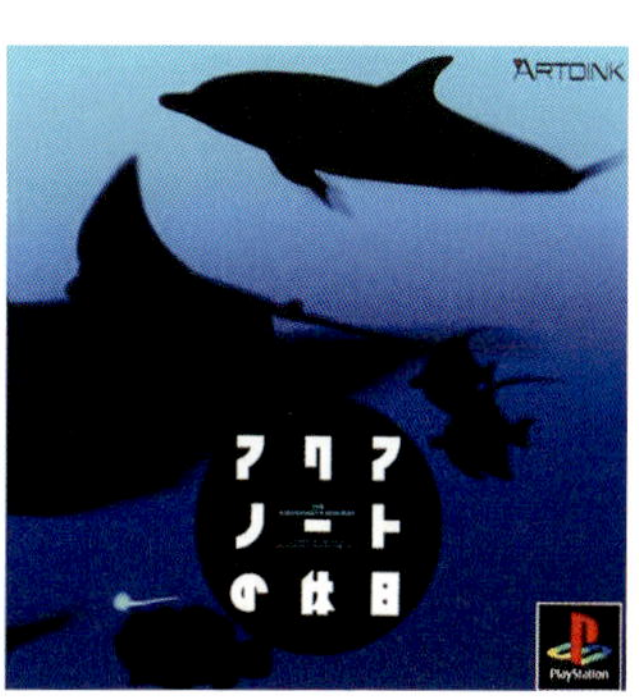

図5-7　『アクアノートの休日』のジャケット

またヴァーチャル世界は、ゲーム機をとおしてお茶の間にも入りこんできた。海をテーマにした作品といえば、『アクアノートの休日』（アートディンク、1995、図5-7）とその続編（1996、1999、2008）がある。これは潜水艇に乗って3次元の海を探検し、そこにいる生きものたちと交流するというものだったが、テレビを使用する点でリアリティに限界があった。だがプレイステーションVR作品の『オーシャン・ディセント』（『プレイステーションVRワールズ』に含まれる。ロンドンスタジオ、2016）になると、ヘッドセットをつうじてホホジロザメが襲ってくるさまをリアルに体験できるようになった。この進化はとどまるところを知らず、メタ・クエスト向けの『サブサイド』（2024）では海に潜る臨場感、生きものたちの描写、インタラクティブ性のどれをとってもきわめてリアルである。

海洋パークや新型水族館（テーマアクアリウム）が誕生した時期と、VR技術が発達していった時期が重なるのは偶然だろうか？ 水族館設計者とVR開発者は、都会に居ながらにしてたずねることのできる「自己完結した世界」をつくり、しかもそこでの体験が没入的かつインタラクティブでなければならないと考えていた。筆者を含め、人びとは水族館ならびにテレビスクリーンで再現された人工の海を「訪問」するようになったのだ。

そのうえ、水族館関係者とVR開発者の両方が、「リアルな体験」を提供するさいに必要なのは、現実からそのエッセンスを「抽出」することだと考えている。

たとえばレイトン・テイラーは、水族館づくりについてこう説明する。「われわれが展示をつくるとき、自然の一片を抽出する。われわれは文字どおり野生世界から『引きぬいてくる』のだ。自然の生態系をなすいくつかの要素、通常は生きものたちを移動させ水族館に入れるわけだが、いっぽうで他の要素、通常は植物、岩、サンゴの骨格は模造される」。ただ「大部分の要素は、やむをえず、省かれたままになる」[104]。それにたいし舘は、VRにおいて重要なのは、現実世界を丸写しすることではなく、目的にあった重要な要素のみを抽出して人びとに提供することであると論じている[105]。

VR開発者のアプローチはデジタルであり、水族館デザイナーのアプローチはあくまでもアナログだ。しかし興味深いことに、両者とも抽出したエッセンスをいかにつなぎあわせ、ひとつの完結した世界をつくるかということに腐心してきた。両者の作業は、これまでパラレルな関係にあったが、これからはその融合が進むだろう。

その兆しはすでにあらわれている。たとえばテネシー水族館（第4章-2）は、教育のためにVR技術を採用することを決めた。テネシー工科大学が開発したシステムにVRヘッドセット「オキュラス・リフト」を組みあわせて、コナソーガ川でのダイビング体験をシミュレートしようというのだ。しかもただ楽しいばかりでなく、川が汚れたり魚が死んでいく場面を見せ、その解決法を探らせることで保全の必要性を学ぶのに使われるという。保全教育はいまのところ、紙媒体か、せいぜいパワーポイントを使っておこなわれるのみだ。しかしVR体験は、いっそう感情に訴えるものとなる。[106]

日本では、たとえば神戸の須磨海浜水族園が、2017年7月〜8月のあいだ、「フィッシュ・コレクション・チャレンジ」ならびに「サンロクマル水族館」というVR展示をおこなった。前者では、ヘッドセットをつけてヴァーチャルな海を訪問し、生きものを手にとって解説を読んだり、水槽のなかに入れることができた。後者は、ヘッドセットやスマートフォンをとおして「波の大水槽」内を観察できるだけでなく、頭を動かした方向のものを見ることが可能であった。[107] こうした展示はいまもなお発展中である。たとえばアメリカの水族館では、イモーション社が開発したVR映像の体験ブースを設けている。ヘッドセットをつけ、機械で動く椅子に座った来館者は、生物学者に案内されて、360度見まわすことが可能な海に潜っていく。そしてじっさいに撮影されたサメやクジラと遭遇するのだ。[108]

「拡張」される水族館体験

これからは、ヴァーチャルな事物を現実世界に投影する拡張現実（オーグメンテッド・リアリティ）（ARともいう。VR技術の一分野）も水族館の発展をうながすだろう。ARのわかりやすい例は、スマートフォンの画面をとおして現実世界を見ると、そこにいないはずのポケモンが見える『ポケモンGO』（ナイアンティック、2016）だろう。

そうした例のひとつとして、シーライフ・ロンドン水族館が2016年にはじめた、AR技術を駆使した『フローズン・プラネット・フェイス・トゥ・フェイス』という展示がある。（公式サイトの解説によれば、来館者はホッキョクグマやシャチに「遭遇」できるというので[109]、筆者は喜んで見にいったのだが、それは撮影された来館者の像が、ヴァーチャルな動物のいるスクリーンに投影されて一緒にいるように見えるというものだった（筆者の見たかぎりでは、インタラクティブ性はない。図5-8）。

さらに、いくつかの水族館で使用されるようになったAR技術に、プロジェクション・マッピングがある。プロジェクション・マッピングは、投影された光によって、ある物質にまったく異なる物質の外見を与えることを可能にする。

それが効果的に使用されているところとして、前章で紹介した「ザ・リヴィング・シーズ」をリニューアルした「ザ・シーズ・ウィズ・ニモ・アンド・フレンズ」が挙げられる。かつてザ・リヴィング・シーズには、海中トンネルを移動する「シーキャブ」があり、窓をとおして水槽内を見ることができた。

リニューアル後、これは「クラモバイル」というライドとなって、暗いトンネルを移動中に『ファインディング・ニモ』のCG映像が投影される。そしてライドの最後の部分では、ニモとその仲間のヴァーチャルな映像が、水槽のアクリルパネルに投影されるのだが、まるで彼らが本物の魚といっしょに泳いでいるように見えるのだ（映像や写真をとおして見るよりも、肉眼だとほんとうに溶けこんで見える）[110]。ヴァーチャルな生きものと、本物が融合した瞬間である。

　プロジェクション・マッピングは、日本でも採用されている。たとえば2014年、新江ノ島水族館は、『海月（くらげ）の宇宙（そら）』というショーにプロジェクション・マッピングを組みあわせた[111]。それはクラゲ水槽の周囲に海中風景を投影して、ストーリーに沿ってダイビングを経験するという趣向のものである（図5-9）。またJXエネルギー（いまのENEOSグループ）が開発したスクリーン用透明フィルム「カレイドスクリーン」は、アクリルパネルに張りつけてデジタル映像を投影することが可能だが、じっさいに八景島シーパラダイスに納入されている[112]。

図5-8　シーライフ・ロンドン水族館におけるAR展示。スクリーン上で、来館者とCGのシャチやホッキョククグマが合成される

　こうしたVR・AR技術と水族館の融合は、まさに「ヴァーチャルなもの」と「リアルなもの」のあいだの境界線が薄れていく新時代の到来を予感させる。これまで、水族館がもたらす現実感は、どんなにがんばっても限界があった。テイラーは、水族館のような場所では、来館者たちが

図5-9　新江ノ島水族館におけるプロジェクション・マッピング・ショー

みずから進んで懐疑的な態度を保留する――人工的な空間にいることをとりあえず忘れて楽しむ――ことが必要だと述べている。1995年の時点で彼は、この「懐疑的な態度の保留」をさらにうながすには、水族展示と映像の高度なドッキングが役にたつだろうと述べた。[113]

　そうした「保留」が必要なのは、これからもおなじだろう。しかし近い将来、VR技術のおかげで、本物の生きものとヴァーチャル環境が融合した「境界なき世界」を満喫できる日が来るのかもしれない。そこではガラス面と壁のあいだ、人工物と自然物のあいだ、人間と生きもののあいだにある境界が、まるで消え失せたかに見えるのだ。

　モントレーベイ水族館（後述）が2022年にはじめた「イントゥ・ザ・ディープ」は、そうした未来を予感させる展示である。プロジェクション・マッピングの出番こそわずかだが、高解像度ディスプレー、インタラクティブなデジタル映像、ジオラマ、そして本物の生物が、一瞬見分けのつかないかたちで暗闇のなかから次つぎとあらわれ、神秘的な深海へ人びとを案内するようデザインされている。

ヴァーチャル水族館vs.水族館？

もっともVR技術は、水族館のライバル、すなわち「ヴァーチャル水族館」を誕生させることも可能だ。2015年に、テーマ・パークのアトラクション（たとえば「ジュラシックパーク・ザ・ライド」）をデザインしてきたランドマーク・エンターテインメント・グループのCEOトニー・クリストファーが、中国にヴァーチャル動物園・ヴァーチャル水族館を含む「L・I・V・E・センター」を設立するとメディアに語った。そこでは、ヘッドセットをつけてヴァーチャルな生きものを見学することが可能となる。しかも絶滅種を見ることもできるし、手をパンとたたけばすべての魚が骨格だけになる、といった演出も考えられた。[114]

ヴァーチャル水族館の強みは、「動物を監禁している」という非難を恐れなくていいことだ。クリストファーは、「PETA［動物の権利団体］はヴァーチャル動物園にかんする初期のプレゼンテーションを見て、気に入っていたよ［……］私は、動物園で動物を所有することは政治的に正しくないと信じている」[115]とデジタルメディア・ウェブサイトの『マッシャブル』で語っている。なおPETAは、AR技術を使ってホッキョクグマやシャチの展示をおこなったシーライフ・ロンドン水族館に、アニマル・フレンドリーなことを達成したとして「プロギー賞」を送ると発表したが、これがVR技術導入の流れをあとおしするための政治的行動であるのは明らかだ。[116]

こうした流れを象徴するような、ある事件をここで紹介しよう。2019年に、スイスのバーゼル動物園が発表した水族館計画が、住民投票にかけられて白紙となったのだが、そのとき代替物として話題になったのがヴァーチャル水族館であった。

ことの経緯を説明すると、バーゼル動物園は2008年、ホイヴァーゲ地区に新施設を建ててよいという許可を州（カントン）から得た。そこで動物園は水族館「オツェアニウム」（オセアナリウム）の計画をたてる。５階建てで約40個の水槽（うちひとつは８メートルの高さの大型水槽）を備え、世界各地の数千におよぶ生きものを飼育する予定だった。動物福祉、教育、繁殖に配慮することをうたい、１億フラン（当時のレートで約１００億円）におよぶ建設費用はすべて寄付金でまかなうとするなど、世論にも配慮した準備を整えていた。[117]

この計画は、２０１８年に州議会で審議され、ゴーサインが出た。まさに順風満帆で、２０２１年に建設開始、２０２４年にオープンするはずだった。ところが、緑の党（環境を重視する政党）などが反対にまわり、水族館計画はあらためて住民投票にかけられることになる。

このとき、水族館計画に反対する人びとは、生きものを収集・輸送するさいに80パーセントが死亡するうえに、水族館の教育効果は怪しく、しかも大量のエネルギーを消費すると主張した。賛成派は、水族展示をとおして、人びとは環境がいかに脆弱かを学ぶことができると主張した。それに、動物園が適切におこなう収集・輸送では、生きものが死ぬことはないし、新施設には保温性にすぐれた材質や再生エネルギーを使うため問題ないはずだとする。バーゼル近郊に住むあるダイバーは、大勢の旅行者が海を荒らすのに比べれば、水族館にいくほうがましだとコメントした。[118]

ある記事は、バーゼル動物園でキュレーターとして働くファビアン・シュミットが、水槽の前にいる子どもたちを見ていて発見したことを紹介している。子どもらは、スマートフォンを操作するように、人差し指と親指をガラスにあてて、目の前の魚たちを「拡大」しようとするのだという。そこではじめて、「これは生きた動物なんだ！」と気づくのだそうだ。シュミットは、このような学習経験こそ大切だと訴えた。[119]

だが、投票結果は約55パーセントが反対で、水族館プロジェクトは夢と消えた。新しい飼育施設をつくることがいかに難しい問題であるか、あらためて思いしらされる事件であった。[120] このとき、水族館に反対していたグループのひとつに、フランツ・ヴェーバー財団（ＦＦＷ）という環境保護財団があった。そして、水族館にかわるものとして、ヴァーチャル水族館「ヴィジョン・ニモ」を提案したのも彼らである。

ＦＦＷによれば、ヴィジョン・ニモが提供するのは、「ヴァーチャルかつ拡張された現実、インタラクティブなプロジェクション、ホログラム、アニマトロニクス、３６０度全方位プロジェクション」[121] である。

ヴィジョン・ニモの目玉は、その名も「マジック・ボックス」といい、人びとはガラスの箱に入ったまま、現実の海に潜っていくような体験をする。じっさいは、全方位型のスクリーンに、ライブで撮影された海中映像とヴァーチャルなアニメーションを融合して投影するつもりだったらしい。もうひとつは「サラウンド・プロジェクション」という展示で、回遊水槽のようにドーナツ型をしている。そこでは、来館者は投影された映像から情報をインタラクティブに引きだすことが計画されていた。さらに、研究者らが遠く離れた海に設置された水中カメラやロボットを操作し、珍しい生きものたちをライブで観察可能とする予定であった。[122]

興味深いのは、ＦＦＷがヴィジョン・ニモを紹介するにあたって、マイケル・ジャクソンやエルヴィス・プレスリーのような、いまは亡き有名人をホログラム（ここでは、映像が空中に浮かびあがったかのように見せる技術を指す）で「よみがえらせた」事例に言及していることである。これと同様の方法で、はるかかなたの生きものたちを、スイスに召喚しようというわけだ。まさに魔術、いや降霊術である。同時に、彼らは水族館がいかに時代遅れで「埃のつもったコンセプト」であり、

図5-10　美麗な「イマージョン」のヴァーチャル空間
Immersion Exhibition of the Oceanographic Museum of Monaco © Institut océanographique de Monaco, P. Fitte.

図5-11　「ポーラー・ミッション」の展示の様子
Polar Mission Exhibition of the Oceanographic Museum of Monaco © Institut océanographique de Monaco, P. Fitte.

それにたいしてヴィジョン・ニモがいかに時流にかなっていて未来志向であるかを再三強調した[123]。

とはいえ、ＦＦＷの計画もまた実現しなかったので、絵に描いた餅という感は否めない。ただ、モナコ海洋博物館（第2章－3）が、これによく似た展示をおこなっている。「イマージョン」（2020～21年、図5－10）という、グレートバリアリーフをモチーフとした大がかりなヴァーチャル展示がそれである。650平方メートルの空間を、デジタル映像を投影可能なスクリーンでとりかこみ、全周囲に海が広がっているかのような感覚をもたらした[124]。

来館者はそこで海のなかへ「潜水」し、ザトウクジラ、マンタ、アオウミガメなど60種、2000体の生きものたちを観賞するだけでなく、彼らとインタラクティブに交流することができた。映像は30分間で、昼と夜のグレートバリアリーフの様子を見せている。これを制作したのは、イベントや舞台美術を手がけるドリームド・バイ・アスという会社（2018年設立）で、コンピュータ・ゲーム技術をベースにしたという。「イマージョン」制作にあたっては、博物館はもとより、ダイバーや生物学者の協力も得ているため、科学的な正確さという点からも問題なかった[125]（あいにくだったのは、コロナ・パンデミックに直撃されたことだろう）。同館はその後も、極域の海をフィーチャーした「ポーラー・ミッション」（2022～25年）のように、テーマをかえながらヴァーチャル展示を続けている（図5－11）。

生きもの、ヴァーチャル生物、ロボット――「境界」をこえた向こうにあるもの

最終的に、水族館の展示にはヴァーチャルな生きもののみならず、ロボットまでもが含まれる、ということはありうるだろうか。

図5-12、13　東海大学海洋科学博物館の誇る「海洋水槽」(1970) と「メクアリウム」の様子

もちろん、これにも前例がないわけではない。東海大学海洋科学博物館（１９７０、２０２４年をもって一般公開終了）――名称は博物館だが、水族館がある（図５-12）――の「機械水族館」（メクアリウム）（図５-13）は、「海の生き物に学び、海洋開発の未来を考える」をコンセプトとして１９７８年に誕生し、26種１１７点の機械生物（メカニマル）を展示した。これらは、前述の沖縄国際海洋博覧会の芙蓉グループパビリオン（コラム８）で出品されたもので、製作は学研クリエイティブである（自動車工学者の富谷龍一とロボット工学者の森政弘が指導にあたった）。

メクアリウムには、「泳ぐ」、「歩く」、「見て感じて判断する知覚」、「つかむ」の４コーナーがあった。ロボットの多くはカニやヒトデなど水族をモデルとし、外見はいかにもロボット然としていたが、その動作は「おどろくほど生物に似て、なめらかに動き出した様子を見れば、ただちにモデルとなった動物を連想することができるほど」[126]だったと、当時同博物館の管理部次長だった鈴木克美は書いている。

　このほか、本物のツバメウオとロボットの「ススメダイ」（図5－14）の混成展示もあった。「見て感じて判断する知覚」[127]のコーナーには、「眼で赤外線を感知し、眼から得た情報を判別して止まり、動き、群れ合う」ことのできる、「ミツメムレツクリ」というロボットもいた。ほかにもウミガメのように泳ぐ「ハバタキコガメ」、タコが8本の腕を使って歩くしくみを再現した「ソコノモドカシ」（図5－15）、フジツボがプランクトンを集める動作を表現した「オオソコバサミ」などを見ることができた。

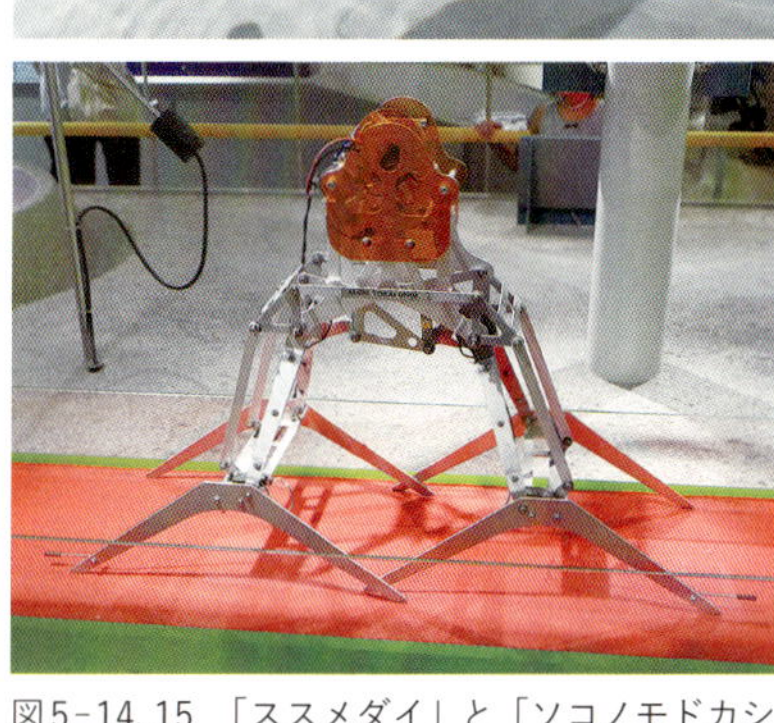

図5-14、15　「ススメダイ」と「ソコノモドカシ」

　自然にあるものを模倣して人工物をつくることを「バイオミメティクス」（ないしバイオミミクリー、生物模倣技術）という。自然物をまねることとじたいの歴史は古く、たとえばレオナルド・ダ・ヴィンチは鳥を模した飛行機械をデザインしている。ただし、生物学、工学、化学といった異なる分野を体系的に結びつけた、まさに「ハイブリッド」な分野にしようという動きが出てきたのは、1950年代以降のことだ。

　野村周平（昆虫分類学者）たちによると、バイオミメティクスはおおむね

3つの分野に分かれるという。ひとつは、分子レベルで生命現象を模倣し、人工酵素や人工光合成などを生みだしてきた「分子系バイオミメティクス」。もうひとつは電子顕微鏡で生きものを観察した成果を、材料開発に結びつける「材料系バイオミメティクス」で、たとえば天井にはりつくことのできるヤモリの指のしくみを応用した、粘着テープなどを生んだ。3つ目が、昆虫や魚の動きを分析し、ロボット、兵器、乗りものなどに応用する「機械系バイオミメティクス」だが[128]、目に見えるレベルで水族館とかかわりがあるのはこれである。

今日、水族を模したロボットも日米欧でつぎつぎとつくられている。たとえばエセックス大学（イギリス）のロボット工学者フオシェン・フーは、実物の分析をもとに魚型ロボットを開発し、2005年にシーライフ・ロンドン水族館で実験的に展示した。このロボットは、見た目はアレだが、本物の筋肉構造を再現し、かつ自律的に泳ぐように設計されている（つまり、みずから障害物を避けたり、深度を調整したりできる）。

また、劇的な環境の変化にも適応できる性能をもたせることをめざしたが、その結果、動画で見る動きはぞっとするほど魚そっくりである。このロボットは、ロンドン水族館で10か月間にわたって展示され、数千にのぼる来館者と、世界中のメディアの関心を引きつけた[129]。

さらに今後は、軍事技術が展示や娯楽に転用されるということもありうるだろう（エセックス大の魚型ロボットも、展示用ではなく、海洋開発や軍事目的に使うことが考えられている[130]）。アメリカ海軍はバイオミメティクスを駆使した水中無人機（UUV）の開発に熱心で、2014年に「ゴーストスウィマー」というロボットがあることを公にした。

公式報告によれば、ゴーストスウィマーは「サイレント・ニモ」と呼ばれるプロジェクトで実験的につくられたもので、全長1メートル50センチ、サメっぽい外観をもち、91メートルの水深まで潜ることができる。自律的に動くことも、コードをつけてコントロールすることも可能だ。ステルス性に優れ、諜報、監視、偵察を主なミッションとし、船体のチェックもこなす。[131] ゴーストスウィマーはまた、機雷発見のために海軍が訓練してきたイルカやアシカなどにとってかわるはずなので、動物愛好家はさぞ喜ぶことだろう、と『ワイアード』の記者は書いている。[132]

動画でチェックすればわかるが、ゴーストスウィマーもいかにもロボット然としている。しかしそれは敵にバレなければいい、という程度の外見しか追求していないからである。裏を返せば、動きも外見も徹底的にシミュレートすれば、どこから見ても本物そっくりな展示用ロボットが生まれるということだ。

まさにそのようなプロダクトが、映像分野からもたらされようとしている。エッジ・イノヴェーションズ社（1991年設立）が開発したイルカ・ロボット「デレ」（図5-16）がそれだ。同社を率いるのは、映画『スター・トレックⅣ』（1986）のクジラや、1990年代の『フリー・ウィリー』シリーズに出てくるシャチ、そして『ディープ・ブルー』（1999）の人食いザメを制作したウォルト・コンティと、テーマ・パークのアトラクションを設計するウォルト・ディズニー・イマジニアリング社のクリエイティブ・ディレクターだったロジャー・ホルズバーグだ。[133] コンティらは、イルカのビデオを見ながら、体のどの部分がどの動きと関係しているかを研究したという。[134] 表皮の下にはリアルな骨格と筋肉構造が再現され、重量バランスも正確である。[135] じっさい、「デレ」に接する人びとは、それがロボットだとわかっていても、まったく気にしないほど興奮するという。[136]

図5-16　本物と見まがうレベルの「デレ」　© Edge Innovations 2021.

コンティらが「リアルタイム・アニマトロニクス」と呼ぶこれらロボットは、「想像しうるいかなる体験ももたらすことのできる、ハイパーリアルな生きもの」[137]である。最初に開発したイルカ・ロボットのバージョン1・0は、ディズニーのプライベート・アイランドでデビューしたが、このときは2人のアニメーターが操作しなければならなかった。バージョン2・0は、ＡＩを搭載し、自分で潜ったり、噴水孔で「呼吸」したり、方向転換したりできるが、人びとに接近するときだけアニメーターが動かす。開発中のバージョン3・0は、10時間もつバッテリーと10年間の耐久性を備え、娯楽・教育目的のパフォーマンスもできるようになるという[138]。

科学技術を専門とするニュース・ブログ『ギズモード』での解説によると、こうしたアイデアは、20年以上も前にフロリダのザ・リヴィング・シーズ（第4章-2）で、「ドルフィン・ロボティック・ユニット」（ＤＲＵ）が導入されたときまでさかのぼる。DRUは、水槽を泳ぎまわってダイバーや魚たちと交流できたが、この時点ですでにかなりのリアリティを備えていた[139]。

エッジ・イノヴェーションズはウェブサイト上でこう解説する。

飼育された海洋哺乳類のショーは、好まれなくなってきた。そして海洋生物を捕獲し、輸送し、繁殖することはより制限されるようになり、実現可能なビジネスとしての海洋パーク産業は、より困難なものとなりつつある――しかし、観客はこのタイプの娯楽や教育を求めつづけている[140]。

これを解決するものこそ、彼らの「リアルタイム・アニマトロニクス」というわけだ。じっさい、南北アメリカや中国の会社が関心を示しているという（ただし新型コロナウイルスのパンデミックで、いくつものプロジェクトが中断した）。また、サメ、クジラそして古生物の再現も視野に入れている[141]。

気になる価格だが、『ジャイアント・フリーキン・ロボット』の２０２４年の記事によれば、本物のイルカが10万ドル（1ドル１５０円として１５００万円）かかるのにたいし、「デレ」は３００～５００万ドル（最大7億５０００万円）にもなる。ただしエサ、睡眠、トレーニング、医療ケアのいずれも必要とせず、長い目で見れば割安とのことである[142]。

いずれにせよ、ここまで挙げてきた複数の事例が示すように、ヴァーチャル生物もロボットも、すでに水族館に侵入している。「本物以上に本物らしい」人工生物の本格的な導入もおそらく時間の問題である。ただし彼らを従来の生物展示を押しのけてしまう、いわばライバルだとみなすのは適当ではない。むしろ、展示の可能性を広げる選択肢が増えたということだ。イルカやシャチのように、社会的事情で飼育が難しくなってきた生きものだけでなく、ホホジロザメのように、もともと飼育が困難な生きものもいる。だがエッジ・イノヴェーションズが主張するように、彼らを見たいという需要もあるのだから、人工生物はそうしたジレンマを解決しうる。

ただし水族館の「ハイブリッド化」には、ひとつ気をつけるべき点がある。それは、環境への負担を減らし、かつ動物の苦痛を軽減する、という前提が欠かせないということだ。人間の目には自然でも、プロジェクターの不自然な光やロボットの雑音は、水生動物を恐怖させるかもしれない。専門家の指導もないまま、生きもの展示に最新技術を混ぜこむのは避けるべきである。

それでも人工生物の導入は、水族館の歴史と矛盾するものではない。第4章で見たように、水族館デザイナーはオリジナルを見本としつつも、本物以上に本物らしい感覚を呼びおこすための創作的な営み——二次創作——をおこなう。そのためには擬岩や人工サンゴを使うこともいとわないが、それはパッと見て偽物とわからなければそれでよい、という発想があるからだ。だからその延長として、いっそう本物らしくなっていくヴァーチャル生物（ないし環境）やロボットをとり入れることはむしろ自然だとさえいえる。

逆に、ヴァーチャル展示やロボット展示にしても、100パーセント人工的な要素ばかりではないことは重要だ。たとえば「ヴァーチャル動物園」という論文のなかで、ローラント・ボルガルズは、バーゼルのヴァーチャル水族館計画が、リアルタイムで撮影された海の映像を、コンピュータを介して潜水体験に置きかえるものだったと指摘する。ハイパーリアルな体験は、リアルとヴァーチャル・リアルが交差するところではじめて得られるのである。[143]

しかしそれはまた、最新テクノロジーをもちいた展示がかかえる矛盾をもあぶりだす。ヴァーチャル展示は、しばしば動物を檻や水槽から「解放」するものであることをうたう。ところが、ボルガルズがいうように、VR技術を導入したとしても、動物たちは受け身のままであり、監視対象でありつづける。たとえばヴィジョン・ニモでは、熱帯の海にいる生きものたちが、遠くはなれたスイスにいる人びとによって「監視」されることになる。

つまりアナログなオツェアニウム［バーゼル動物園が計画した水族館］は、模倣のテクニックをもちい、できるかぎり多くの水、できるかぎり多くの魚、できるかぎり大きなガラス板をとおして、**水族館を海化する**。いっぽうで、デジタルなヴィジョン・ニモは**海を水族館化する**ことをめざす。できるだけ多くのデータ、できるだけ早い［情報の］伝送、できるだけすぐれた処理をとおして[144]（強調引用者）。

精密な3Dグラフィックやロボットを制作するばあいでも、動物たちのふるまいや解剖学的知識が求められる。モナコ海洋博物館の「イマージョン」では、デジタルな動物たちとその海景は、じっさいに海に潜る人びとの専門知識を土台としている。エッジ・イノヴェーションズの開発者たちは、本物の映像を見ながらイルカの外見と動きをシミュレートした。空想だけでは、現実感は生まれない。その意味では、人間はこれからも監視する側、コントロールする側にとどまりつづけるのだ。

ほかにも考えるべき影響がある。たとえば「ハイブリッド水族館」は、すでに述べた「自然のシミュラークル化」をいっそう促進するかもしれない。それともわたしたちは、生物そのものをシミュレートする過程で、実質的に生物を創造するステージにまで踏みこむのだろうか？

前例はある。かつてウォルト・ディズニーは、ロボットの動きと音を組みあわせた「オーディオ・アニマトロニクス」と呼ばれる技術を駆使し、本物そっくりの人間や動物を生みだすことに没頭した。そうして生まれた人工のエイブラハム・リンカーン大統領を、筆者も見たことがあるが、その堂々とした演説としぐさは、まさに本物以上に本物らしかった。このロボット版リンカーン大統領が生まれたのは１９６０年代のことだったが、当時すでに、彼は「生命をつくろうとしている」と批判されていた[145]。じっさいディズニーは、自分の思い描いた世界をつくるため、人生の終盤には文字どおりの「クリエイター」（創造者）と化していた。そして、彼の願望をかなえるべく設立されたＷＥＤエンタープライゼズ、のちのウォルト・ディズニー・イマジニアリングこそ、コンティとともにイルカ・ロボット「デレ」を生むことになるホルズバーグの所属先だったのである[146]。

とはいえ、わたしたちはまだ、そこまで考える時期に来ているわけではないだろう。それに、水族館関係者の多くも、「われわれが見せるのはあくまでも本物だ」という矜持（きょうじ）があるはずだ。では、これまでどおり本物の生きものをメインに展示するのであれば、どのような未来を開拓していけばよいのだろう。

4　水族館の未来

プリマス・ナショナル海洋水族館、荒海の船出

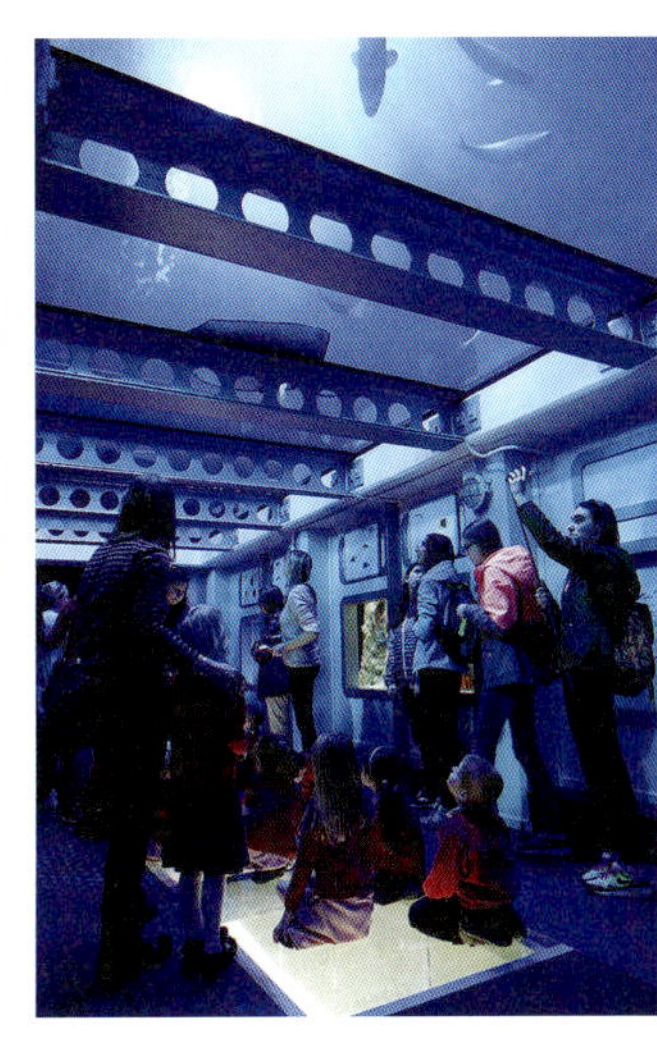

図5－17、18　プリマス水族館のトンネル水槽と「海に沈んだ」飛行艇

ここで最初にとりあげたいのは、イギリスのプリマスにある水族館である。プリマスはイギリス南西岸にあり、古くから海軍基地として知られる。海に面していることもあって、ここには1888年以来、水族館が存在していた。しかしより現代的な施設が求められたため、新しい地区に建てかえられることになり、プリマス・ナショナル海洋水族館（以下プリマス水族館と表記）として1998年にオープンした[147]。なお運営母体は、海洋生物学者、教育者、ダイバーがつくったチャリティ（非営利組織）である[148]。

同館は現在、プリマス周辺をあつかった「プリマスサウンド」、「海草の浅瀬」、「エディストーン・リーフ」、クラゲのいる「海の漂流者」、サメが泳ぐ「大西洋」、熱帯の魚をフィーチャーした「バイオゾーン」、「海草ラボ」そして「グレートバリアリーフ」からなっている。

もっともインパクトがあるのは、サメやエイの泳ぐトンネル型水槽（図5－17）だが、海景がゆがんでしまうアーチ形ではなく、平面で構成されているのが特徴で、支柱こそ多いものの、海底基地を歩くような感覚はけっこう楽しい。また軍港ということもあって、大戦中に失われたウォーラス飛行艇を水中に再現したりしている（図5－18）。ほかにも漁業と英国経済のかかわりも紹介していて、いかにも娯楽と教育のバランスのとれた水族館という印象を受ける。

じつはプリマス水族館には、「船出」のタイミングでつまずいた苦い経験がある。開館当時、最大の目玉であるはずのサメをフロリダから移送したとき、経由したアムステルダム空港が寒すぎて、4尾が死んでしまったのである。[149]

これが契機となって、さっそく同館の存在意義を疑う声が高まった。たとえば『エクストラ』紙（1998年5月14日）において、ある投稿者はサメ飼育が教育に役立つと思うのは「完全に誤って」おり、ただの客寄せに過ぎないと述べている。「サメたちに長くストレスのかかる旅をさせ、そのうえただ大衆に見せるために束縛するのは、恥ずかしいことだ」。[150]別の日（5月28日）には、「たんなる金儲けのために」フロリダのサメを「投獄」する行為はおぞましいという投稿が寄せられている。[151]

こうした反応を和らげるためだろうか、『エクストラ』は約1か月後にプリマス水族館を擁護する記事を載せている。同館のスタッフいわく、サメをイギリス沿岸からではなくわざわざフロリダから運んできたのは、かの地のサメのほうが飼育環境になじみやすかったからである。それに「人びとがサメ水槽で彼らと向かいあうとき、それは信じがたい体験となる――ときには、ほとんどスピリチュアルな雰囲気である」。[152]これによって、来館者はサメの美しさを認識し、教育へとつながるのだという。

いずれにせよ、開館当初から厳しい目を向けられたため、プリマス水族館は現在、動物福祉の専門家を雇っていること、イギリス、オランダ、フランス、ドバイの水族館と連携しながら、サメ・エイの仲間の繁殖を手がけていることをアピールしている。とくにシロワニは、飼育下で繁殖した珍しい個体であることが自慢だという[153]。

だが、それ以上に重要なのは、同館が「地元の環境保全」にとりくむようになったことである。ナチュラル・イングランド（環境について政府に助言する組織）の指揮のもと実施中の、海草の保全プロジェクトへの関与がそれだ。アマモ（*Zostera marina*）からなるイギリス南部の海底草原は、1ヘクタール（1万平方メートル）で8万尾の魚と、1億もの微小な無脊椎動物を育てることができ、食用魚はもちろん、珍しいタツノオトシゴやクラゲの仲間の住みかとなっている二酸化炭素吸収率も高い。それゆえ地元経済にも欠かせないのだが、1930年代以来、汚染、船による投錨（とうびょう）や係留、海水浴客の侵入によって90パーセントが失われたという。

これを回復するために、プリマス水族館は海草ラボをつくって、種を収集して育て、ボランティアや地元の業者とともにふたたび海にもどす作業をはじめたのである。活動が本格化したのは2013年以降で、19年にはチャリティの名前を「海洋保全トラスト」に改めた。おなじ年には、海草ベッドを傷つけない係留システムを発明している[154]。

海草ラボは、いまでは年に36万本のアマモを供給するまでになっている。もちろん悩みはつきず、種が欠乏したり、その収集に金がかかったり、発芽する割合が少なかったりするという。それでも数百人のボランティアに支えられながら、プリマスサウンド、ボーリュー川の河口、ファルマス、トーベイなど南岸各地で再生を試みている。場所によっては、20～100ヘクタール（東京ドームは約4・7ヘクタール）もの海域を保全区域に指定しており、ブイを浮かべてかき乱さないように警告している。[155]

こうして英国艦隊の出撃拠点にある水族館は、いまや、イギリス南岸の自然をとりもどすもうひとつの「戦い」を担う基地となったのである。

おなじ方向を歩む水族館として、コペンハーゲンのデンマーク・ナショナル水族館（デン・ブロー・プラネート、２０１３）も少し紹介しておこう。

同館は、渦を連想させるその外観を特徴とする（図5-19）。中央から弧を描くように、それぞれの展示空間――海水エリアと淡水エリア――が広がっている。全体はアルミでおおわれていて、渦の中心にあるホールの天井からは、水をとおして太陽が降りそそぐ。[156]サンゴ礁、大洋、アマゾン、アフリカの湖などをフィーチャーした展示のほうは、まじめで手堅い印象であり、オープンした時期が比較的新しいこともあって、運営方針もしっかりしている。公式ウェブサイトに掲載されている「水族館の目的」のうち、一部を引用してみよう。

図5-19　巨大な渦や貝をイメージさせる、デンマーク水族館

・研究と繁殖をとおして、そして自然保全プロジェクトをサポートすることによって、危機に瀕する種や自然の生息圏を保護する。

・デンマーク・ナショナル水族館――デン・ブロー・プラネート――の水槽と設備を改善する

研究プロジェクトに積極的に参加する。動物福祉の改善を模索し、動物たちをできるだけ自給自足できるようとりくむ。

［……］

- デンマーク周辺ならびに北欧の海での探索や探検に関与し、新たな知識を求める。こうしたとりくみは、北欧海域における資源の持続的な利用や漁業文化に焦点をあてる。[157]

では具体的に、どのようなプロジェクトを進めているのかといえば、たとえば寒冷な海にすみ、6メートルにもなるという神秘的なニシオンデンザメが、漁業によってどれほど脅かされているかを知るため、大学の研究者と組んで回遊ルートを調べたり、個体数の調査をおこなったりしている。もちろんデンマーク周辺の海でも活動していて、沿岸再生プロジェクトの一環として岩礁におけるタラやベラの行動を、タグ、水中カメラ、コンピュータ・プログラムをつうじて調べている。[158]

デンマーク水族館も、プリマス水族館とおなじく、福祉、繁殖、研究、保全の分野における自分たちの目標や業績を、公式ウェブサイトでわかりやすく公開することに熱心である。実のある活動をしているという自信あってこそといえるが、こうしないと存在意義を証明できないという危機感のあらわれでもある。これからの水族館は、言葉でなく行動で環境保全に貢献し、さらにそのことが広く周知されて、はじめて認められるのだ。

モントレーベイ水族館の展示革命

先にとりあげた2つの水族館は、すぐそばにある海の調査や再生プロジェクトを進めている。そ

図5-20　缶工場を改修してつくったモントレーベイ水族館

してこれら施設以上に、地元の海をシミュレートすることにこだわった水族館もある。もう新施設とはいえないかもしれないが、アメリカのモントレーベイ水族館（1984、図5-20）がそれだ。筆者も、この水族館が「画期的」であることは知っているつもりだったが、恥ずかしながら、そのほんとうの価値に気づいたのはここ5年ほどのことである。モントレーベイ水族館は明らかに、未来型水族館の素質を備えている。

その設立のいきさつについては、マリンランド・オブ・ザ・パシフィック、スタインハート水族館、シーワールドで働いた経験があり、モントレーベイ水族館の展示のほとんどにかかわったというデーヴィッド・パウエルの自伝にくわしい。

モントレーベイ水族館構想は、海洋学者の一団のもとで生まれた。それは、世界中の生きものを集めるのではなく、モントレー湾のあらゆる生態系、たとえばケルプ・フォレスト（大聖堂の柱のように林立した海藻の森）から微小生物にいたるまでを展示しようというものであった。これがうまくいけば、一部の海域を再現することに徹底的にこだわった、ユニークな水族館となるであろう。ただ、彼らは生きもの飼育についてはくわしくなかったので、パウェルが呼ばれたのである。[159]

　なおこのプロジェクトには、ジュリー・パッカードとナンシー・バーネット（それぞれ海藻類と海洋生物の研究をしていた）がかかわっていたが、彼女らの父デーヴィッドはヒューレット・パッカード（ＨＰ）の共同創設者であり、彼と妻ルシルが５５００万ドルを出資することで建設にめどがついた。なおこの水族館は、かつてのイワシ缶工場を改造してつくられている。[160]

　はじめ、モントレーベイ水族館の目玉として構想されたのは、ケルプ・フォレスト、ラッコ、大小の魚、さらに無脊椎動物をいっしょに飼育する回遊水槽であった。だが一部の動物、とくにラッコが、ほかの生きものを食べたり展示をめちゃくちゃにしたりする恐れがあったので、この案はとりやめとなった。かわりにケルプ・フォレスト展示、ラッコ展示、そしてモントレー湾の４つの異なる環境（岩礁、砂床、頁岩層、波止場）をフィーチャーした水槽をメインとし、なおかつ強者と弱者を分かつことが決まった。[161]「肉食動物と獲物のやりとりは自然界の一部かもしれないが、それはわれわれが水族館では欲しないものだ。［……］結果として、生きた展示をデザインするときは妥協しなければならないこともある」[162]。

　建築家はＥＨＤＤ社のチャールズ・デーヴィスが選ばれ、パウェルらの要望に応じて柔軟に設計していった。「展示と生きものたちをいちばん大切に考えていて、それらをかなうかぎり最善の方法で支え、目立たせることが建物の役割だと理解している建築家といっしょに仕事ができるのは、喜ばしいことだった」[163]とパウェルは称賛している。ピーター・シャマイエフとおなじように、建物が自己主張するようではいけないとデーヴィスも考えていたのだ。

パウェルが腐心したのは、それぞれの水槽の大きさとかたちに変化をつけることであった。というのが、スタインハート水族館で働いていたとき、たとえ各水槽の中身にバリエーションをもたせても、外から見たかたちがおなじであれば、中身もおなじに違いないと来館者は判断して、さっさととおりすぎてしまうことに気づいたからである。[164]

とはいえ、いちばん大切なのはケルプ・フォレスト展示であった。それは「優しくゆれる黄金色のケルプの森のあいだを、スキューバ・ダイバーが身軽に自由に『飛ぶ』ときに体験する、うきうきする感覚を」[165]つくりだすものでなければならなかった。

展示をできるだけリアルにするには、できるだけ自然な状態で動物や海藻を運んでこなければならない。そこで人工の岩礁が一定期間海に沈められて、ジャイアント・ケルプ、カイメン、イソギンチャクなどを育成することが試みられた。岩礁は、海底にしつらえられた鉄の構造物にボルト止めされ、流失することを防いだという。また波止場の風景を再現するために、特注の杭を沈めて生物を付着させたほか、ほんとうに港で使用されていた杭を移植することさえした。さらに、貝その他の生きものが付着した頁岩の破片を運んできて展示することも試みた。[166]

こういった努力が奏功して、モントレーベイ水族館の展示、とくに高さ約8・5メートルにおよぶ「ケルプ・フォレスト水槽」は大いに話題になった。1985年当時、姫路市立水族館長だった内田至はさっそくこれを紹介し、「見上げるような背の高い水槽の中にはこの巨大なケルプが乱立し、わずかではあるが左右にゆれている。観覧者は海底に立っているような錯覚すら覚え、長く観ていたら少し船酔いのような状態になった」[167]と感想を述べている。ケルプが優しくゆれているのは、造波装置のおかげである。ちなみに水槽前面は、内側につきだすかたちで湾曲しており、これが大聖堂の内陣のような、神秘的な雰囲気を高めている（図5－21）。

しかし、こうした効果は毎日のメンテナンスあってこそのもの、とくに清掃が重要だとパウェルは強調する。

> われわれは、水族館を、それに必要な壁や窓もろとも、消していしまいたいのだ。ガラスや水槽の壁に生えた海藻の小さな斑点みたいなマイナーなものでさえ、おそらく目にとまって、これはじつのところ生きものが入った人工の水槽にすぎないことを来館者に思いださせる。じっさいの容器が目立たないほど、来館者は心理的に水中世界に入っていきやすくなるし、そのなかの動植物に集中することができるのだ[168]（強調引用者）。

建物と生きものがつくりだす魔法の世界に、決して現実に引きもどす要素が入りこんではならないというわけだ。

モントレーベイ水族館は、地元の海の魅力を最大限に引きだすことに成功した水族館である。ケルプ・フォレスト水槽には、スター性のある生きものはまったくいないが、それが気にならないどころか、魔法にかけられたようなふしぎな感覚をもたらす。その秘密はおそらく、海のなかで魚や無脊椎動物、微生物さらには海藻が共生するさまを、ひとつの展示空間に再構築していることが大きいのではないか。この水槽がテーマとしているのは、多様性そのものなのだ（図5－22、23）。

図5-21 「ケルプ・フォレスト水槽」の美しさは世界一レベルといっても過言ではない

図5-22、23 モントレー湾の海底や波止場の生物相を徹底的にシミュレートした展示

いおワールドかごしま水族館とアクアマリンふくしま

それでは日本のばあいはどうだろう。ここでいま一度とりあげたい水族館人がいる。須磨海浜水族園（第4章-3）、それからいおワールドかごしま水族館（以下かごしま水族館と表記）の計画にたずさわった吉田啓正だ。じつは吉田は、筆者が読んだなかでもっとも感銘を受けた著作――『ジンベエザメの命　メダカの命』（信山社サイテック、1999）や「21世紀へ変わる水族館」（『近代建築』54、2000）など――を書いた人物でもある。

吉田がきわだっているのは、20世紀後半に、水生生物は「食べもの」ではなく「生きもの」であると認識されるようになり、動物の権利運動も盛んになってきたことから、そのうちに希少種や大型生物のあつかいは難しくなっていくだろう、と正確に予見していたことにある。[169] その流れを理解したうえで、これからの展示は「動物の尊厳」を守らなければならない、と吉田は書いている。

「その動物が、その動物の生き方をしており、健康で活発な姿を」しているためには、健康管理はもちろんのこと、飼育動物に対してでき得る限り広い飼育舎・水槽を確保することが望まれる。これからは、園や館の限られたスペースに展示する動物の種数を思い切って減らすことも必要になってくる。従来のように何種何匹いるかがその動物園・水族館の優れた規模を示す時代は、実はもう終わっているといっていい。動物がゆったりと自然に振る舞っている。そういう飼育舎・水槽が観客に評価されるような時代が来ることは間違いない。[170]

くわえて、生きものが自然にふるまうには、彼らの生態に応じた環境を整えるべきだが、そのさい重要となるのが植物である（ここには、現在は植物でないとされる海藻も含まれる）。吉田は、もともと室蘭の海草研究所にいたから、海草・海藻の展示に関心があったものの、関係者や来館者の理解を得られず実現できないでいた。そのようなとき目にしたのが、モントレーベイ水族館のケルプ・フォレスト水槽である。水槽内で、動物と海藻が共生しているさまを見たとき、「クラクラと目まいがする思いだった。と同時に『やられた！』というショックが私の体を走り抜けた」[171]。

その後も、モントレーベイ水族館での経験が忘れられなかったようで、それがやがて、1997年にオープンした、かごしま水族館（図5－24）の展示に反映されることになる。たとえば同館はオープン以来本物の海藻やマングローブの林に光をあてた「錦江湾水槽」や「マングローブ水槽」を展示している[172]。海中の森をつくるホンダワラや、田や用水路の水草を長期飼育するための研究もつづけられているが[173]、それは吉田が、動物・植物のあいだにランクを設けることなく、多様性のある展示環境をつくることで、水族館は植物園や動物園を凌駕する施設になると考えていたからでもある[174]。多様性について、彼はこう述べている。

　100種類の生きものがいたら、100通りの生き方があることになります。生きものの多様性ということは、生き方の多様性ということだったのです。水族館の観客が、生物の生きていることに出会いに来るのなら、生物の種類の珍しさを見せるのではなくて、生き方の珍しさを見せなくてはならない。それが水槽ににじみ出てくるような展示にしなければならない[175]（強調引用者）。

おなじことは、サツマハオリムシ（図5－25）を世界で初めて水族館の目玉にするという姿勢にも見てとれる。ハオリムシはチューブワームの一種で、密集した白い管にミミズのような生きものが入っている。ほかの生物には毒となる硫化水素をとりこみ、体内のバクテリアに分解させることで栄養にするという驚くべき体のしくみをもつことで、ほかの生物がすめない環境への進出に成功

図5－24、25　かごしま水族館とサツマハオリムシ

したのだが、鹿児島湾（錦江湾）の火山性熱水が噴きだすところにも生息している。これがサツマハオリムシである。この生きものを展示するため、吉田は80平方メートルのコーナーを設け、照明を暗くして、入浴剤を使って硫化水素のようなにおいが感じられるような展示空間をつくった。[176]

体のつくりは驚異的であっても、どうみても地味きわまりない生きもの（失礼）を舞台にのせるなど、ふつうでは考えられないことだが、「生き方の多様性」の見本であることは確かだ。それに、サツマハオリムシ展示は鹿児島の海に焦点を当てるという、水族館の方針にも沿っている。じっさい、ピラルク水槽を別にすれば、同館のほかの展示、たとえば「黒潮大水槽」や「サンゴ礁水槽」も、できるだけ鹿児島の海をリアルに再現しようと努力している。

ちなみに「黒潮大水槽」にはジンベエザメがいるが、プリマス水族館のように、最初につまずきがあった。当初からジンベエザメを入れる計画はあったものの、最初の個体が船による輸送のストレスのためか死亡、ついで捕獲された2尾目も、水槽に入れたままではよかったが、突然体調が悪化して死んでしまったのだ。このため、かごしま水族館は調査の結果5・5メートル以上の個体は飼育できないと判断し、小さな個体をしばらく飼ったあとは、野生空間になじませる訓練をしたあとで、放流することにした。そして、このルールを厳格に守るだけでなく、発信機をつけてジンベエザメの回遊ルートをさぐる研究にとりくんでいる（飼育個体だけでなく、定置網に迷いこんだサメにも発信機をつけて調査している）。[177]

かごしま水族館は、研究熱心な水族館でもある。すでに述べた海藻やジンベエザメだけでなく、スタッフが定置網漁船に乗りこんで魚の種類を確認したり、ほかの研究機関と共同して鹿児島湾内のイルカの分布と生態をさぐったり、沿岸に打ちあげられたクジラの仲間を調べたりしている。[178] また同館は「さくらじまの海」という小冊子を発行しているが、そこにはスタッフがじっさいに潜水して調べた魚やサンゴ、さらにはボネリムシ（釣り餌になるユムシの仲間）のような、大小さまざまな生物にかんする情報が載っている。[179]

最後に触れておきたいのが、かごしま水族館の「いるかの時間」と「沈黙の海」だ。かごしま水族館では、イルカを飼わないことも検討されたらしいが、結局飼育が決定したあと、吉田の方針でイルカショーにありがちな擬人化を避けることにした。動物芸がイルカを矮小化するというのが理由だった。そして「いるかの時間」は「ショー」ではなく「プレゼンテーション」として位置づけ、イルカの動きを見せながら科学的な解説をする。いっときなど、海に沈んだ野生イルカの死体を映像で見せるという、なかなか挑戦的なこともしていたようである。さらに、イルカプールの扉は海へとつながる水路に向かって開くようになっており、イルカがそこへ出て魚を追いかけたりできるようにした。[180]

図5-26　大きなインパクトを与える「沈黙の海」水槽

こうした生きものたちのあつかいも、展示動物に「尊厳」を求める吉田の意見が反映されたものといえる。彼はいう。

> 人間の社会に連れて来られた彼らは圧倒的に弱い立場に置かれているのだ。それでも、人間が是非彼らに会いたいというのなら彼らの生き方に出来るだけ合った建物、設備を造り、誠心誠意飼育し維持していくのが当然のことではないか。[181]

展示動物にたいして、吉田が「申し訳なさ」をおぼえていたらしいのは、著作のあちこちからもうかがえる。そして右の文章は、自分が支配する側であることをわかっていてもなお、動物と真摯に向きあおうとしてきた水族館人の経験が書かせたものだ。

ちなみに、この水族館のもっとも強烈な展示は、「沈黙の海」水槽だ（図5－26）。いくらのぞいても、いかなる生きものも見あたらず、奥行きのわからないブルーの空間がただ広がっている。プレートにはこう書かれている。

青い海　なにもいない
もう耳をふさぎたいほど
生きものたちの歌が聞こえていた海
それが　いつのまにか、なにも聞こえない
青い海

人間という生きものが
自分たちだけのことしか考えない
そんな毎日が続いているうち
生きものたちの歌がひとつ消え
ふたつ消えて

それが　いつのまにか　なにも聞こえない
青い　沈黙の海

そんな海を子供たちに残さないために
わたしたちは　何をしたらいいのだろう?

このような展示までやってのける水族館は、世界にもそうあるものではない。

ちなみに吉田は、見どころのある展示方針をとっている水族館として、アクアマリンふくしま(2000)を挙げている。天然光と海藻をもちいているのがその理由だ。[182] じっさい、未来的な展示という意味でも、文化史的な観点からも、見どころの多い水族館といえる。

来館者はまず、エスカレーターで上階にのぼり、そこから川が海へ流れこむさまを見ながら「降りていく」ことになるが、天井はガラス製であるため太陽光がふりそそぎ、動植物を美しく照らしだす。やがて、海を深く潜って、親潮と黒潮がぶつかる「潮目の海」大水槽(図5-27、28)にいたる。「潮目の海」[183]の中央を走るのは三角形のトンネルで、片側は親潮、もう片側は黒潮の海を再現している。吉田が注目したように、親潮の海にはコンブが植えられている。

ここの初代館長をつとめた安部義孝によると、太陽光をとりいれるのは建築家・浅石優のアイデアだったらしい。水槽にコケが生える可能性があるため、タブー視されてきたが、あえて採用した結果、展示植物がよく育っているという。また、「上から下へ」という動線は、シャマイエフのニューイングランド水族館(第4章-2)を参考にしている。[184]

図5-27、28　海藻が美しいアクアマリンふくしまの「潮目の海」水槽

アクアマリンふくしまの特徴としては、まず動物ショーをせず、「ショーがない水族館」を自称していることがある。安部によると、ショーをおこなうと人びとの関心がそちらに釘づけになり、どれほどよい展示をしても、きちんと見なくなるからだという。ついで、「MSN」へのこだわりがある。Mはマイクロコズム（小宇宙）のことで、館内に理想の生態系をつくり、動物にもひとにも心地の良い環境をつくる。Sはサステナビリティ（持続可能性）で、NはNon-Charismatic Species、すなわちカリスマ的でない生きものに焦点を当てるということである。[185] じっさいこの水族館には、イルカもペンギンもラッコもいないが、そのかわりに動物、植物、建物が融合して、ひとつの「環境」を展示している。

ここで断っておかなければならないのは、筆者は、ここに挙げてきた日米欧の水族館を、「未来型水族館」そのものとして紹介しているわけではないということだ。そもそもモントレーベイ水族館は1980年代に誕生した。それにプリマス水族館やかごしま水族館も、あくまでも20世紀型から21世紀型へと移る過渡期にあった施設であり、いまとなっては古さを感じさせるところもある。むしろここに挙げた水族館は、未来型水族館の原石をもっているといいたいのである。動物福祉に配慮するだけでなく、地元の水域の理解と再生に情熱を傾け、そこにいる動植物が共生するさまを展示する。筆者がたびたび思いだすのは、かごしま水族館の佐々木章館長に取材したときのことである。「われわれは、鹿児島湾のことならなんでも知っている」と胸を張っておっしゃっていた。こうした、きらりと光る原石のなかにこそ、水族館の未来があるとはいえないだろうか。

地元の自然と無縁な生きものや飼育個体数をウリにしたり、彼らにおかしな動きをさせたりする帝国主義時代のなごりのような施設から、地元の海や川を守りはぐくむ施設に転換する時期が来ている。それはまた、一種の原点回帰でもある。水族館の原点、それはフィリップ・ゴスが描き、人びとが魅了された、すぐそばの沿岸にいる奇妙な魚や海藻がおりなす、魔術的な世界だ。そもそもアクアリウムが、動物と植物の共生関係を理解することで、はじめて生まれたのはすでに述べたとおりである。

ふしぎなことに、こうした水界の構成要素は、20世紀のあいだにバラバラになっていった。マリンスタジオで本格化した「自然の編集」は、気にいったシーン（はるか沖合の広い青い世界）のピックアップと、いらないシーン（ゴミになる海藻）のカットによってつくられる。それはやがて、都会生活に疲れた人びとが望む海のイメージ――真っ青で果てしない世界――に昇華され、イルカショーも加わって水族館に成功をもたらした。しかしそのことが、かえって水族館の硬直化を招いてしまっているのではないか。

水界は、顕微鏡レベルから大型のものにいたるまで、何十億という年を経て、生存競争し、進化してきた生きものたちがひしめく驚異の空間である。遠い美しい海にしか価値がないと思うのは誤りで、すぐ近くの河川にも、港湾にも、海藻の森にも、よく見れば驚くほど繊細で、美しい生きものたちが暮らしている。彼らのあいだにランクを設けず、それこそ地をはうように――あるいはネモ艦長のように、海底を歩いて――調べ、守り、展示にいかしていこうとする水族館にこそ、明るい未来があると信じたい。

モントレーベイ水族館、かごしま水族館、アクアマリンふくしまのような、多様性を重視する水族館がもたらす印象は「青一色」ではない。そこにいる動植物の色は赤、黄、紫とさまざまであるが、ひときわ輝くのは、海藻を透過して入ってくる緑色の光である。

いままでの水族館の歴史は、真っ青だった。
水族館の未来は、きっと青緑色をしている。

注

1 「イルカショーがピンチ――追い込み漁の捕獲が禁止に」『日本経済新聞』２０１５年５月21日 <https://www.nikkei.com/article/DGXZZO75366460X00C14A8000077/> ２０１７年12月29日アクセス、「19施設が『追い込み漁』」『日本経済新聞』２０１５年５月20日（朝刊）、38ページ。

2 World Association of Zoos and Aquariums (WAZA). February 2015. *News*. 1.15. 23 January 2025 <https://www.waza.org/wp-content/uploads/2019/02/WAZA-N_2015-01_150128.pdf>, 'About WAZA.' 23 January 2025 <https://www.waza.org/about-waza/?>.

3 「追い込み漁イルカ入手禁止」『日本経済新聞』２０１５年５月21日（大阪朝刊）、社会面。

4 「５施設『協会脱退含め検討』――追い込み漁のイルカ入手禁止で」『日本経済新聞』２０１５年５月24日 <https://www.nikkei.com/article/DGXLASDG24H19_U5A520C1CC1000/>、『ＷＡＺＡの騙し討ちだ！』――大分マリーンパレス水族館うみたまごの田中平館長、ＪＡＺＡ脱退も視野――『このままでは水族館からイルカがいなくなる』」『産経ニュース』２０１５年６月３日 <http://www.sankei.com/premium/news/150603/prm1506030005-n1.html>、「反捕鯨団体が連携、圧力」『産経新聞』２０１５年５月21日（東京朝刊）、１ページ、「４施設がＪＡＺＡ脱退　２水族館、太地イルカ入手継続」『産経新聞』２０１７年４月30日（東京朝刊）、総合・内政面。

5 エルザ自然保護の会「ＪＡＺＡの決定を歓迎！――国内動物保護５団体共同声明」<http://elsaenc.net/aquarium/20150520statement/>、「集会資料：テレビ番組へのアンケートへの回答」<http://elsaenc.net/aquarium/20150620ent/gekiron_coliseum_ans/> ２０１７年12月29日アクセス。

6 伴野準一『イルカ漁は残酷か』平凡社、２０１５年、１８３～２０３ページ。

7 伴野　２０１５年、２４９～２５０ページ。

8 岡島成行『アメリカの環境保護運動』岩波書店、１９９８年、１４４～１４９ページ、NOAA 'Earth Day 1970.' <https://celebrating200years.noaa.gov/events/earthday/welcome.html#background>, '1970s Conservation and Stewardship Legislation'. <https://celebrating200years.noaa.gov/events/conservstewards/welcome.html#intro>: *NOAA Celebrates 200 Years of Science, Service, and Stewardship*. 10 April 2017.

9 高岡武司「国連人間環境会議とその後の国際的動向」『環境技術』２（４）、１９７３年、２２１～２２５ページ。

10 信夫隆司「国連人間環境会議における商業捕鯨モラトリアム問題」『総合政策』６（２）、２００５年、１７１ページ。

11 森田勝昭『鯨と捕鯨の文化史』名古屋大学出版会、１９９４年、３６７ページ。

12 信夫　２００５年、１７４ページ。

13 信夫 2005年、174〜194ページ。

14 Kroll 2008, pp. 183–185.

15 Olmstead 2008, pp. 90–91.

16 浜野喬士『エコテロリズム――過激化する環境運動とアメリカの内なるテロ』洋泉社、2009年、34〜58ページ。

17 浜野 2009年、63〜100ページ。

18 サンスティン、キャス・R、マーサ・C・ヌスバウム（大林啓吾訳）「序章――動物の権利とは何か?」サンスティンほか編（大林ほか監訳）『動物の権利』尚学社、2013年、6〜7ページ。

19 Lindburg, Donald G. 'Zoos and the Rights of Animals.' Armstrong, Susan J. and Richard G. Botzler, eds. *The Animal Ethics Reader*. London: Routledge, 2003, p. 472.

20 シンガー、ピーター（戸田清訳）『動物の解放』技術と人間、2002年、25ページ（今回は初版の邦訳を使用したが、以下の増補改訂版も参照した。戸田清訳『動物の解放［改訂版］』人文書院、2011年）。

21 シンガー 2002年、29ページ。

22 シンガー 2002年、32ページ。

23 シンガー 2002年、35ページ。

24 浜野 2009年、137ページ。

25 シンガー 2002年、212〜215ページ。

26 シンガー 2002年、8ページ。

27 シンガー 2002年、43ページ。

28 Lindburg 2003, p. 474, ハーツォグ、ハロルド（山形浩生ほか訳）『ぼくらはそれでも肉を食う――人と動物の奇妙な関係』柏書房、2011年、336ページ。

29 Regan, Tom. 'Are Zoos Morally Defensible?' Armstrong 2003, p. 456.

30 'General Introduction.' Armstrong 2003, p. 8.

31 People for the Ethical Treatment of Animals (PETA). 'Fish in Tanks.' 20 February 2017 <http://www.peta.org/issues/companion-animal-issues/cruel-practices/fish-tanks/>.

32 Lindburg 2003, pp. 472–473.

33 サンスティン 2013年、7ページ。

34 浜野 2009年、107、179〜180ページ。

35 浜野 2009年、181ページ。

36 水野 2017年、3〜9ページ。

37 水野 2017年、256ページ。

38 リオタール、ジャン＝フランソワ（管啓次郎訳）『こどもたちに語るポストモダン』筑摩書房、1999年、38〜43ページ。

39 水野 2017年、15ページ。

40 水野 2017年、24ページ。

41 水野 2017年、16ページ。

42 Kroll 2008, p. 182.

43 水野 2017年、198ページ。

44 水野 2017年、232ページ。

45 水野 2017年、257ページ。

46 吉田 2000年、69ページ。

47 吉田 2000年、69ページ。

48 Hutchins, M. 'Zoo and Aquarium Animal Management and Conservation: Current Trends and Future Challenges.' *International Zoo Yearbook*. 38.1 (2003), pp. 15–17.

49 Nogge, Gunther. 'Zoo und die Erhaltung bedrohter Arten.' Dittrich, Lothar, Dietrich von Engelhardt and Annelore Rieke-Müller, eds. *Die Kulturgeschichte des Zoos*. Berlin: Verlag für Wissenschaft und Bildung, 2001, p. 184.

50 上野吉一「動物園／水族館における種保全事業の理解に向けて――一般市民の意識が変わることも園／館を〝本当〟の姿に変え

る力になる」『遺伝――生物の科学』69（6）、2015年、46 2ページ。

51 Davis 1997, pp. 68–70.

52 池谷幸樹「水族館における日本産淡水魚の保全」『博物館研究』50（11）、2015年、15～17ページ。

53 池谷 2015年、17ページ。

54 Hutchins 2003, pp. 17–18.

55 Hutchins 2003, pp. 23–24, Hutchins, M. and B. Smith. 'Characteristics of a World Class Zoo or Aquarium in the 21st century.' *International Zoo Yearbook*. 38.1 (2003): 135.

56 Hutchins 2003, pp. 21–22.

57 Sea Life. 'All about Us.' *Sea Life*. <https://www.visitsealife.com/sea-life/>, 'Conservation at Sea Life: Celebrating Our Seas.' <https://www.visitsealife.com/conservation/>: 26 December 2017, Palmer, C/CAPS (Captive Animals' Protection Society). *An Investigation into the UKs Largest Public Aquarium Chain: Full Study Report*. CAPS, 2014, p. 6 (<http://sea-lies.org.uk/wp-content/uploads/2014/04/An-Investigation-into-the-UKs-Largest-Public-Aquarium-Chain-C.Palmer-CAPS-20142.pdf> 30 December 2017).

58 Captive Animals' Protection Society. 'Our History.' 26 December 2017 <https://www.captiveanimals.org/about-us/our-history>.

59 Palmer 2014, pp. 6–7.

60 Palmer 2014, pp. 12–14.

61 Palmer 2014, p. 43.

62 Palmer 2014, p. 16.

63 Palmer 2014, p. 49.

64 Palmer 2014, pp. 47–73.

65 Palmer 2014, pp. 22–23.

66 Palmer 2014, p. 29.

67 Palmer 2014, pp. 34–37.

68 Palmer 2014, p. 77.

69 Palmer 2014, p. 51.

70 Palmer 2014, p. 77.

71 Lück, M. 'Captive Marine Wildlife: Benefits and Costs of Aquaria and Marine Parks.' Higham, J. and M. Lück, eds. *Marine Wildlife and Tourism Management: Insights from the Natural and Social Sciences*. CAB International, Cambridge, 2008, p. 138.

72 Jones, Claire. 'Dolphins on Display: How UK's "Seaworlds" Sank.' 19 March 2016. *BBC News*. 27 December 2017 <http://www.bbc.com/news/uk-england-35832175>.

73 Dineley, John. 'Flamingoland: 1963–1993.' *UK Dolphinaria Archive*. 28 December 2017 <http://ukdolphinaria.blogspot.jp/2015/07/flamingoland-1963-1993.html>.

74 Dineley 'Royalty Folies-London-1974.' 28 December 2017 <http://ukdolphinaria.blogspot.jp/2015/07/royalty-folies-london-1974.html>.

75 Grimm, David. 'Are Dolphins Too Smart for Captivity?' *Science*. 332 (2011): p. 527.

76 Alliance of Marine Mammal Parks and Aquariums. 'About the Alliance.' 20 December 2017 <http://www.ammpa.org/about.html>.

77 Grimm 2011, pp. 526–529.

78 Grimm 2011, p. 528.

79 Grimm 2011, p. 528.

80 Lück 2008, pp. 133–135.

81 村山司「環境エンリッチメント」村山司、祖一誠、内田詮三編『海獣水族館――飼育と展示の生物学』東海大学出版部、201

5年、212ページ。

82 祖一誠「はじめに」村山　2015年、xxiページ。

83 'Blackfish (2013).' *IMDb*. 31 December 2017 <http://www.imdb.com/title/tt2545118/>.

84 Davis 1997, pp. 198–205, 213–215.

85 Davis 1997, p. 205.

86 Davis 1997, pp. 204–208, 217–218.

87 'Sea World's Young Killer Whales Disobey Trainers.' *The San Bernardino County Sun*. 28 July 1983, p. 24.

88 '"Orky" Nearly Killed Another Trainer 10 Years Ago.' *Ukiah Daily Journal*. 3 December 1987, p. 10.

89 Zimmermann, Tim. 'The Killer in the Pool.' 30 July 2010. *Outside*. 28 December 2010 <https://www.outsideonline.com/1924946/killer-pool>.

90 Hutchins, Michael, Betsy Dresser and Chris Wemmer. 'Ethical Considerations in Zoo and Aquarium Research.' Armstrong 2003, p. 461.

91 SeaWorld Parks & Entertainment. 'Why "Blackfish" is Propaganda, not a Documentary.' *SeaWorld Cares*. 10. February 2017 <https://seaworldcares.com/the-facts/truth-about-blackfish>.

92 ハフォード、オースティン「米シーワールド、シャチの繁殖とショーを中止へ」『ウォール・ストリート・ジャーナル』（2016年3月18日）<http://jp.wsj.com/articles/SB11840501165892254124304581605551714313190> 2017年2月12日アクセス。

93 'Last Ever Orca Show at SeaWorld San Diego This Weekend.' 4 January 2017. *BBC newsround*. 12 February 2017 <http://www.bbc.co.uk/newsround/38508479>.

94 'SeaWorld San Diego Hosts Final One Ocean Orca Show on Sunday.' 8 January 2017. *BBC newsbeat*. 12 February 2017 <http://www.bbc.co.uk/newsbeat/article/38547509/seaworld-san-diego-hosts-final-one-ocean-orca-show-on-sunday>.

95 Seaworld Orlando. 'Orca Encounter.' 2 December 2024 <https://seaworld.com/orlando/shows/orca-encounter/>.

96 水野　2017年、235〜267ページ。

97 舘暲『バーチャルリアリティ入門』筑摩書房、2002年、14ページ。

98 舘　2002年、14〜21ページ、Mazuryk, Tomasz, and Michael Gervautz. *Virtual Reality: History, Applications, Technology and Future*. Institute of Computer Graphics. Vienna University of Technology, 1996, p. 3.

99 小木哲朗「VRの歴史」日本バーチャルリアリティ学会編『バーチャルリアリティ学』コロナ社、2016年、16〜17ページ。

100 Mazuryk and Gervautz 1996, p. 2.

101 Mazuryk and Gervautz 1996, p. 2, 舘　2002年、43〜44ページ。

102 小木　2016年、19ページ。

103 武田博直「エンタテインメント」日本バーチャルリアリティ学会2016年、270〜271ページ。

104 Taylor, Leighton. 'The Status of North American Public Aquariums at the End of the Century.' *International Zoo Yearbook*. 34.1 (1995): p. 21.

105 舘　2002年、22ページ。

106 Phillips, Casey. 'Tennessee Aquarium to Use New Virtual Reality Gear to Promote Virtual River Conservation.' 26 April 2015. *Times Free Press*. 19 July 2016 <http://www.timesfreepress.com/news/life/entertainment/story/2015/apr/26/making-virtual-reality-through-looking-glassw/300484/>.

107 ロボスタ編集部「須磨水族園で体験型VRコンテンツや全天球映像のイベントを開催！——ソフトバンクが企画と技術提供」『ロ

ボスタ』２０１７年６月30日 <https://robotstart.info/2017/06/30/sb-sumasui.html> ２０１７年12月30日アクセス。

108 IMMORTION. 'IMMORTION's "Undersea Explorer" at Mandalay Bay's Shark Reef Aquarium Offers Virtual Encounters with Sharks and Humpback Whales.' 2 December 2024 <https://www.immotion.co.uk/immotions-undersea-explorer-at-mandalay-bays-shark-reef-aquarium-offers-virtual-encounters-with-sharks-and-humpback-whales/>.

109 Sea Life London Aquarium. 'Sea Life London Aquarium Partners with BBC Earth to Create a Multi-Sensory Polar Experience.' 7 March 2016/30 December 2017 <https://www.visitsealife.com/london/news/sea-life-london-aquarium-partners-with-bbc-earth-to-create-a-multi-sensory-polar-experience/>.

110 Pedersen 2012, p. 160.

111 新江ノ島水族館「世界初！ ３Ｄプロジェクションマッピング――クラゲショー『海月の宇宙（そら）』」<http://www.enosui.com/show_kurage.php> ２０１７年12月30日アクセス。

112 ＪＸＴＧエネルギー「スクリーン用透明フィルム『KALEIDO SCREEN』と『ミライフ』が横浜・八景島シーパラダイスでのイルミネーションイベント『AQUA FOREST』に採用」２０１５年11月６日 <http://www.noe.jxtg-group.co.jp/newsrelease/2015/20151106_01_02_1040054.html> ２０１７年12月30日アクセス。

113 Taylor 1995, pp. 23–25.

114 McFarland, Matt. 'A Company Bets Its Future on Virtual-Reality Aquariums in China.' 9 June 2015. *The Washington Post*. 19 July 2016 <https://www.washingtonpost.com/news/innovations/wp/2015/06/09/a-company-bets-its-future-on-virtual-reality-aquariums-in-china/>.

115 Strange, Adario. 'Virtual Reality Amusement Park in China Will Include a Virtual Zoo.' 11 June 2015. *Mashable UK*. 19 July 2016 <http://mashable.com/2015/06/10/virtual-reality-amusement-park/#xE.nfP2W1gq9>.

116 White, Jennifer. 'London Aquarium Nabs PETA Award for Virtual Reality Orca and Polar Bears.' 30 March 2016. *PETA UK*. 28 December 2017 <http://www.peta.org.uk/media/news-releases/london-aquarium-nabs-peta-award-virtual-reality-orca-polar-bears/>.

117 Hoskyn, Jonas. 'Der Zolli schweigt über Fischarten fürs Ozeanium — von den Gegner hagelt es Kritik.' 20 April 2019. *bz*. 5 October 2023 <https://www.bzbasel.ch/basel/basel-stadt/der-zolli-schweigt-uber-fischarten-furs-ozeanium-von-den-gegner-hagelt-es-kritik-ld.1298500>, Dreyfus, Jonas. 'Heftige Debatte um Basler Ozeanium: «Leider kann man die Seepferdchen nicht fragen».' 13 May 2019. *Blick*. 5 October 2023 <https://www.blick.ch/schweiz/basel/heftige-debatte-um-basler-ozeanium-leider-kann-man-die-seepferdchen-nicht-fragen-id15318032.html>.

118 'Umstrittenes Projekt — Zoo-Ozeanium spaltet Basel.' 29 April 2019. *SRF*. 5 October 2023 <https://www.srf.ch/news/schweiz/umstrittenes-projekt-zoo-ozeanium-spaltet-basel>, Dreyfus 2019/5 October 2023 <https://www.blick.ch/schweiz/basel/heftige-debatte-um-basler-ozeanium-leider-kann-man-die-seepferdchen-nicht-fragen-id15318032.html>, Hunt, Julie. 'Voters to Decide Fate of Giant Basel Aquarium.' 15 May 2019. *SWI*. 5 October 2023 <https://www.swissinfo.ch/eng/multimedia/ozeanium-vote_voters-to-decide-fate-of-giant-basel-aquarium/44856186>.

119 Dreyfus 2019/5 October 2023 <https://www.blick.ch/schweiz/basel/heftige-debatte-um-basler-ozeanium-leider-kann-man-die-seepferdchen-nicht-fragen-id15318032.html>.

120 Gerny, Daniel. 'Das Basler Ozeanium bleibt ein Traum — ein klares Nein an der Urne.' 19 May 2019. *NZZ*. 5 October 2023 <https://www.nzz.ch/schweiz/das-basler-ozeanium-bleibt-ein-traum-ein-klares-nein-an-der-urne-ld.1482976?reduced=true>.

121 Roth, Hans Peter. 'Vision NEMO: Drehscheibe der Zukunfts-Technologie.' *Journal Franz Weber*. 108 (2014): pp. 8–9. 25 November 2024 <https://www.ffw.ch/wp-content/uploads/2018/06/JFW108_2014_DE.pdf>.

122 'Projekt Vision Nemo: Echter Meeresschutz durch Nachhaltigkeit.' 2015. *Taucher Revue*. 161. 25 November 2024, pp. 68–73 <http://www.taucher-revue.ch/data/ausgaben/file_1_902.pdf>.

123 Roth 2014, p. 7. 25 November 2024 <https://www.ffw.ch/wp-content/uploads/2018/06/JFW108_2014_DE.pdf>.

124 Musée Océanographique de Monaco. 'IMMERSION EXHIBITION.' 19 October 2024 <https://musee.oceano.org/en/exhibitions/exhibition-immersion/>.

125 Dreamed by us. 'Dreamed by us LTD.' 19 October 2024 <https://www.dreamedbyus.com/who-we-are/>, 'IMMERSION.' 19 October 2024 <https://www.dreamedbyus.com/immersion-2/>, Helgason, Nicole. 'Oceanographic Museum of Monaco Unveils Virtual Great Barrier Reef Exhibit.' 31 August 2020. *Reef Builders*. 30 Novemver 2024 <https://reefbuilders.com/2020/08/31/oceanographic-museum-of-monaco-unveils-virtual-great-barrier-reef-exhibit/>.

126 鈴木克美「機械水族館（メクアリウム）の開館」『博物館研究』13（7）、1978年、10ページ。

127 鈴木　1978年、13ページ。

128 野村周平、下村正嗣「バイオミメティクスの定義と歴史、将来への展望」篠原現人、野村周平編『バイオミメティクス――生物の形や能力を利用する学問』東海大学出版部、２０１６年、２〜７ページ。

129 Hu, Huosheng. 'Biologically Inspired Design of Autonomous Robotic Fish at Essex.' *Proceedings of the IEEE SMC UK-RI Chapter Conference 2006 on Advances in Cybernetic Systems* (2006): pp. 1–7.

130 Hu 2006, p. 8.

131 Guttierrez III, Edward. 'Navy Tests New Unmanned Underwater Vehicle at JEBLC-FS.' 12 December 2014. *America's Navy*. 30 December 2017 <http://www.navy.mil/submit/display.asp?story_id=84845>.

132 Golson, Jordan. 'The Navy's New Robot Looks and Swims Just Like a Shark.' 16 December 2014. *Wired*. 30 December 2017 <https://www.wired.com/2014/12/navy-ghostswimmer-robot-fish/>.

133 Conti, Walt. 'Engineering Innovation Leadership.' 30 November 2024 <http://www.waltconti.com/about/>, Pockross, Adam. 'Robot dolphins are Here to Free Willy and Revolutionize Marine Theme Parks.' 19 August 2020. *SYFY*. 13 Novemver 2024 <https://www.syfy.com/syfy-wire/robot-dolphins-ai-android-animals-theme-parks-aquariums>.

134 Badasie, Charlene. 'Robotic Animals Replacing the Real Thing in Zoos and Aquariums?' 2024. *Giant Freakin Robot*. 29 Novemver 2024 <https://www.giantfreakinrobot.com/tech/robotic-animals-in-zoos.html>.

135 Liszewski, Andrew. 'A Special Effects Company Built a Robotic Dolphin so Aquariums Won't Have to Keep Real Ones in Captivity.' 22 June 2020. *GIZMODO*. 19 October 2024 <https://gizmodo.com/a-special-effects-company-built-a-robotic-dolphin-

so-aq-1844119597>.

136 Darling, Kate. 'The Robots are Coming for Your Job... If You're a Dolphin.' 27 May 2022. *BBC Science Focus*. 29 November 2024 <https://www.sciencefocus.com/comment/the-robots-are-coming-for-your-job-if-youre-a-dolphin>.

137 Edge Innovations. 'Real-time Animatronics.' 19 October 2024 <https://www.edgefx.com/real-time-animatronics>.

138 Pockross 2020/13 Novemver 2024 <https://www.syfy.com/syfy-wire/robot-dolphins-ai-android-animals-theme-parks-aquariums>.

139 Liszewski 2020/19 October 2024 <https://gizmodo.com/a-special-effects-company-built-a-robotic-dolphin-so-aq-1844119597>.

140 Edge Innovations. 'Real-time Animatronics.' 19 October 2024 <https://www.edgefx.com/real-time-animatronics>.

141 Pockross 2020/13 Novemver 2024 <https://www.syfy.com/syfy-wire/robot-dolphins-ai-android-animals-theme-parks-aquariums>.

142 Badasie 2024/29 Novemver 2024 <https://www.giantfreakinrobot.com/tech/robotic-animals-in-zoos.html>.

143 Borgards, Roland. 'Der virtuelle Zoo: Unterwegs zum zoologishen Datengarten.' Bolinski, Ina and Stefan Rieger, eds. *Das verdatete Tier: Zum Animal Turn in den Kultur- und Medienwissenschaften*. Berlin: J. B. Metzler, 2019, p. 144.

144 Borgards 2019, p. 149.

145 ゲイブラー、ニール（中谷和男訳）『創造の狂気　ウォルト・ディズニー』ダイヤモンド社、２０１７年、５１９〜５２４ページ。

146 Pockross 2020/13 Novemver 2024 <https://www.syfy.com/syfy-wire/robot-dolphins-ai-android-animals-theme-parks-aquariums>.

147 Lange, Jürgen and Natascha Meuser, eds. *Handbuch und Planungshilfe: Aquarienbauten*. Berlin: DOM Publishers, 2022, 277.

148 Ocean Conservation Trust. 'Our History.' 3 October 2024 <https://oceanconservationtrust.org/about/our-story/>.

149 'Dawning of the Age of Aquarium!' *Herald Express*. 6 May 1998, p. 18.

150 Turner, Lis. 'Aquarium Wrong to Import Sharks.' *Extra*. 14 May 1998, p. 7.

151 Spong, Brenda M. 'Aquarium Import of Sharks is Disgusting.' *Extra*. 28 May 1998, p. 9.

152 Guyatt, Pam. 'Bitten by Appeal of NMA Sharks.' *Extra*. 25 June 1998, p. 3.

153 National Marine Aquarium. 'Animal Husbandry.' 23 November 2024 <https://www.national-aquarium.co.uk/explore/animal-husbandry/>, 'Breeding Programmes.' 3 October 2024 <https://www.national-aquarium.co.uk/explore/conservation-projects/breeding-programmes/>.

154 Ocean Conservation Trust. 'Collaborative Seagrass Restoration.' 3 October 2024 <https://oceanconservationtrust.org/project/remedies-project/>, 'Why is Seagrass Important?' 3 October 2024 <https://oceanconservationtrust.org/ocean-habitats/why-seagrass/>, 'Our History with Seagrass.' 23 November 2024 <https://oceanconservationtrust.org/ocean-habitats/our-history-with-seagrass/>, 'Our History.' 3 October 2024 <https://oceanconservationtrust.org/about/our-story/>.

155 Ocean Conservation Trust. 'The Blue Meadows Approach.' 3 October 2024 <https://oceanconservationtrust.org/ocean-habitats/the-blue-meadows-approach/>, 'Our History with Seagrass.' 3 October 2024 <https://oceanconservationtrust.org/ocean-habitats/our-history-with-seagrass/>.

156 Lange and Meuser 2022, 349.

157 Den Blå Planet. 'Science and nature conservancy.' 23 November

2024 <https://denblaaplanet.dk/en/about-the-blue-planet/science-and-nature-conservancy/>.

158 Den Blå Planet. 'The Greenland Shark — Old & Cold.' 23 November 2024 <https://denblaaplanet.dk/en/about-the-blue-planet/science-and-nature-conservancy/research-projects/the-greenland-shark-old-cold/>, 'Do Fish Like Artificial Stone Reefs?' 23 November 2024 <https://denblaaplanet.dk/en/about-the-blue-planet/science-and-nature-conservancy/research-projects/do-fish-like-artificial-stone-reefs/>.

159 Powell, David C. *A Fascination for Fish: Adventures of an Underwater Pioneer.* Berkeley: University of California Press, 2001, pp. 184–185.

160 Powell 2001, p. 186, *Monterey Bay Aquarium.* Hong Cong: Monterey Bay Aquarium Foundation, 1992, pp. 7–8.

161 Powell 2001, pp. 186–188.

162 Powell 2001, p. 187.

163 Powell 2001, p. 188.

164 Powell 2001, pp. 191–192.

165 Powell 2001, p. 192.

166 Powell 2001, pp. 194–204.

167 内田至「イルカのショウと魚の曲芸をやらなかった最新の水族館」『博物館研究』20（9）1985年、2ページ。

168 Powell 2001, p. 212.

169 吉田　2000年、66～73ページ。

170 吉田　2000年、69ページ。

171 吉田　1999年（『ジンベエザメの命　メダカの命』）、87ページ。

172 末吉尚子「ここがみどころ」鹿児島市水族館公社（編）『さくらじまの海』1、鹿児島市水族館公社、1998年、5ページ。

173 宮崎亘「鹿児島の水草」『さくらじまの海』8、1999年、2～3ページ、大森純子「海草展示に挑む」『さくらじまの海』34、2006年、2～3ページ。

174 吉田啓正「水族館・生きている多様性との出会い」『さくらじまの海』5、1999年、3ページ。

175 吉田　1999年（『さくらじまの海』）、2～3ページ。

176 吉田　1999年（『ジンベエザメの命　メダカの命』）、72～84ページ。

177 吉田　1999年（『ジンベエザメの命　メダカの命』）、97～108ページ、中畑勝見「ジンベエザメはどこへ行く?」『さくらじまの海』26、2004年、2～3ページ。荻野洸太郎ほか『かごしま水族館　10周年記念誌』出版社未記載、2007年ごろ、81～84ページ。

178 荻野　2007年ごろ、86～91ページ。

179 出羽慎一「錦江湾のなかまたち　2.アカオビハナダイ」『さくらじまの海』3、1998年、5ページ、「錦江湾のなかまたち　5.トゲトサカ類の死」『さくらじまの海』6、1999年、5ページ、大隅大「錦江湾のなかまたち　10.ボネリムシの仲間」『さくらじまの海』11、2000年、5ページ。

180 吉田　1999年（『ジンベエザメの命　メダカの命』）、134～143ページ、大塚美加「新しくなりました「いるかの時間」」『さくらじまの海』7、1999年、8ページ。

181 吉田　2000年、73ページ。

182 吉田　2000年、71ページ。

183 安部　2011年、105～106ページ、浅石［浅石］優、篠崎淳「アクアマリンふくしま」建築思潮研究所　2017年、43～53ページ。

184 安部　2011年、105～106ページ。

185 安部　2011年、101～107ページ。

あとがき

本研究は、２０１５年度関西大学若手研究者育成経費において、研究課題「水族館の文化史に関する研究」として研究費を受け、その成果を公表するものである。さらに本研究は独立行政法人日本学術振興会の科研費（１６Ｋ１６７５６）の助成を得た。また、２０１６年度関西大学在外研究による成果でもある。

『動物園の文化史』を書いてのち、つぎの研究対象にしようと決めたのが、水族館であった。日米欧の水族館の歩みを、各時代の文化的・社会的背景と関連づけながら辿ろうとしたが、これがたいへんな苦闘になるとは思いもしなかった。

何よりもまず、水族館史にかんする先行研究が少ないうえ、そのほとんどが特定の時代や地域に偏っていた。それに、近代以前の水族飼育や水族研究のことも知りたかったが、これについてはもっぱら海外の資料に頼るしかなかった。

本書の執筆を難しくしたもうひとつの問題に、ＷＡＺＡがＪＡＺＡに資格停止を突きつけた事件がある。どのような文脈であつかうか試行錯誤したあげく、結局この一件を、１９７０年代以降に生じた思潮の変化とのかかわりで読みとくことにした。いま書きおえて思うのは、この事件はたしかに少なからぬ人びとを不快にしたが、水族飼育の未来をあらためて考える契機になったのも事実だろう。

本書で書いたとおり、水族館はもともと西洋に由来し、かの地の文化を学ぼうとする流れのなかで日本にもやってきた。その西洋はいま、動物観を急速に変化させ、新しい時代へと入ろうとしている。もちろん、ただそれに追随すればよい、というのではない。しかし、グローバルな視点で趨勢を見きわめること、また水族館関係者だけでなく、私たち消費者ひとりひとりが、「これまで生きものたちにたいして何をしてきたのか」、「これから彼らとどう向きあっていくべきか」を、真剣に問うことが、いま求められている。

なおこの本では、日米欧の水族館をあつかうため、「すべての水族館」をとりあげることはしていない。むしろ、各時代を象徴する(と筆者がみなす)水族館に絞ってとりあげた。「なんであの有名な水族館を言及しないんだ!」とお叱りを受けるかもしれないが、これは施設紹介に終始するあまり、全体像が見えなくなるのを避けたためである。

筆者がめざしたのは、ヨーロッパ、アメリカ、日本における水族飼育の変遷を追うことによって、水族館の意義を考えるための手がかりを提供することであった。水族館を擁護する人たちも批判する人たちも、「ともに考える」きっかけをつくりたかったのだが、その試みがうまくいっているかどうかは、読者の皆様のご判断におまかせするしかない。もし本書を読んで興味をおもちになったら、巻末の主要参考資料を見ていただければ幸いである(また、今回のような研究はまだ珍しいので、読みにくくなるのを覚悟で注をつけた。今後の研究の役に立てたら嬉しい)。

本書を書くにあたっては、国内外のさまざまな方のお世話になった。葛西臨海水族園副園長の錦織一臣氏には、水族園の舞台裏を歩きながら解説していただいただけでなく、水族館の現状や、飼育で苦労されていることなどをお話しいただいた。これは、たいへん貴重な経験であった。また、有益な資料をいくつもご紹介いただいている(今回は葛西臨海水族園にあまり触れられなかったことを、どうかお許しいただければと願う)。

さらに須磨水族園経営企画室の中山寛美氏は、筆者の突然のお願いにもかかわらず、最新の展示をお見せいただくと同時に、質問にもご丁寧に答えてくださった。また尼崎市立地域研究史料館の辻川敦氏、西村豪氏には、阪神パーク水族館の画像の使用を許可していただいたばかりか、同水族館の貴重な資料もご送付いただいた。

関西大学文学部の柏木治教授からは一部フランス語の表記について、また長谷部剛教授からは、本書のベースとなった論文執筆のさい、中国語の読みかたを教えていただいた。以上の方々全員に、心からの感謝を申しあげたい。なお、海外でお世話になった動物園・水族館ならびに大学の人たちについては、英文の謝辞でお礼申しあげる。

そしてとりわけ、この本の出版に尽力していただいた勉誠出版の堀郁夫氏に、深く感謝するしだいである。今回も、一部カラー化することをはじめ、筆者のわがままなお願いをいくつもかなえていただき、また内容にかんしていつもご相談にのっていただいた。本書は、堀氏のお力とご理解なくしては出版しえなかったものである。

最後に、筆者の家族にも、感謝すると同時に謝らなければならない。長期にわたり、休日返上で執筆にとりかかるのを許してくれたことについて。そしてまた、「深海ザメが展示されたらしい。いってくる！」などといって遠隔地へすっ飛んでいくような、奇矯（ききょう）なふるまいに耐えてくれたことについて。

本書の出版は、これらの方々の助力によるものである。重ねて謝意を表したい。

２０１８年４月

溝井裕一

増補新版あとがき

「どうして、水族館の歴史を研究しようと思ったのですか？」

インタビューの場で、そう聞かれることがある。たしかにふしぎかもしれない。なぜなら筆者の研究者としての経歴は、ドイツの伝説研究ではじまっているからだ（伝説とは「ほんとうにあったこと」として語られる民話のことである）。それがなぜ、動物園や水族館のことを調べるようになったのか。

もともとは、ひとと動物の関係に深い興味があった。そしてドイツでも日本でも、民話において動物は重要な役割を果たす。神秘的な存在としてあつかわれたり、人間のように考え話したりと、表現のされかたはさまざまだが、それが各時代、各地域の動物観とかかわっていることは明らかだ。ただ民話は、全歴史におけるひとと動物の関係すべてを説明してくれるわけではないし、資料が限定的なことも多い。これに比べると、動物園や水族館の原型は、文明のはじまりとともに存在し、（とくに動物園は）資料も豊富だから、ひとと動物の関係がどう変わってきたかを知るには絶好の素材である。動物園／水族館は、はじめは授業の1テーマにすぎなかったが、しだいにボリュームが増して、複数の本へと発展していった。

『水族館の文化史――ひと・モノ・動物がおりなす魔術的世界』はそのひとつである。以前に『動物園の文化史』を書いたときは、作業がはかどって、あまり内容に悩むことはなかったが、水族館はそうではなかった。それは何よりも、「動物の苦痛」がクローズアップされる現代において、水族館の立場が動物園以上に微妙なものであることに気づかされたからである。

筆者自身、水族館での調査を終えたあと、考えこんでしまうこともしばしばだった。ほとんど方向転換すらできないような水槽に、意図的にとじこめられた魚。生態からかけはなれた異様な空間に、オブジェか何かのように飾られた魚。「教育」と称しているが、結局は派手なだけの見世物の数々——残念ながら、そういった経験は日本の水族館に集中している。

そうした思いをかかえて、悩みながら『水族館の文化史』を書き、2018年に勉誠出版（現在の勉誠社）で出版させていただいたとき、目をつぶって大砲をぶっ放して、あとはどこに着地するのかわからないという気分だった。だから、同年にサントリー学芸賞（社会・風俗部門）をいただくことになったのは思いもかけず、またありがたいことだった。いっぽうで、水族館にかんする悩みはなくならなかった。その後の展開をまのあたりにして、いくら自分が世界の状況を踏まえて、水族館の将来をあれこれ考えたところで、日本ではしょせん「変態行為」にすぎないのだと思わざるをえなかった。それでも、水族館の研究をやめるにいたらなかったのは、心ある水族館関係者を何人も知っていたからだ。

じっさいには、水族飼育施設の性格は多種多様で、「水族館」とひとくくりにするのも難しいほどだ。民営か公営か、営利か非営利かで運営方針も変わってこよう。ただ共通していえるのは、一度、動物飼育施設のコンセプトが決定されて、建物、スタッフ、生きものをそろえてしまえば、もうかんたんに変更はできないということだ。ところがそのコンセプトがまずければ、母体となる企業や自治体の名が、悪い意味で世界に知れわたる。動物園／水族館は、もはや安易にスタートできるプロジェクトではない。『水族館の文化史』の増補新版にあたる本書も、こうした思索の旅の果てに書かれている。したがって大きな文章の追加がおこなわれたのは、未来の水族館にかんする第5章である。まず人工生物の導入についいて、考察をさらに広げた。これと並行して、飼育動物に配慮しつつ、地元の水域に寄りそい守る施設になる可能性もとりあげた。それぞれ違った方向性に見えるが、そうではない。どちらも古くからあった「海底を散歩したい」という欲求を満たし、かつ21世紀のわたしたちの感性をも反映させた、生きもの展示の革命をめざすものだからだ。

もちろん、「これが正解だ」というつもりはまったくない。多様な意見があってとうぜんであり、しかも世界情勢があまりに目まぐるしく変わりつつあるのは、読者の皆様もご存じのとおりである。しかし、もし本書に書かれていることが刺激となって、さまざまな立場の人びとが水族館のこれからについて考えていただければ、これほどありがたいことはない。なお、初版が出てはや7年になるため、参照したウェブサイトの一部は今日では削除されたり、修正されたりしているが、最初に得た情報を尊重し、注内の参照URLの多くはあえてそのままにしている。

最後に、本書の副題であるが、「幻想世界」の「想」を「蒼」におきかえたものとした。水族館は水界のイメージの表象であることを強調するためである。興味深いことに、ゲームのタイトルの一部に「幻蒼」がもちいられていた例もあるらしいが、本書とのかかわりはない。

本書を書くまでに、お世話になった方々が大勢おられる。葛西臨海水族園の錦織一臣園長には、何度も施設を見学させていただいただけでなく、インタビューにも応じていただいた。海遊館の西田清徳前館長、村上寛之館長にも、おなじく親身になって対応していただいている。いおワールドかごしま水族館の荻野洸太郎前館長、佐々木章館長からは、本書でも大きくとりあげている吉田啓正氏について貴重なお話を聞かせていただいた。さらに、水族館に長年たずさわってこられた建築家・藤井洋氏からは、吉田氏のことのほかに、水族館に関係する興味深いお話をたくさん教えていただいた。

『水族館の文化史』の最初の版では、須磨海浜水族園経営企画室の中山寛美氏、尼崎市歴史博物館・あまがさきアーカイブズの辻川敦氏、西村豪氏に、インタビューや資料提供でご協力いただいている。関西大学文学部の柏木治名誉教授、長谷部剛教授からは、フランス語と中国語の表記について、助言していただいた。また、最初に単行本を出したとき以来、浜本隆志名誉教授からは執筆について貴重なご意見を賜りつづけている。そして、『水族館の文化史』を勉誠出版から出したときに、堀郁夫氏（現在は図書出版みぎわを立ちあげておられる）には大変お世話になった。きわめて美しい装丁が、のちの高い評価につながったと信じている。これらの方々すべてに、心から感謝申しあげたい。なお、海外でお世話になった動物園・水族館ならびに大学の方々については、英文の謝辞でお礼申しあげる。

そして、中央公論新社ノンフィクション編集部の田頭晃氏からは、今回の増補新版のお話をいただき、大変うれしく思ったことを明記しておきたい。知らないあいだに、水族館について新しい情報がたまっており、それを書き加えるありがたい機会であった。深く感謝するしだいである。筆者を田頭氏にご紹介いただいた中公新書編集部の胡逸高氏にも、この場でお礼申しあげたい。

最後に、私の心の支えとなってくれている家族全員、わけても、父・高志にこの本を贈りたい。幼い筆者をかかえて、当時の須磨水族館の大水槽に落とすまねをして怖がらせたことが、少なからぬ影響を与えているように思うから。

2025年1月

溝井裕一

図4-29～30　筆者撮影、2015年９月。
図4-31　国際情報社沖縄海洋博編集室編『EXPO' 75――沖縄国際海洋博覧会　海――その望ましい未来』国際情報社、1975年カバー。
図4-32～34　筆者撮影、2015年９月。

■第５章
扉　筆者撮影、2025年１月。
図5-1　筆者撮影、2014年２月。
図5-2　筆者撮影、2015年９月。
図5-3　筆者撮影、2016年７月。
図5-4　筆者撮影、2016年４月。
図5-5　Amazon. 'Blackfish.' 30 December 2017 <https://www.amazon.com/Blackfish-Tilikum/dp/B00EL6AAEU/ref=sr_1_2?ie=UTF8&qid=1514644888&sr=8-2&keywords=black+fish>.
図5-6　Minecraftpsyco. 'Sensorama.' *Wikipedia.* 30 December 2017 <https://en.wikipedia.org/wiki/Sensorama>
図5-7　「アクアノートの休日」（アマゾンより）<https://www.amazon.co.jp/dp/B000069UD2/ref=pd_lpo_sbs_dp_ss_2?pf_rd_p=187205609&pf_rd_s=lpo-top-stripe&pf_rd_t=201&pf_rd_i=B000069UDL&pf_rd_m=AN1VRQENFRJN5&pf_rd_r=0STQHV5S85EC008R54QD> 2017年12月13日アクセス。
図5-8　筆者撮影、2016年６月。
図5-9　筆者撮影、2015年３月。
図5-10　Immersion Exhibition of the Oceanographic Museum of Monaco © Institut océanographique de Monaco, P. Fitte.
図5-11　Polar Mission Exhibition of the Oceanographic Museum of Monaco © Institut océanographique de Monaco, P. Fitte.
図5-12～15　筆者撮影、2017年７月。
図5-16　© Edge Innovations 2021.
図5-17～18　筆者撮影、2016年５月。
図5-19　筆者撮影、2014年８月。
図5-20～23　筆者撮影、2017年９月、2025年１月。
図5-24～26　筆者撮影、2018年８月、2023年３月。
図5-27～28　筆者撮影、2019年３月。

図3-21　農商務省水産局　1898年、口絵。
図3-22〜24 『第五回内国勧業博覧会［写真帖］』1903年ごろ、ページ記載なし。
図3-25　五回内国勧業博覧会堺水族館事務所編『堺水族館図解』金港堂、1903年、32〜33ページ。
図3-26 『第五回内国勧業博覧会［写真帖］』1903年ごろ、ページ記載なし。
図3-27　京都国立近代美術館、笠岡市立竹喬美術館編『都路華香展――Tsuji Kakō』京都国立近代美術館、2006年、23ページ。
図3-28　姫路市立美術館蔵　画像提供：姫路市立美術館。
図3-29　尼崎市立歴史博物館あまがさきアーカイブズ提供。
図3-30　尼崎市立歴史博物館あまがさきアーカイブズ提供（吉田敬一氏原蔵）。
図3-31　'Aerial View of Marine Studios - Marineland, Florida.' *Florida Memory: State Library and Archives of Florida*. 14 December 2017 <https://www.floridamemory.com/items/show/159819>.
図3-32　'Dolphin Performing a Trick - Marineland, Florida.' *Florida Memory*. 14 December 2017 <https://www.floridamemory.com/items/show/80042>.
図3-33　'Woman Viewing Underwater Life at Marine Studios - Marineland, Florida.' *Florida Memory*. 14 December 2017 <https://www.floridamemory.com/items/show/66916>.
図3-34　Klös, Heinz-Georg and Jürgen Lange. *Vom Seepferdchen bis zum Krokodil: Vergangenheit und Gegenwart des Berliner Zoo-Aquariums*. Berlin: Presse- und Informationsamt des Landes Berlin, 1985, p. 25.
図3-35　Klös and Lange 1985, p. 29.
図3-36　筆者撮影、2011年８月。
図3-37　'Memorial Ship Mikasa' *Wikimedia Commons*. 14 December 2017 <https://commons.wikimedia.org/wiki/Category:Memorial_Ship_Mikasa?uselang=ja>.
図3-38〜42　筆者撮影、2014年８月。
図3-43　三舟隆之『浦島太郎の日本史』吉川弘文館、2015年、186ページ。

■第４章

扉　筆者撮影、2016年10月。
図4-1　筆者撮影、2017年７月。
図4-2　Peters, Hans. 'Jacques Cousteau.' *Wikipedia*. 23 January 2025 <https://en.wikipedia.org/wiki/Jacques_Cousteau>.
図4-3　Beauchamp, René. 'The Research Vessel Calypso of Captain Cousteau Arriving in Montreal on August 30, 1980.' *Wikipedia*. 23 January 2025 <https://en.wikipedia.org/wiki/RV_Calypso>.
図4-4　Wingtipvortex 'Aerial Photo of the Park.' *Wikipedia*. 24 December 2017 <https://en.wikipedia.org/wiki/SeaWorld_San_Diego>.
図4-5〜7　筆者撮影、2014年３月。
図4-8　'SEALAB.' *Wikipedia*. 24 December 2017 <https://en.wikipedia.org/wiki/SEALAB>.
図4-9〜12 筆者撮影、2015年９月。
図4-13　筆者撮影、2022年４月。
図4-14〜16　筆者撮影、2016年10月。
図4-17〜18　筆者撮影、2015年９月。
図4-19〜20　筆者撮影、2023年８月。
図4-21〜22　筆者撮影、2017年７月。
図4-23　'Ocean Expo Park.' *Wikimedia Commons*. 25 December 2017 <https://commons.wikimedia.org/wiki/Category:Ocean_Expo_Park?uselang=ja>.
図4-24〜25　筆者撮影、2022年３月。
図4-26〜27　筆者撮影、2015年３月、2022年４月。
図4-28　筆者撮影、2015年３月。

図2-28　*The Illustrated London News*. 30 December 1871, p. 637.
図2-29　筆者撮影、2016年４月。
図2-30　*The Illustrated London News*. 16 November 1872, p. 469.
図2-31　*The Illustrated London News*. 10 August 1872, p. 121.
図2-32　*The Graphic*. 24 August 1872, p. 165.
図2-33　*The Illustrated London News*. 31 October 1874, p. 412.
図2-34～35　筆者撮影、2017年３月。
図2-36　Haeckel, Ernst. *Kunstformen der Natur*. Wiesbaden: Marixverlag, 2012, Fig. 8.
図2-37　Harter 2014, Fig. 76.
図2-38　© Stazione Zoologica Anton Dohrn - Archivio Storico, Lb.6.1.2.
図2-39　© Stazione Zoologica Anton Dohrn - Archivio Storico, Lb.6.1.24.
図2-40～44　筆者撮影、2016年10月。
図2-45～46　©Aquário Vasco da Gama, Portugal.
図2-47～50　筆者撮影、2017年２月。
図2-51　Beta, H. 'Das Meer im Glashause.' Keil, Ernst, ed. *Die Gartenlaube: Illustrirtes Familienblatt*. 25. Berlin: Verlag von Ernst Keil, 1865, p. 389.
図2-52　Möbius, Karl A. *Das Aquarium des Zoologischen Gartens zu Hamburg*. Hamburg: Verlag der Zoologischen Gesellschaft, 1864, p. 38.
図2-53～55　筆者撮影、2017年２月。
図2-56　'HMS Challenger (1858).' *Wikipedia*. 23 November 2017 <https://en.wikipedia.org/wiki/HMS_Challenger_(1858)>.
図2-57　Rozwadowski, Helen M. *Fathoming the Ocean: The Discovery and Exploration of the Deep Sea*. Cambridge: The Belknap Press of Harvard University Press, 2005, p. 164.

■第３章

扉　鈴木克美『水族館』法政大学出版局、2003年、口絵。
図3-1　'Barnum's American Museum.' *Wikipedia*. 6 December 2017 <https://en.wikipedia.org/wiki/Barnum%27s_American_Museum>.
図3-2　'The Great New York Aquarium, Corner 35th St. & Broadway, New York.' *Museum of the City of New York*. 6 December 2017 <http://collections.mcny.org/Collection/The-Great-New-York-Aquarium,-corner-35th-St.-&-Broadway,-New-York.-2F3XC54JN4D.html>.
図3-3　Scheier, Joan. *New York City Zoos and Aquarium*. Charleston: Arcadia Publishing, 2005, p. 96.
図3-4　'History of the New York Aquarium.' *NYC Parks*. 6 December 2017 <https://www.nycgovparks.org/about/history/zoos/ny-aquarium>.
図3-5　筆者撮影、2015年９月。
図3-6　'September 29 — Steinhart Aquarium Opens (1923).' 28 September 2017. *Today in Conservation*. 6 December 2017 <http://todayinconservation.com/2017/09/september-29-steinhart-aquarium-opens-1923/>.
図3-7　McCosker, John E. *The History of Steinhart Aquarium: A Very Fishy Tale*. Virginia Beach: Donning Company/Publishers, 1999, p. 26.
図3-8～10　筆者撮影、2015年９月。
図3-11　Chute, Walter Harris. *Guide to the John G. Shedd Aquarium*. Chicago: John G. Shedd Aquarium, c. 1933, p. 164.
図3-12～13　筆者撮影、2015年９月。
図3-14～17　筆者撮影、2017年９月。
図3-18～19　農商務省水産局編『第二回水産博覧会附属水族館報告』東京印刷、1898年、第２図甲、第３図。
図3-20　農商務省水産局　1898年、第１図。

図1-20　Baratay, Eric and Elisabeth Hardouin-Fugier. *Zoo: A History of Zoological Gardens in the West.* London: Reaktion Books, 2004, p. 31.
図1-21　小宮正安『愉悦の蒐集――ヴンダーカンマーの謎』集英社、2013年、55ページ。
図1-22　小宮　2013年、138ページ。
図1-23　Piso, Willem and George Marcgrave. *Historia Naturalis Brasiliae.* 1648, p. 183.
図1-24　'Systema Naturae.' *Wikipedia.* 1 February 2018 <https://en.wikipedia.org/wiki/Systema_Naturae>.
図1-25　Bloch, Marcus Elieser. *Oeconomische Naturgeschichte der Fische Deutschlands.* Berlin: 1782, Fig. XIII.
図1-26　荒俣宏『新装版　世界大博物図鑑』(第2巻　魚類) 平凡社、2014年、254ページ。
図1-27　戸田禎佑「劉節筆藻魚図について」『美術研究』240、1966年、巻頭図2。
図1-28　日比野秀男『渡辺崋山』ぺりかん社、1994年、口絵4。
図1-29　貝原益軒『大和本草　新校正　巻之上』秋田屋太右エ門ほか、1825年、72ページ。
図1-30　荒俣　2014年、293ページ。

■第2章
扉　当時のポストカード、筆者所蔵。
図2-1　'Philip Henry Gosse.' *Wikipedia.* 15 November 2017 <https://en.wikipedia.org/wiki/Philip_Henry_Gosse>.
図2-2　Gosse, Philip Henry. *The Aquarium: An Unveiling of the Wonders of the Deep Sea.* London: John Van Voorst, 1856, Fig. 1.
図2-3　Harter 2014, Fig. 3
図2-4～5　London Zoo. 'World's First Aquarium.' 7 Februar 2025 <https://www.londonzoo.org/zoo-stories/history-of-london-zoo/worlds-first-aquarium>.
図2-6　Harter 2014, Fig. 7.
図2-7　'Aquarium.' *Wikipedia.* 15 November 2017 <https://en.wikipedia.org/wiki/Aquarium>.
図2-8～9　Ducuing, François. *L'Exposition universelle de 1867 illustrée: Publication internationale autorisée par la Commission impériale.* 1. Paris: Bureaux d'abonnements, 1867, p. 77.
図2-10　Harter 2014, Fig. 54.
図2-11～12　Ducuing 1867, p. 76.
図2-13　*Harper's Weekly.* 21 September 1867, p. 604.
図2-14　Nehlich, Noah. 'VR in the 18th Century.' 11 January 2022. *Aqua Magazine.* 7 Februar 2025 <https://www.aquamagazine.com/builder/outdoor-living/article/15286372/vr-in-the-18th-century>.
図2-15　Harter 2014, Fig. 55
図2-16～17　筆者撮影、2016年7月。
図2-18　'Berliner Aquarium Unter den Linden.' *Wikipedia, die freie Enzyklopädie.* 7 February 2025. <https://de.wikipedia.org/wiki/Berliner_Aquarium_Unter_den_Linden>.
図2-19～20　Fritsch, K. E. O. 'Das Aquarium zu Berlin.' Architekten-Verein zu Berlin, ed. *Deutsche Bauzeitung.* 3. Berlin: Kommissions-Verlag, 1869, p. 232-233.
図2-21～23　'Illustrations from Twenty Thousand Leagues Under the Sea by Alphonse de Neuville.' *Wikimedia Commons, the Free Media Repository.* 23 November 2017 <https://commons.wikimedia.org/wiki/Category:Illustrations_from_Twenty_Thousand_Leagues_Under_the_Sea_by_Alphonse_de_Neuville>.
図2-24　Harter 2014, Fig. 57.
図2-25～26　当時のポストカード、筆者所蔵。
図2-27　Università degli Studi di Milano-Bicocca. 'Exposition universelle de Paris 1878.' *Milano città delle scienze.* 23 November 2017 <http://milanocittadellescienze.it/it/img13_g04_mondiacquatici/>.

ボードリヤール・ジャン（竹原あき子）『シミュラークルとシミュレーション』法政大学出版局、2013年。

堀家邦男『水族館の魚達――ある館長のお魚との対話』秦流社、1975年。

前田純一「阪神パークと水族館」阪神電気鉄道株式会社臨時社史編纂室編『輸送奉仕の五十年』阪神電気鉄道、1955年、118～123ページ。

水野博介『ポストモダンのメディア論2.0――ハイブリッド化するメディア・産業・文化』学文社、2017年。

三舟隆之『浦島太郎の日本史』吉川弘文館、2015年。

吉田啓正『ジンベエザメの命　メダカの命――水族館・限りなく生きることに迫る』信山社サイテック、1999年。

吉田啓正「21世紀へ変わる水族館」『近代建築』54、2000年、66～73ページ。

吉見俊哉『博覧会の政治学――まなざしの近代』講談社、2010年。

リオタール、ジャン＝フランソワ『こどもたちに語るポストモダン』筑摩書房、1999年。

図版出典一覧

■はじめに

図1　Harter, Ursula. *Aquaria in Kunst, Literatur und Wissenschaft.* Heidelberg: Kehrer, 2014, Fig. 61.

■第１章

扉　筆者撮影、2016年10月。
図1-1　Black, Jeremy and Anthony Green. *Gods, Demons and Symbols of Ancient Mesopotamia: An Illustrated Dictionary.* Austin: University of Texas Press, 2003, p. 83.
図1-2　Black 2003, p. 131.
図1-3　*Lexicon Iconographicum Mythologiae Classicae.* VIII. 2. Zürich: Artemis Verlag, 1997, p. 159.
図1-4　筆者撮影、2017年２月。
図1-5　Antonietti, Alessio. 'Torre Astura.' *Wikipedia, l'enciclopedia libera.* 1 February 2018 <https://it.wikipedia.org/wiki/Torre_Astura>.
図1-6～7　筆者撮影、2016年10月。
図1-8　Duzer, Chet van. *Sea Monsters on Medieval and Renaissance Maps.* London: The British Library, 2014, p. 49.
図1-9　Bond, C. J. 'A Fourteenth-Century Fishpond Fresco in the Palais des Papes,' Avignon. Aston, Michael, ed. *Medieval Fish, Fisheries and Fishponds in England.* Part ii. Oxford: BAR, 1988, p. 458.
図1-10　Nash, Colin E. *The History of Aquaculture.* Ames: Wiley-Blackwell, 2011, p. 41.
図1-11　Aston, M. 'Aspects of Fishpond Construction and Maintenance in the 16th and 17th Centuries.' Aston 1988 (Part i), p. 199.
図1-12　'Albertus Magnus.' *Wikipedia, the Free Encyclopedia.* 1 February 2018 <https://en.wikipedia.org/wiki/Albertus_Magnus>.
図1-13　Belon, Pierre. *De aquatilibus, libri duo cum.* Paris: 1553, p. 200.
図1-14　Rondelet, Guillaume. *Libri de piscibus marinis.* Lyon: 1554, p. 363.
図1-15　Salviani, Ippolito. *Aquatilium animalium historiae.* Rome: 1554, p. 187.
図1-16　Belon 1553, p. 39.
図1-17　筆者撮影、2013年９月。
図1-18～19　筆者撮影、2014年８月。

Thwaite, Ann. *Glimpses of the Wonderful: The Life of Philip Henry Gosse 1810–1888*. London: Faber and Faber, 2002.

Zimmermann, Tim. 'The Killer in the Pool.' 30 July 2010. *Outside*. 28 December 2017 <https://www.outsideonline.com/1924946/killer-pool>.

荒俣宏『新装版　世界大博物図鑑』（第２巻　魚類）平凡社、2014年。

アリストテレース（島崎三郎訳）『動物誌』（上下）岩波書店，1998～1999年。

池谷幸樹「水族館における日本産淡水魚の保全」『博物館研究』50（11）、2015年、14～17ページ。

内村義城編『堺水族館記』堺史談会編集局、1903年。

『沖縄国際海洋博覧会公式ガイドブック』沖縄国際海洋博覧会協会、1975年。

鎌形慎太郎「昭和初期における水族館実践論の萌芽――堀家父子の業績を中心に」『博物館学雑誌』41（１）、2015年、57～73ページ。

久米邦武（水澤周・現代語訳）『米欧回覧実記』（第１～５巻）慶應義塾大学出版会、2008～2016年。

国際情報社沖縄海洋博編集室編『EXPO'75――沖縄国際海洋博覧会　海――その望ましい未来』国際情報社、1975年。

佐藤恵子『ヘッケルと進化の夢――一元論、エコロジー、系統樹』工作舎、2015年。

サンスティン、キャス・R、マーサ・C・ヌスバウム編（大林啓吾ほか監訳）『動物の権利』尚学社、2013年。

シンガー、ピーター（戸田清訳）『動物の解放』技術と人間、2002年（増補改訂版：戸田清訳『動物の解放［改訂版］』人文書院、2011年）。

新共同訳『聖書』日本聖書協会、2000年。

末広恭雄『サーカス水族館』河出書房、1956年。

鈴木克美「機械水族館（メクアリウム）の開館」『博物館研究』13（７）、1978年、10～15ページ。

鈴木克美『金魚と日本人』三一書房、1997年。

鈴木克美「神奈川県の水族館史――首都近郊における明治23年（1890）以降の水族館の発展」『東海大学博物館研究報告』４、2002年、１～35ページ。

鈴木克美『水族館』法政大学出版局、2003年。

鈴木克美、西源二郎『新版　水族館学――水族館の発展に期待をこめて』東海大学出版会、2010年。

諏訪智美「日本の絵画における遊魚表現――『大日本魚類画集』の解釈について」『芸術学研究』18、2013年、51～60ページ。

ダーウィン、チャールズ（渡辺政隆訳）『種の起源』（上下）光文社、2013年。

舘暲『バーチャルリアリティ入門』筑摩書房、2002年。

伴野準一『イルカ漁は残酷か』平凡社、2015年。

中村元「大型水族館から、多機能・メディア型水族館へ――集客性を生む、コア・コンピタンス創造にいかに取り組んだか」『レジャー産業資料』37（６）、2004年、９～11ページ。

中村元「水族館事業の展望―水族館の“マスカルチャー化”時代における集客」『レジャー産業資料』45（10）、2012年、58～63ページ。

西村三郎『文明のなかの博物学』（上）紀伊國屋書店、2000年。

日本バーチャルリアリティ学会編『バーチャルリアリティ学』コロナ社、2016年。

農商務省水産局編『第二回水産博覧会附属水族館報告』東京印刷、1898年。

農商務省編『第五回内国勧業博覧会事務報告』（下）東京国文社、1904年。

浜野喬士『エコテロリズム――過激化する環境運動とアメリカの内なるテロ』洋泉社、2009年。

姫路市立美術館編『大野麥風と大日本魚類画集』姫路市立美術館友の会、2010年。

藤野富之助『東京名物浅草公園水族館案内』瞰海堂、1899年。

ブライマン、アラン（能登路雅子監訳）『ディズニー化する社会――文化・消費・労働とグローバリゼーション』明石書店、2008年。

プリニウス（中野定雄ほか訳）『プリニウスの博物誌』（縮刷版Ⅱ）雄山閣、2012年。

ブルンナー、ベアント（山川純子訳）『水族館の歴史』白水社、2013年。

ベルヌ（ヴェルヌ）、ジュール（清水正和訳）『海底二万海里』福音館書店、2000年。

1985.
Kroll, Gary. *America's Ocean Wilderness: A Cultural History of Twentieth-century Exploration.* Lawrence: University Press of Kansas, 2008.
Lachapelle, Sofie and Heena Mistry. 'From the Waters of the Empire to the Tanks of Paris: The Creation and Early Years of the Aquarium Tropical, Palais de la Porte Dorée.' *Journal of the History of Biology.* 47.1 (2014): pp. 1–27.
Lindburg, Donald G. 'Zoos and the Rights of Animals.' Armstrong, Susan J. and Richard G. Botzler, eds. *The Animal Ethics Reader.* London: Routledge, 2003, pp. 471–480.
Lloyd, William Alford. *A List, with Descriptions, Illustrations, and Prices, of Whatever Relates to Aquaria.* London. Aquarium Warehouse. 1858.
Lück, M. 'Captive Marine Wildlife: Benefits and Costs of Aquaria and Marine Parks.' Higham, J. and M. Lück, eds. *Marine Wildlife and Tourism Management: Insights from the Natural and Social Sciences.* Oxfordshire: CABI, 2008, pp. 130–141.
Mazuryk, Tomasz, and Michael Gervautz. *Virtual Reality: History, Applications, Technology and Future.* Institute of Computer Graphics. Vienna University of Technology, 1996.
McCosker, John E. *The History of Steinhart Aquarium: A Very Fishy Tale.* Virginia Beach: Donning Company/Publishers, 1999.
Mitman, Gregg. 'Cinematic Nature: Hollywood Technology, Popular Culture, and the American Museum of Natural History.' *Isis.* 84.4 (1993): pp. 637–661.
Nash, Colin E. *The History of Aquaculture.* Ames: Wiley-Blackwell, 2011.
Olmstead, Kathleen. *Jacques Cousteau: A Life Under the Sea.* New York: Sterling, 2008.
Palmer, C/CAPS (Captive Animals' Protection Society). *An Investigation into the UK's Largest Public Aquarium Chain: Full Study Report.* CAPS, 2014 (<http://sea-lies.org.uk/wp-content/uploads/2014/04/An-Investigation-into-the-UKs-Largest-Public-Aquarium-Chain-C.Palmer-CAPS-20142.pdf> 30 December 2017).
Peter Chermayeff LLC. 16 July 2016 <http://www.peterchermayeff.com>.
Powell, David C. *A Fascination for Fish: Adventures of an Underwater Pioneer.* Berkeley: University of California Press, 2001.
Pinto, Bruno. 'Historical Connections between Early Marine Science Research and Dissemination: The Case Study of Aquarium Vasco Da Gama (Portugal) from Late 19th Century to Mid-20th Century.' *ICES Journal of Marine Science.* 74.6 (2017): pp. 1522–1530.
Regan, Tom. 'Are Zoos Morally Defensible?' Armstrong 2003, pp. 452–458.
Rehbock, Philip F. 'The Victorian Aquarium in Ecological and Social Perspective.' Sears, M. and D. Merriman, eds. *Oceanography: The Past.* New York: Springer-Verlag, 1980, pp. 522–539.
Rozwadowski, Helen M. *Fathoming the Ocean: The Discovery and Exploration of the Deep Sea.* Cambridge: The Belknap Press of Harvard University Press, 2005.
Saldanha, Luiz. 'King Carlos of Portugal, a Pioneer in European Oceanography.' Sears 1980, pp. 606–613.
Steane, J. M. 'The Royal Fishponds of Medieval England.' Aston, Michael, ed. *Medieval Fish, Fisheries and Fishponds in England.* Part i. Oxford: BAR, 1988, pp. 39–68.
Speranza, Marcello La. *Flakturm-Archäologie: Ein Fundbuch zu den Wiener Festungsbauwerken.* Berlin: Berliner Unterwelten. 2012.
Szabo, Vicki Ellen. *Monstrous Fishes and the Mead-Dark Sea: Whaling in the Medieval North Atlantic.* Leiden: Brill, 2008.
Taylor, J. E. *The Aquarium: Its Inhabitants, Structure, and Management.* London: Hardwicke & Bogue, 1876.
Taylor, Leighton. *Aquariums: Windows to Nature.* New York: Prentice Hall General Reference, 1993.
Taylor, Leighton. 'The Status of North American Public Aquariums at the End of the Century.' *International Zoo Yearbook.* 34.1 (1995): pp. 14–25.

主要参考資料・URL 一覧（ほかの資料については文末脚注を参考のこと）

Albert the Great. *Man and the Beasts: De Animalibus (Books 22-26).* Trans. James J. Scanlan. Binghamton: MRTS (Medieval and Renaissance Texts and Studies), 1987.

Barber, Lynn. *The Heyday of Natural History, 1820–1870.* London: Jonathan Cape, 1980.

Barnum, Phineas Taylor. *Struggles and Triumphs, or, the Recollections of P. T. Barnum.* London: Ward, Lock and co. 1882.

Brewer, Douglas J. and Renée F. Friedman. *Fish and Fishing in Ancient Egypt.* Warminster: Aris & Phillips, 1989.

Carlson, Bruce A. and Steve M. Shindell. *Bringing the Ocean to Atlanta: The Creation of the Georgia Aquarium.* Atlanta: Georgia Aquarium, 2007.

Carpine-Lancre, Jacqueline. 'Oceanographic Sovereigns: Prince Albert I of Monaco and King Carlos I of Portugal.' Deacon, Margaret et al. eds. *Understanding the Oceans: A Century of Ocean Exploration.* Oxon: Routledge, 2005, pp. 56–68.

Chan, Carson. 'The Chermayeff Century.' 2011/12. *032c.* 16 July 2016 <http://032c. com/2014/the-chermayeff-century/>.

Chermayeff, Peter. 'The Age of Aquariums.' *World Monitor.* 5.8 (1992): p. 54.

Chute, Walter Harris. *Guide to the John G. Shedd Aquarium.* Chicago: John G. Shedd Aquarium, c. 1933.

Currie, Christopher K. 'Fishponds as Garden Features, c. 1550–1750.' *Garden History.* 18.1 (1990): pp. 22–46.

Davis, Susan G. *Spectacular Nature: Corporate Culture and the Sea World Experience.* Berkeley: University of California Press, 1997.

Dorner, H. *Guide to the New York aquarium.* New York: Atheneum Publishing House, 1877.

Egerton, Frank N. 'A History of the Ecological Sciences, Part 11: Emergence of Vertebrate Zoology During the 1500s.' *The Bulletin of the Ecological Society of America.* 84.4 (2003): pp. 206–212.

Furnweger, Karen. *Shedd Aquarium.* Nashville: Beckon Books, 2012.

Gosse, Philip Henry. *The Aquarium: An Unveiling of the Wonders of the Deep Sea.* San Bernardino: Forgotten Books, 2012.（以下の版も参照。London: John Van Voorst, 1856）

Grimm, David. 'Are Dolphins Too Smart for Captivity?' *Science.* 332 (2011): pp. 526–529.

Groeben, Christiane. 'Anton Dohrn: The Statesman of Darwinism: To Commemorate the 75th Anniversary of the Death of Anton Dohrn.' *The Biological Bulletin.* 168, Supplement: The Naples Zoological Station and the Marine Biological Laboratory: One Hundred Years of Biology (1985): pp. 4–25.

Guide-souvenir de l'Aquarium de Paris. Paris: H. Simonis-Empis, 1901.

Gunts, Edward. 'High-water Mark.' 12 August 2001 *The Baltimore Sun.* 21 December 2017 <http://www.baltimoresun.com/news/maryland/bal-as.aquarium0812-story.html>.

Harter, Ursula. *Aquaria in Kunst, Literatur und Wissenschaft.* Heidelberg: Kehrer, 2014.

Higginbotham, James. *Piscinae: Artificial Fishponds in Roman Italy.* Chapel Hill: The University of North Carolina Press, 1997.

Hill, Ralph Nading. *Window in the Sea.* New York: Rinehart & Company, 1956.

Hoffmann, Richard C. 'Economic Development and Aquatic Ecosystems in Medieval Europe.' *The American Historical Review.* 101.3 (1996): pp. 631–669.

Hutchins, M. 'Zoo and Aquarium Animal Management and Conservation: Current Trends and Future Challenges.' *International Zoo Yearbook.* 38.1 (2003): pp. 14–28.

Jordan, David Starr. 'The History of Ichthyology.' *Science.* 16.398 (1902): pp. 241–258.

Klös, Heinz-Georg and Jürgen Lange. *Vom Seepferdchen bis zum Krokodil: Vergangenheit und Gegenwart des Berliner Zoo-Aquariums.* Berlin: Presse- und Informationsamt des Landes Berlin,

Acknowledgements : I would like to express my immense gratitude to Professor Garry Marvin of the University of Roehampton for his assistance during my research. Furthermore, I wish to express my sincere appreciation to Dr. Caroline Ross, Dr. Todd C Rae, and all of the staff at the University of Roehampton's Department of Life Sciences. Moreover, I am indebted to Dr. Sandra Hochscheid of the Stazione Zoologica Anton Dohrn for providing access to the aquarium during its renovation as well as Professor Roberto Danovaro and Professor Roberto Bassi for granting me permission to use historical photographs in this book. Additionally, I would like to thank Dr. Philippe Jouk for providing me with valuable documentation and information about the Antwerp Zoo Aquarium as well as showing me around the garden. I would also like to thank Paula Leandro and Maria Pitta of the Aquário Vasco da Gama for providing me with historical documents and photographs and showing me around the facility. Furthermore, I want to thank Walt Conti for allowing me to use Edge Innovations' robotic dolphin "Delle" as well as Frédéric Couderc and Johana Lopez of the Musée Océanographique de Monaco for allowing me to use the museum's exhibitions and sending me photographs. Finally, I would like to express my deepest gratitude to Dr. Bruno Pinto of the MARE-Marine and Environmental Sciences Centre at the University of Lisbon for sharing the latest research on the Aquário Vasco da Gama with me and highlighting the most indispensable literature.

The Exhibition of Oceans

The Cultural History of Public Aquariums in Europe, the United States, and Japan

Yuichi Mizoi

本書は、『水族館の文化史――ひと・動物・モノがおりなす魔術的世界』（勉誠出版、２０１８）を底本に、新たな文章と写真をくわえた増補新版である。

溝井裕一

関西大学文学部教授。1979年兵庫県生まれ。博士（文学）。専門はひとと動物の関係史、西洋文化史、ドイツ民間伝承研究。単著に、『動物園の文化史――ひとと動物の5000年』（勉誠出版）、『動物園・その歴史と冒険』（中公新書ラクレ）、『ファウスト伝説――悪魔と魔法の西洋文化史』（文理閣）などがある。

増補新版　水族館の文化史
――幻蒼世界の過去と未来

〈中公選書 157〉

著　者　溝 井 裕 一

2025年 3 月25日　初版発行

発行者　安 部 順 一

発行所　中央公論新社
〒100-8152　東京都千代田区大手町 1-7-1
電話　03-5299-1730（販売）
03-5299-1740（編集）
URL https://www.chuko.co.jp/

ＤＴＰ　市川真樹子
印刷・製本　大日本印刷

Published by CHUOKORON-SHINSHA, INC.
Printed in Japan　ISBN978-4-12-110159-4 C1340
定価はカバーに表示してあります。

中公選書　好評既刊

121
「感染」の社会史
――科学と呪術のヨーロッパ近代

村上宏昭著

病気をもたらす不可視の微生物への恐怖と不安は、呪術的思考と絡み合い、人と人とのつながりや社会のあり方を一変させた。十九世紀末の「細菌学革命」以後のヨーロッパの激動を追う。

142
ホモ・サピエンスの宗教史
――宗教は人類になにをもたらしたのか

竹沢尚一郎著

宗教は人間にしか存在せず、人類進化の過程で生じた必然だった。ただし、いつ誕生したのかをはじめ、なぞに満ちている。宗教の変化を追うことで、人類の歴史を辿り直した壮大な書。

147
日本の小説の翻訳にまつわる特異な問題
――文化の架橋者たちがみた「あいだ」

片岡真伊著

谷崎、川端、三島の何が英語にならないのか。米クノップフ社「日本文学翻訳プログラム」の史料群に分け入り、作家、翻訳者、編集者間の葛藤の根源を解明する。**サントリー学芸賞受賞作**

152
チャップリンが見たファシズム
――喜劇王の世界旅行 1931-1932

大野裕之著

『街の灯』公開後、世界一周に出掛けたチャップリン。世界全体が激動の時代を迎えていた中、遭遇したファシズムの萌芽、来日と自身の暗殺計画――。一次資料を元にその足跡を追う。